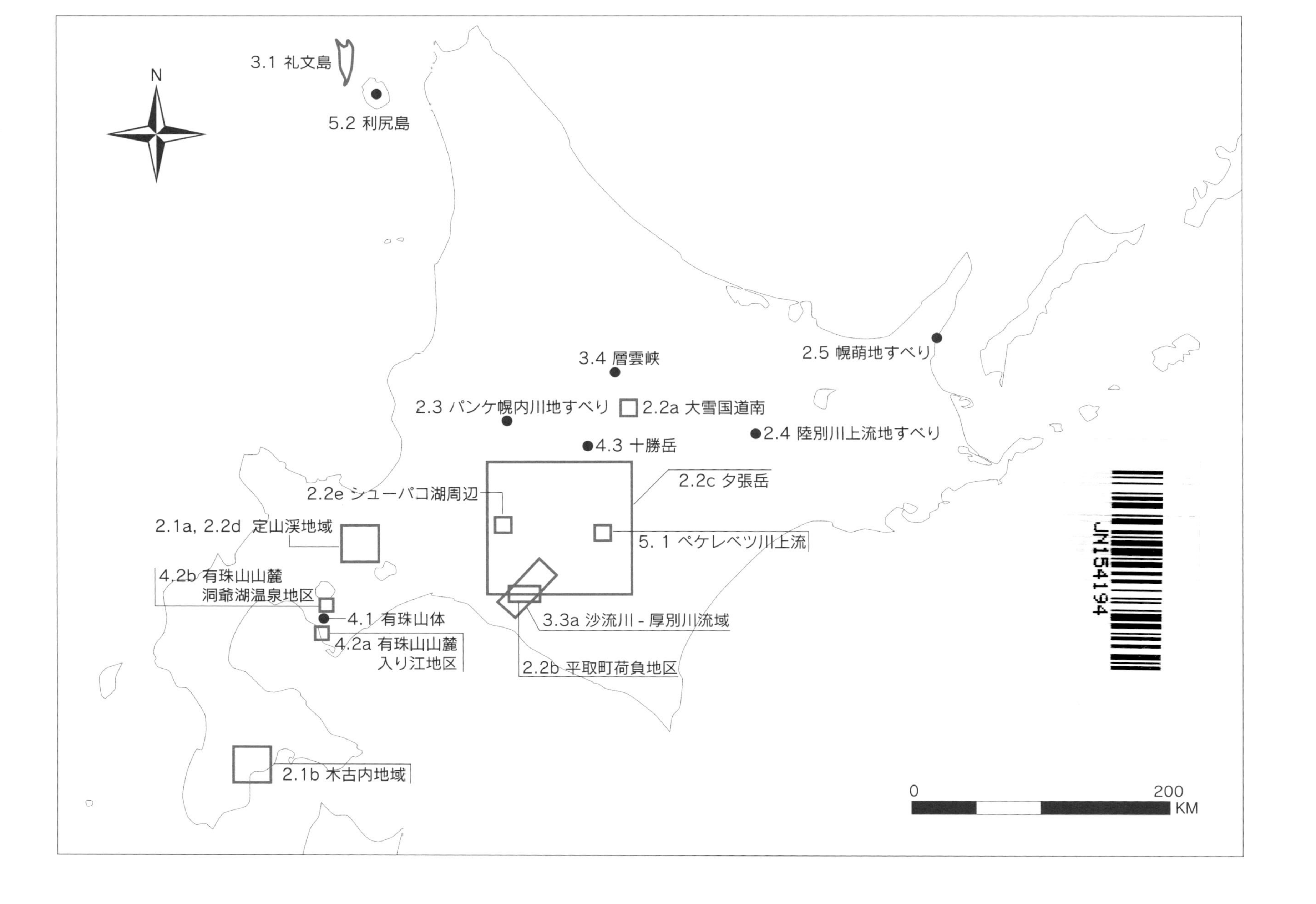
N
3.1 礼文島
5.2 利尻島
3.4 層雲峡
2.5 幌萌地すべり
2.3 パンケ幌内川地すべり
2.2a 大雪国道南
2.4 陸別川上流地すべり
4.3 十勝岳
2.2c 夕張岳
2.2e シューパコ湖周辺
2.1a, 2.2d 定山渓地域
5. 1 ペケレベツ川上流
4.2b 有珠山山麓
洞爺湖温泉地区
4.1 有珠山体
3.3a 沙流川 - 厚別川流域
4.2a 有珠山山麓
入り江地区
2.2b 平取町荷負地区
2.1b 木古内地域
0
200
KM
JN154194

マスムーブメントのデジタル空間解析

山岸宏光・志村一夫［編著］

北海道大学出版会

序　文

Preface

山岸　宏光
Hiromitsu Yamagishi

北海道大学図書刊行会(現北海道大学出版会の前身)から『空中写真によるマスムーブメント解析』(山岸・志村・山崎，2000)が出版されてから，ほぼ20年が経過した。その当時の空中写真はアナログデータのみであり，その解析技術は，ハードコピーの空中写真を実体鏡で判読することが主であった。しかし，今日では，人工衛星の打ち上げも盛んになり，Google Earthの無料衛星画像が出現し，GPSも一般化してきてスマホでも日常的に位置確認に使われるようになってきた。2007年には地理空間情報基本法が施行されて，GIS(地理情報システム)に関する法整備も進んだ。

地球の表面を扱う科学技術の分野では，今日，アナログ写真の実体視判読もパソコン上でできるようになり，オルソ画像，レーザプロファイラ(LP)データなど，GISを基本としたデジタルデータの活用が主流となっている(日本測量調査技術協会，2008など)。こうしたデジタル技術は，1995年の阪神・淡路大震災，2004年の新潟県中越地震などの大災害を契機に画期的に進んだ。とくに，その後の2011年3月の東日本大震災を受けてからは，国土地理院や産業技術総合研究所などのウェブサイトが画期的に改善されて，さまざまなデジタルデータが大量に無料で配信されて，GISを活用した調査や研究の環境が格段に整いつつあるといえる。最近では安価な無人航空機(ドローン)の普及・活用も革命的に進化している。

本書で扱う土砂災害や火山噴火にともなうマスムーブメント研究の分野においても，上で述べたように紙媒体をベースとした写真判読・解析の時代から，衛星画像やデジタル画像，GISなどデジタル技術を駆使した研究や解析が主流となってきた。このようなデジタル技術によるマスムーブメント解析の意義は，地表現象を迅速に，より広範囲にとらえられること，さまざまな地形情報や気象や地震データなどほかの分野のデジタルデータとのマッチングが可能であること，同一の対象域において，時系列的に変化や解析が可能なことなどである。また，可視化や3D化が容易にでき，有効な防災情報を作成・提供する役割を担うことができる。

本書の概要は，まず，「第1部第1章 マスムーブメントの解析のためのデジタル空間技術の背景・概要」で，デジタル技術の背景や概要を述べ，「第2章 マスムーブメントの定義・分類・ハザードマップ」では，その技術を使って解析するマスムーブメントについての概念や考え方などを述べる。第2部以下では，各手法ごとの解析法を述べる。「第2部 地すべりの分布と運動の解析手法」の第1章では，マスムーブメントの主要なタイプである地すべりについて，その分布図と地質図の関連をGISを使って解析した。第2章では，地すべり地形を画像システムのひとつである地貌図(CBZ：CHIBOUZU)を活用して判読する方法を紹介した。第3章では地すべり発生前後のデジタルデータの比較から，発生前後の地形変化や侵食・堆積量を測定した。また，第4章では，牧草地に出現した特異な隆起帯を垂直写真判読と，斜め写真から3次元画像を作成し解析した。第5章では，羅臼町の海岸で発生した海底が隆起した奇妙な現象について，ドローンを使って解析した。「第3部 崩壊とその解析手法」では，第1章で，礼文島で発生した豪雨による崩壊，地すべりなどを直後のデジタル画像で判読し，点群3次元解析で，発生前後の比較により，侵食・堆積量を算出した。また第2章では，相前後して発生した豪雨と地震による崩壊についてのGIS解析により，地形傾斜と崩壊発生数との相関を計算して，両者を比較した。第3章では，実際に発生した北海道と新潟の山地での崩壊の分布を，開発した降雨シミュレーションモデルから，崩壊分布の偏在性などについて解析した。第4章として，時々発生する北海道層雲峡の溶結凝灰岩の岩盤崩壊のひとつのタイプについて，崩壊堆積量をデジタル計測で求めた。「第4部 火山や火山噴火にともなうマスムーブメント解析」では，火山噴火における噴石の降下，溶岩流，溶岩ドームの挙動などをデジタル技術によって判読・解析した。その例として，第1章では，2000年4月の有珠山の噴火の開始から終息までの山頂の地形変動とその周辺の断層活動の変遷を，各時期のデジタル画像から3次元的に解析した。また，第2章では，同様に有珠山の2000年噴火の際に，沈下現象も発生したことを山麓のデジタルデータの解析から明らかにした。第3章では，2014年に撮影された十勝岳のオルソ画像から，古い溶岩流の判読，現状での火口付近の崩壊・土石流・ガリー浸食などを判読し，1988-1989年に噴出した岩塊の分布状況を把握して，それぞれの体積をGISで計算した。また，「第5部 渓流におけるマスムーブメントのデジタル空間解析」では，第1章で，2016年に台風の連続的な上陸による豪雨が北海道十勝地方を襲い，十勝川流域に大きな洪水災害と土石流災害が発生したが，その一例としてペケレベツ川上流で発生した土石流災害を取り扱った。第2章では，火山性荒廃地の典型である利尻島での山体渓流の土砂移動量の経年変化をデジタル画像で解析した。「第6部 地域防災マップの作成」では，第1章として，四国地方の災害因子などGISで解析・整理してまとめ，総合防災マップというべきものを提唱した。

なお，本書を編集中の2018年9月6日午前3時08分に，北海道胆振東部地震が発生して，主にマスムーブメント災害により36名が犠牲となった。ここに本書の著者を代表して，哀悼の意を表する。地理院地図の喜多耕一氏の判読によると，主に崩壊・地すべりなどが6,000か所，堆積土砂が1,000か所とされた。本書には，こうした災害について代表的な3D画像をDVDに，また，いくつかの画像を表紙や扉に使用した。

謝辞：本書の出版にあたり，国土交通省北海道開発局，国土地理院，北海道庁，愛媛県庁，愛媛大学防災情報研究センターなどの公共機関，およびJICA，北海道地図(株)，朝日航洋(株)，アジア航測(株)などの民間団体のデータを使わせていただいたことに厚く謝意を表する。また，本書の編集にあたっては，北海道大学出版会の今中智佳子氏の労を煩わせたことにも感謝します。

文 献

1) 日本測量調査技術協会(2008)：航空レーザ測量―基礎から応用まで．日本測量調査技術協会，208 p.

目　次

第1部　マスムーブメントとデジタル空間解析技術

Part 1　Mass movement and digital spatial analyses technology

山岸　宏光
Hiromitsu Yamagishi

マスムーブメントとは，後述するように，一般的には土砂災害とか土石流とかいわれる地球の斜面上で起こる自然現象である。その発生は時として，人類に甚大な災害をもたらすことでおそれられている。このような現象の解析については，従来は，アナログの空中写真をベースに実施されてきたが，今日では，IT 技術の進歩や人工衛星の発達などにより，空中写真もデジタルとなり，それによる空間技術を駆使して実施されるようになっている。近年の日本列島では，地球温暖化とともに，その負の現象としての豪雨や台風の襲来が日常化しており，災害の予測・調査・研究のためにも，デジタル技術は不可欠になっている。そこで第1章では，デジタル技術とは何か，その概要とその時代的背景を述べ，第2章では，その対象とするマスムーブメントとは何か，どのような種類があるか，それらのハザードマップはどのようなものかなどについて解説する。

第1章　マスムーブメントの解析のための デジタル空間技術の背景・概要

Chapter 1　Background and outlines of the digital spacial technology for mass movement analyses

山岸　宏光・奥野　祐介
Hiromitsu Yamagishi and Yusuke Okuno

1　デジタル技術と地理情報システム

本書の趣旨である，マスムーブメント解析のためのデジタル技術を取り扱うにあたり，その背景と概要を述べる。その場合，避けて通れないのがGISの発展である。その歴史は古く，その概念は，「英国人医師ジョン・スノーによるコレラの伝搬経路の研究で，彼は1854年にロンドンでコレラが大発生した際に，井戸，死者，および道路の分布を重ね合わせた地図を作成し，一つの井戸の周囲に死者が集中していることを発見した」ことに始まるといわれている(小口，2018)。その後，浅見ほか(2015)によると，GISは1950年代に米国で軍事技術から始まり，1958年にIBMが製品化したとされる。1970年代には，画像処理技術が発達し，アメリカ航空宇宙局(NASA)がLANDSAT衛星を打ち上げ，リモートセンシングとGISを組み合わせ，地球環境問題などの実証的研究が可能になった。1980年代には，ESRI社が汎用GISのARC/INFO(現：ArcGIS)を市場投入し，世界一のシェアを誇るようになった。さらに，本章「4 マスムーブメント解析にとって基本となるGISデータ」で述べるように，多くのGISソフトも広く普及している。

このように，デジタル技術は，コンピューターが安価になり，IT技術が進歩するとともに，多数の人工衛星の打ち上げ，GPSなどの測位技術の画期的な進歩もあり，スマートフォンのように，一般の人々の日常生活に欠くことのできないものとなっている。つまり，位置をキーワードとするGIS技術は，地球上のどの位置で，どのような広がりで，どのような問題が発生しているか，災害の予測はもとより，その復興・復元などのために不可欠な技術となっている。また，地理情報科学としての学問体系が確立し(浅見ほか，2015)，Science(Geographical Information Science)として位置づけられるだけでなく，同時に社会的にも重要な技術として，その略語はGeographical Information Societyともいわれるようになっている。

2　災害とGIS

このようなGISの歴史や背景をもとに，わが国の災害分野におけるGIS技術は，大災害の発生とともに飛躍的に進歩してきた。1995年1月の阪神・淡路大震災では，平野部の建造物の破壊状況をGISで解析する手法が普及し，2004年10月の新潟中越地震および2007年7月の同中越沖地震では，いずれも中山間地で発生したことから斜面災害のGIS解析などが急速に進んだ。とくに，GISを活用したLandslide研究では，わが国にGIS-Landslide研究会(http://gis-landslide.blogspot.com；2019年1月4日閲覧)が2010年に発足している。また，2017年5月には，*GIS Landslide*という英文の出版物が出版された(Yamagishi and Bhandary, 2017)。さらに，2018年8月には，山岸宏光編著『防災・環境のためのGIS』が出版され，一部に地すべりに関する論文も収録されている。

2011年3月の東日本大震災では，主に山地部が古い地質のため斜面災害は少なかったが，津波で流された多くの住宅の位置決定や津波災害予測について，GISや画像システムを使った手法が開発された。このような災害などが契機となり，わが国では2007年に地理空間情報活用推進基本法が成立し，施行されるなど，GISの基本的な法の整備も行われてきている。

3 「地理空間情報活用推進基本法」について

この法律は，国土交通省国土地理院のウェブサイト(http://www.gsi.go.jp/chirikukan/about_kihonhou.html；2019年1月4日閲覧)によると，「現在及び将来の国民が安心して豊かな生活を営むことができる経済社会を実現する上で地理空間情報を高度に活用することを推進することが極めて重要であることに鑑み，地理空間情報の活用の推進に関する施策に関し，基本理念を定め，並びに国及び地方公共団体の責務等を明らかにするとともに，地理空間情報の活用の推進に関する施策の基本となる事項を定めることにより，地理空間情報の活用の推進に関する施策を総合的かつ計画的に推進する」ことを目的としている(基本法第1条)。

その上で，「地理空間情報の活用推進に関する施策等を行う上では，以下のような事項を基本理念として実施することが必要である」とされている(基本法第3条)。

- 情報整備，人材育成，連携体制整備などの施策について，総合的・体系的に実施すること
- GIS，衛星測位の両施策による地理空間情報の高度活用の環境を整備することを目指すこと
- 信頼性の高い衛星測位によるサービスを，安定して利用できる環境を整備すること
- 国土の利用や整備等の推進，国民の生命や財産等の保護，行政運営の効率化・高度化，国民の利便性の向上，経済社会の活力の向上等に寄与する施策を講じること
- 民間事業者の能力の活用，個人の権利利益や国の安全等の保護に配慮して施策を講じること

同法のわかりやすい解説は，柴崎(2008)において詳細な解説がある。

4 マスムーブメント解析にとって基本となるGISデータ

2000年に，従来のアナログ写真の作成技術を主に解析した山岸ほか(2000)が出版されてからほぼ20年が経過した。その書では，人工衛星などを使ったリモートセンシングなどの解析技術も紹介してきたが，2000年以降，空中写真の撮影・作成技術は，デジタルが主流となり，従来の「縮尺1：200」，「縮尺1：25,000」といった表現より，「5 mメッシュのデジタル標高モデル(Digital Elevation Model：以下，DEM)」，「30 cm解像度」などといった精度表現が用いられるようになっている。また，国土地理院が提供する「地理院地図(http://maps.gsi.go.jp/；2019年1月4日閲覧)」のようなウェブ上でのマップが公開されるなど，デジタル時代にふさわしいものになってきている。また，国土地理院においては，基盤地図情報と呼ばれる数値地図やDEM(全国の10 m_DEM，海岸など一部の5 m_DEMなど)が無料でダウンロードできるようになっている。ほかに，上記の地理院地図から，任意の地域の3次元の地図も作れるようにもなっている。

マスムーブメント解析に必要なデジタルデータとして，産業技術総合研究所地質調査総合センターの「シームレス地質図(https://gbank.gsj.jp/seamless/maps.html；2019年1月4日閲覧)」から20万分レベルの地質図，同サイトの「地質図類データダウンロード(https://gbank.gsj.jp/datastore/；2019年1月4日閲覧)」から5万分の1地質図などが無料入手できる。5万分の1地すべり地形分布図は，防災科学技術研究所(NIED)による「地すべり地形分布図デジタルアーカイブ(http://dil-opac.bosai.go.jp/publication/nied_tech_note/landslidemap/gis.html；2019年1月4日閲覧)」から入手できる。北海道においては，山岸(2012)の『北海道の地すべり地形デジタルマップ』がある。

ほかに，国土交通省の「国土数値情報ダウンロードサービス(http://nlftp.mlit.go.jp/ksj/；2019年1月4日閲覧)」にも国土に関するさまざまなデータが無料で提供されている。また，各都道府県のウェブサイトから，防災データとして土砂災害危険度マップや山地災害マップなどを閲覧できる。最近では，北海道室蘭市のように，市全体のオルソ画像などをオープンデータとして公開している自治体も見られる(http://www.city.muroran.lg.jp/main/org2260/odlib.php；2019年1月4日閲覧)。

世界的に見ると，2003年にはGoogle社がGoogle Earthの一般公開を始めた。無料で世界中の衛星画像を閲覧可能であり，マスメディアにおいて位置を示す写真として数多く利用されているほか，日本ほど空中写真が普及していない世界中の国々で

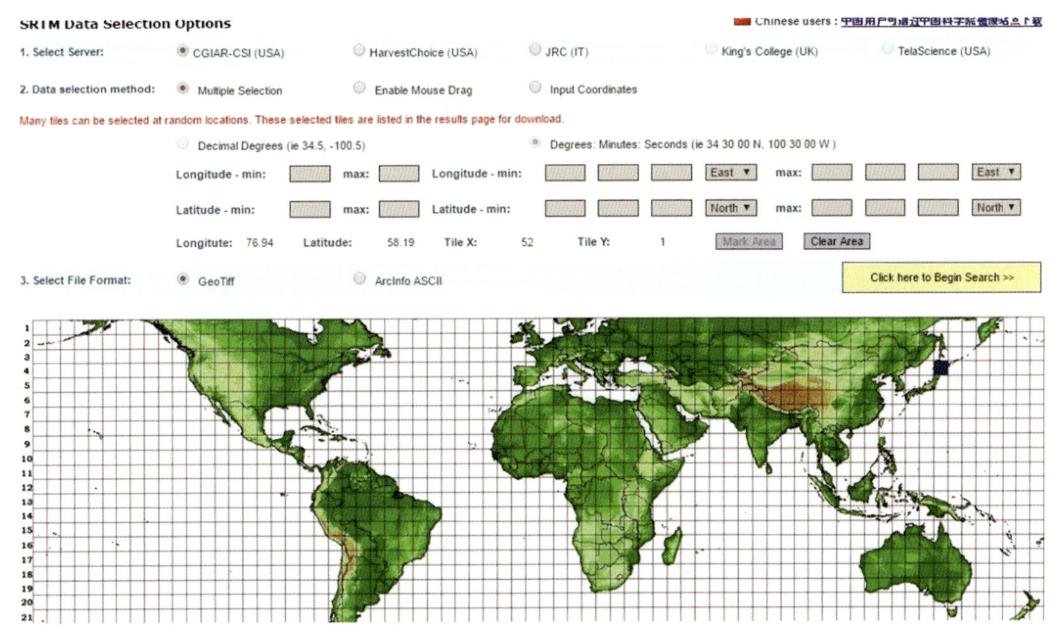

図 1　90 m_DEM がダウンロードできる CGIAR-CSI のウェブサイト

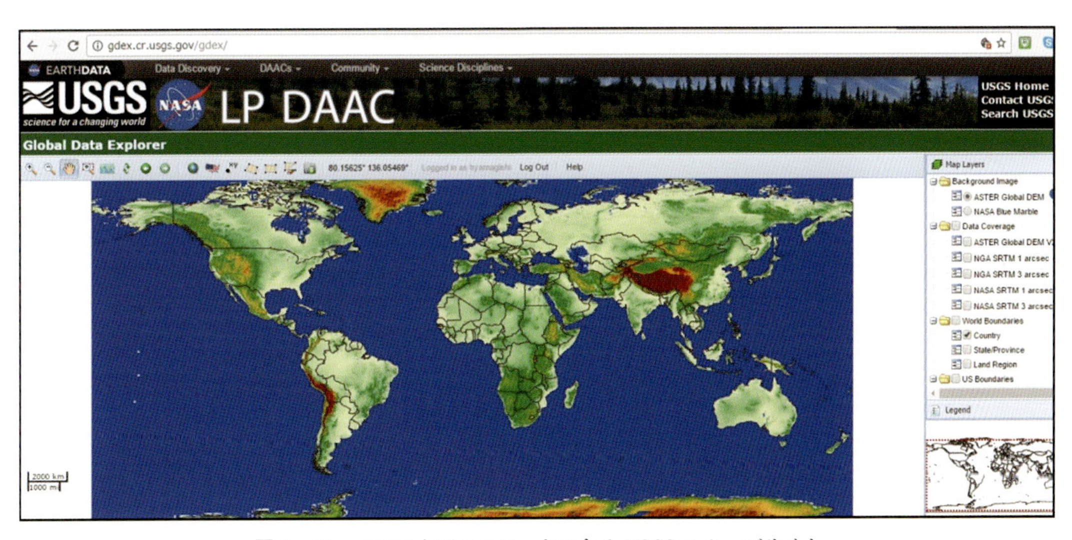

図 2　30 m_DEM がダウンロードできる USGS のウェブサイト

も防災などに使われ，大規模な地すべり地形などを探す有効なものとなっている。ほかに，DEM については，90 m_DEM や 30 m_DEM が無料でダウンロードできる。90 m_DEM は CGIAR（http://cgiarsci.community/data/strm-90m-digitalelevation-database-v4.1/；2019 年 1 月 4 日閲覧）」からダウンロードできる（図 1）。一方，30 m_DEM は，アメリカ地質調査所（USGS）の「LP DAAC Global Data Explorer（http://gdex.cr.usgs,gov/gdex/；2019 年 1 月 4 日閲覧）」からダウンロードできる（図 2）。さらに，JAXA の AW3D30 DSM data map からも 30 m_DEM が無料で入手できる（http://www.eorc.jaxa.jp/ALOS/aw3d30/data/index_j.htm；2019 年 1 月 4 日閲覧）。とくに，30 m_DSM は数値表層モデル（Digital Surface Model：以下，DSM）の画像であり，森林などの高さを拾っているが，森林のない地域において地すべり地形などを探すには有効である。マスムーブメントのデジタル解析にとって，必要なDEMなどが手軽に入手できるようになったこともこの十数年の大きな変化である。

5　GISの概要

GISとは，位置や空間に関する情報をコンピューター上において重ね合わせ，視覚的に表示し，高度な分析・解析を行うことができる技術である。位置情報をもとにさまざまな情報を紐づけできることから，企業のマーケティングや行政における施設管理での利用，地理学や生態学，考古学など，さまざまな分野で利用されている。本書のような地学，地質学分野での利用も盛んになりつつある。本節では，本書を読むにあたり，必要なGISの基本的な知識，機能を簡略化して紹介する。操作方法や知識，技術に関しては，橋本(2016；2017)，今木・岡安(2015)，佐土原(2012)など，数多くの書籍が出版されているため，それらを参照してほしい。

5.1　地理空間情報とは

GISでは，航空写真や河川，道路，施設などの現実世界に存在する地物をデジタルデータ化したものを扱う。これらは，地理空間情報と呼ばれる。日本においては，先に述べたように地理空間情報活用推進基本法が2007年に施行され，地理空間情報の整備が進んでいる。

地理空間情報は，地物の性質や形，位置などを表す空間データと，それぞれの地物に対応する属性データからなる(図3)。

5.2　データモデル

地理空間情報には，ベクターデータとラスターデータがある。ベクターデータは，点(point)，線(line)，面(polygon)で表されるデータであり(図4)，それぞれが属性情報と，x，yといった位置座標を持っている。これらは，測量や地図のデジタル化によって取得されることが多い。本書においては，第2部第1章で扱う地すべり地形や，第3部第3章の崩壊，第4部第3章で扱う火山噴出物などの解析がこれにあたる。

ラスターデータは，行，列で構成される格子状(セル状)に整理されたデータである(図5)。各セルには数値などが格納されており，それらを活用した

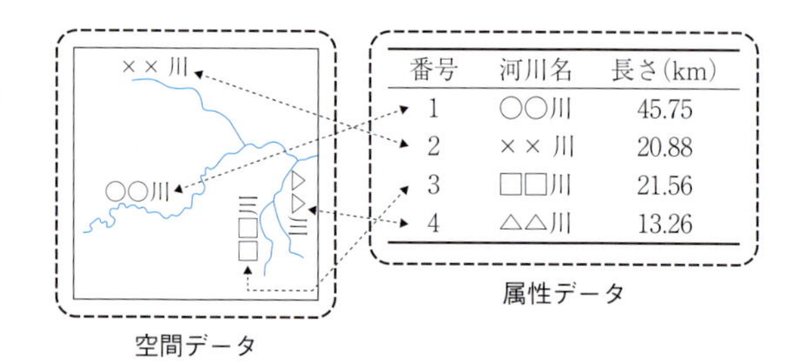

図3　地理空間情報(空間データ，属性データ)のイメージ図

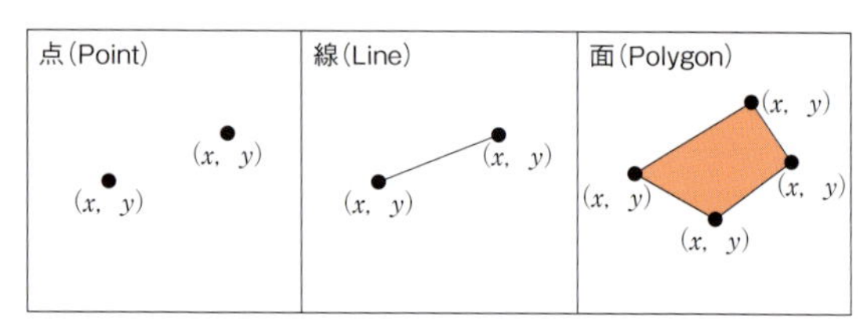

図4　ベクターデータ

解析などが可能である。本書においては，デジタル航空写真や衛星画像などの画像データや，DEMなどがこれにあたる。第2部第2章で扱う地貌図は，数種類のラスターデータ(標高，傾斜，地貌指数など)を組み合わせて表現したものである。

5.3　レイヤー構造

紙地図は，道路や建物，河川，等高線，注記などを1枚の紙に印刷し，表現される。これに対しGISでは，道路などの各情報をひとつの層(layer)としてとらえ，河川や等高線など，ほかの層をいくつも重ね合わせて表現する。これをレイヤー構造という(図6)。これにより，見やすい地図，わかりやすい主題図の作成が可能となる。また，土砂災害危険箇所と重なっている河川の長さはどの程度か，といったレイヤーの重なっている部分での解析なども可能である。

5.4　空間演算

GISは，地図上でさまざまな情報を重ね合わせることで地域の特徴や現象をとらえることができるツールである。しかし，「ある地点から半径100m以内に含まれる住宅の数を求めたい」といった，既存のデータだけでは解決できない問題に直面することがある。そのような際には，空間演算を行うことで，目的のデータが作成できることがある。

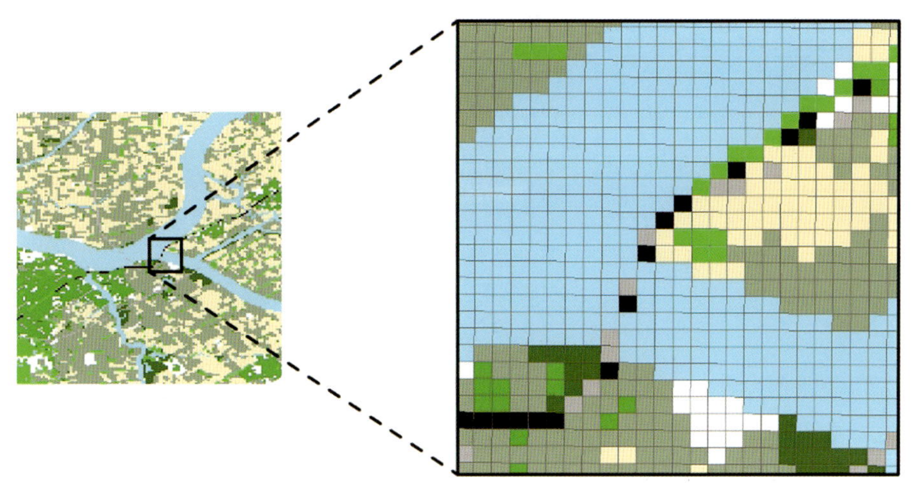

図5　ラスターデータ

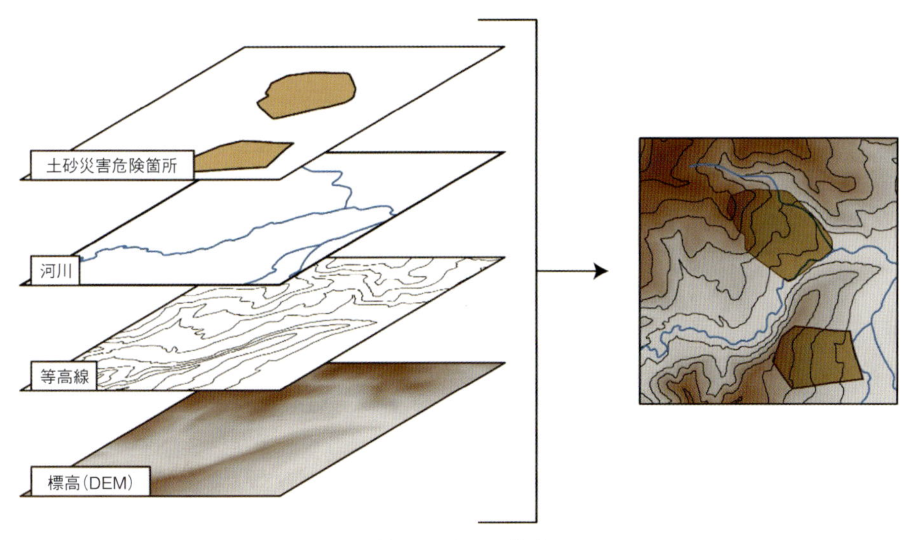

図6　レイヤー構造

空間演算には，バッファ処理，ディゾルブ処理などがある。バッファ作成は，図7のように，任意の地点からの等距離領域を生成する処理である。点データ，線データ，面データへ適用が可能であり，距離をともなう分析を行う際に有用である。

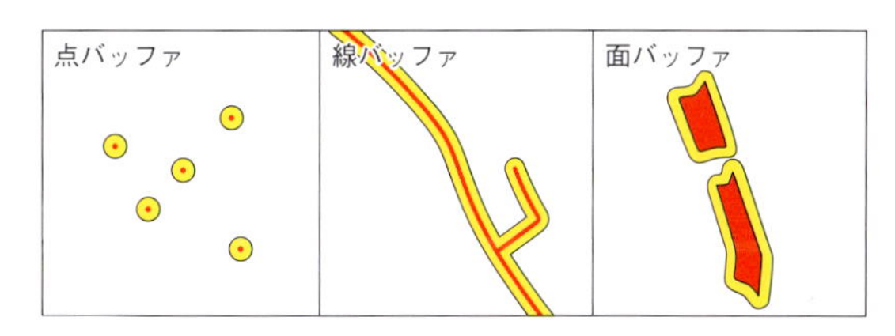

図7　バッファ処理

黄色部分が等距離圏。

ディゾルブ処理は，図8のように，共通の属性情報を持つデータをひとまとめにすることができる。図8では，北海道の行政界データに対し，振興局に関する属性情報を使用してディゾルブ処理を行い，振興局界を作成している。上述の2処理のほかにもさまざまな処理があり，目的に応じて使用することで，より高度な分析が可能となる。

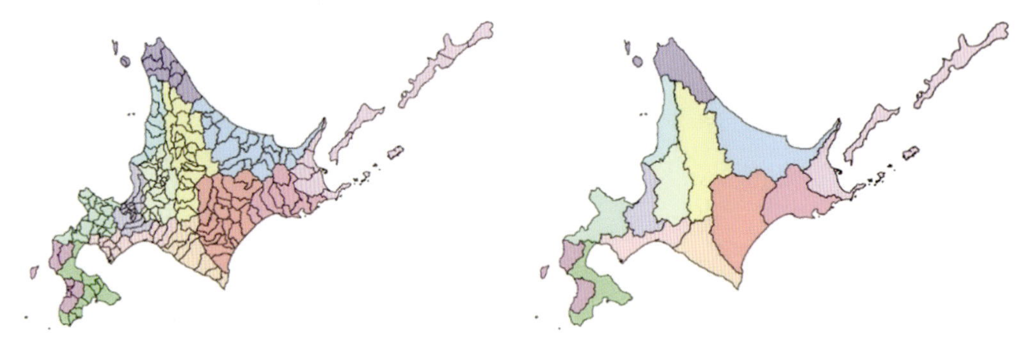

図8　ディゾルブ処理

左がディゾルブ処理前，右がディゾルブ処理後。

5.5　サーフェス解析

本書では，DEMデータを用いた地形判読や解析を行う。その際，単に標高を高さによって色分け表示するだけでは，詳細な地形の把握は困難である。GISにはサーフェス解析機能があり，この機能を用いることで，地形の特徴を把握しやすくなる。

サーフェス解析には多くの機能があるが，本項では，等高線作成，陰影起伏，傾斜角を例として紹介する。まず，図9は，DEMデータを一定の標高値ごとに色分け表示したものである。しかし，マクロスケールでの地形把握は可能であるが，ミクロスケールでの地形把握は困難である。図10は，図9のDEMから生成した等高線である。尾根や谷の把握がしやすくなっている。地すべり地形の判読には，等高線の異常なパターンを見出すことが重要である。図11は，陰影起伏である。任意に設定した地点から光を照らし，それによって生じる影を表現したものである。単なるDEMと比べ，立体的な表現が可

図9　DEM

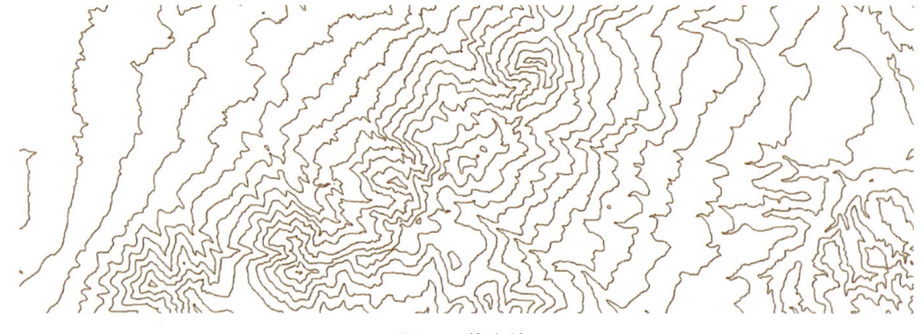

図10　等高線

図11　陰影起伏図

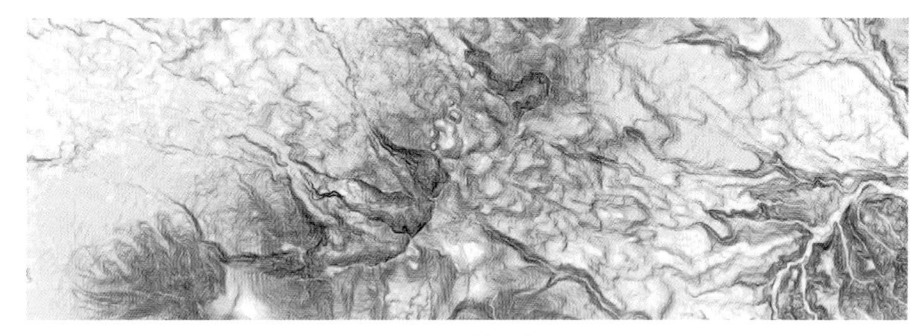

図12　傾斜角分布図

能である。図12は，傾斜角分布図である。DEMデータから傾斜を測定し，傾斜が急な箇所が色濃く表示されている。火山の溶岩の場合には，末端が急になることから判読しやすい。このように，GISを用いてサーフェス解析を行うことで，地すべり地形や溶岩流を判読する際に有効であるなど，目的に応じて解析機能を選択することで，効果的，視覚的に表現することができる。

5.6　マスムーブメントとGIS

GISは，位置や空間に関する情報を効果的に活用可能な強力なツールであり，本章ではその一部を紹介した。本章の「4 マスムーブメント解析にとって基本となるGISデータ」で述べたように，GISはこの分野でも広く活用されており，目的によって使用方法，アプローチ方法は異なっている。本書においては，地すべりや火山噴火といったマスムーブメント解析においてのGIS活用を紹介するが，GISがあまり普及していない地学，地質学研究の一部に応用したに過ぎず，まだまだ可能性は広がっている。近年，デジタル化が着実に進展しており，ドローンの利用も急速に普及していることから研究方法や研究に使用するツールも変わりつつある。研究・調査目的と，GISの機能を照らし合わせ，マスムーブメント解析においてどのように活用できるか，活用することでどのような効果が生まれるかを検討することにより，さらに高度な解析が可能になるであろう。

5.7　GISソフトについて

マスムーブメント解析にとって，上記のデータとともに，それを解析するためのGISのソフトも重要な要素である。代表的なソフトとしてArcGIS，SIS，Grass，Map Info，IDRISIといったものがあるほか，わが国では，地図太郎がある。これら有償のGISのほかに，オープンソース（無料のソフト）としてQGISがあり（http://www.qgis.org/ja/site/；2019年1月4日閲覧），最近では世界的にユーザを増やしている。また，わが国のオープンソースとしては，カシミール3Dがある（http://www.kashmir3d.com/；2019年1月4日閲覧）。

ここまでにさまざまなGISソフトを挙げたが，ユーザ数が多いソフトとして，有償のGISでは

ArcGIS，無償のGISではQGISがある。ArcGISは，米国のESRI社が開発し，有償のGISとしては世界で最も普及しているGISである。ArcGIS製品群のなかではArcGIS Desktopが一般的であり，ArcMapとArcCatalogというアプリが含まれるほか，いくつかのエクステンション(拡張機能)がある。マスムーブメント解析を行うにあたっては，Spatial Analystと3D Analystというエクステンションが必須である。基本の読み込みファイル形式はShape形式である。

一方，無償のオープンソースのソフトとしてQGISがあるが，世界中に開発者が存在し，有償のGISと比べてバージョンの更新速度が早い。このソフトの特徴は，作業に必要な機能に関係するプラグインをダウンロードして使うことである。基本の読み込みファイル形式は，ArcGISと同様にShape形式である。処理の手法などについては，ArcGISと方法は多少異なるが，ある程度の互換性があり，片方のGISで簡単にできることがもう一方では複雑という場合もあり，双方を併用して使うユーザが多い。

GISソフトの初心者向けの入門書として，本節冒頭で挙げた文献のほか，ArcGISについてはESRIジャパン株式会社(2015)，QGISについては喜多(2017)がある。また，マスムーブメントに関する書籍はほとんど見られないが，近年，GISを使ってLandslide(地すべりや崩壊)のマッピングや解析を扱った論文集が出版された(Yamagishi and Bhandary, 2017)。

6　画像システム

最近の空中写真測量技術では，航空レーザ測量が盛んであり，とくに地すべり地形などマスムーブメント災害には多く使用されている。航空レーザ測量とは，航空機に搭載したレーザスキャナから地上にレーザ光を照射し，地上から反射するレーザ光との時間差より得られる地上までの距離と，全地球航法衛星システム(Global Navigation Satellite System：以下，GNSS)測量機，慣性計測装置(Inertial Measurement Unit：以下，IMU)から得られる航空機の位置情報より，地上の標高や地形の形状を調べる測量方法で，従来の対象物にあたった太陽光の反射光をとらえる受動的センシングではなく，近赤外線レーザを対象物に照射してその反射波をとらえる積極的センシングである。したがって，撮影時の太陽の位置や光量に関係なく撮影できる。たとえば，多少の雲があっても撮影可能，あるいは早朝や夕方でも可能なので，撮影時間がより長くできること，アナログ写真測量では，森林のあるときは樹冠を撮影してしまうが，レーザ写真測量では，樹間の地盤高の標高も得られ，樹冠との差(樹高)も得ることができることなどのメリットがある(日本測量調査技術協会，2008)。

これによって得られた地表の凹凸のデータを表現するために，さまざまな画像システムが開発されている(日本測量調査技術協会，2013)。そのいくつかを紹介すると，代表的なものはアジア航測㈱が開発した赤色立体画像，朝日航洋㈱の陰陽図，国際航業㈱のELSAMAP，さらには本書で適用事例としても紹介している㈱シン技術コンサルの地貌図(Chibouzu：以下，CBZ，http://shin-eng.info/chibouzu/index.html；2019年1月4日閲覧)がある。いずれの画像システムも，DEMから作成されるものであり，絶対標高値，傾斜量，起伏量，地上開度などやそれぞれの組み合わせなどで表現しているが，少しずつ特色が異なっているため，対象物により表現のされ方に相違がある。

以上のように画像システムとは，数値データを使って画像を表現・解析するシステムで，地形図や等高線のみでは読み取りにくい詳細な地形まで把握することが可能なものであり，地形と密接に関わるマスムーブメント解析において非常に有用なシステムである。

文　献

1) 浅見泰司・矢野桂司・貞広幸雄・湯田ミノリ(2015)：地理情報科学―GIS　スタンダード．古今書院，200 p.
2) 千葉達朗編(2006)：活火山 活断層 赤色立体地図で見る日本の凸凹．技術評論社，135 p.
3) ESRIジャパン株式会社(2015)：ArcGIS for desktop 10.3.x対応 逆引きガイド．ESRIジャパン，310 p.
4) 橋本雄一編(2016)：四訂版 GISと地理空間情報―ArcGIS10.3.1とダウンロードデータの活用．古今書院，180 p.

5）橋本雄一編（2017）：二訂版 QGIS の基本と防災活用．古今書院，183 p.
6）今木洋大・岡安利治編（2015）：QGIS 入門 第2版．古今書院，270 p.
7）喜多耕一（2017）：業務で使う林業 QGIS　徹底使いこなしガイド．全国林業改良普及協会，552 p.
8）日本測量調査技術協会（2008）：航空レーザ測量―基礎から応用まで．日本測量調査技術協会，208 p.
9）日本測量調査技術協会（2013）：航空レーザ測量による災害対策事例集．日本測量調査技術協会，195 p.
10）小口高（2018）：序 GIS の歴史．山岸宏光編著『防災・環境のための GIS』，古今書院，pp. 1-4.
11）佐土原聡編（2012）：図解 ArcGIS10 Part1 身近な事例で学ぼう．古今書院，176 p.
12）柴崎亮介（2007）：地理空間情報活用推進基本法入門―NSDI 法と関連動向の解説．日本加除出版，250 p.
13）山岸宏光編著（2012）：北海道の地すべり地形デジタルマップ（DVD 付）．北海道大学出版会，112 p.
14）山岸宏光編著（2018）：防災・環境のための GIS．古今書院，150 p.
15）Yamagishi, H. and Bahndary, N. P. eds. (2017): GIS landslide. Springer Nature, 230 p.
16）山岸宏光・志村一夫・山崎文明（2000）：空中写真によるマスムーブメント解析．北海道大学図書刊行会，221 p.

第2章　マスムーブメントの定義・分類・ハザードマップ

Chapter 2　Definition, Classification and hazard maps of the mass movement

山岸　宏光
Hiromitsu Yamagishi

山岸ほか(2000)による『空中写真によるマスムーブメント解析』(北海道大学図書刊行会)の発刊以降，2004年に日本地すべり学会から『地すべり—地形地質的認識と用語』が出版され，2015年には，『ノンテクトニック断層—認識方法と事例』(横田ほか，2015)が出版された。海外ではHighland and Bobrowsky (2008)により，初心者向けのハンドブックが出版された。地すべりなどの定義や分類は今日でもあまり変わりはないが，最近では，わが国で“深層崩壊”という言葉が使われ始めたので，本章では，その用語を追加した。

1　マスムーブメントの定義

マスムーブメント(mass movement)とはmass wastingとも呼ばれ，斜面上で土地や地表の一部分が重力にしたがって安定化に向かって移動する現象である。したがって，その運動エネルギーは位置エネルギーから与えられる。普通，クリープ，岩塊流，地すべり，岩盤崩落，崩壊，土石流，火山泥流，泥流，海底地すべりなどを指すが，氷，雪，空気，水などの運搬媒体により直接運ばれるものは除き，重力の影響下で下方に移動することを意味し，地盤沈下を含めることもある(Hutchinson, 1968)。このように，地形学や地質学におけるマスムーブメントは移動のエネルギーが位置エネルギーから運動エネルギーに転換される運動である。

しかし，火山噴火における火砕流や岩屑なだれなどの火山性マスムーブメントも含めるとすると，その運動エネルギーには位置エネルギーに加えてマグマの爆発エネルギーも大きく寄与する。また，鈴木(1997)はマスムーブメントを「集団移動」と称し，「地形をつくる岩石(岩と土)＝地形物質が何らかの力(地形営力)により，移動するという地形過程」であり，現在の地形を形成する重要な要素の一つであると述べている。また，このような地形的あるいは地表での運動だけでなく，地質学での砂や泥などの海底での堆積作用による“タービダイト”といわれるマスフローもある。また，地震による津波の発生も海水のマスとしての急激な上昇であり“テクトニック”な断層をともなうものもある。さらに，最近出版された横田ほか(2015)による“ノンテクトニック”断層も，地すべり運動はもとより，地表のマスムーブメントをもたらしている。つまり，広い意味のマスムーブメントは，地質や地形の変動現象そのものともいえる。このように，マスムーブメントという言葉は広く解釈すればきりがないが，本書では，火山活動や地すべり・崩壊・土石流運動に限って使用することにする。

2　マスムーブメントの分類

マスムーブメントの分類法は研究者により異なるが，Cazeau et al.(1976)は緩慢な運動として，クリープ(creep)，ソリフラクション(solifluxion)，氷河(glacier)，緩慢なアースフロー(earthflow)を挙げており，急速な運動として，スランプ(slump)，崩落(rock fall)，スライド(slide)，フロー(flow)，air-cushion lubricated slideを挙げている。一方，Varnes(1978)は，マスムーブメントという言葉をランドスライド(landslide)の同義語として使っている。それによると，運動(movement)のタイプとその物質(material)のタイプ(岩盤，岩屑，土)との組み合わせを基本としている。運動のタイプを崩落(fall)，転倒(topple)，回転すべり(rotational slide)，並行すべり(translational slide)，フロー(flow)に区分し，さらに，2つ以上の運動形態の組み合わせからなる複合タイプ(complex type)を加えている。この分類は，わが国の土石流なども含まれるが，Cazeau et al.(1976)は独立に扱っている。クリープやソリフラクションがフローのなかに含められていることなどは，やや違和感があるが，今日では世界で広く使われ，ヨーロッパの地すべり地形学の分野でもこの分類で総括されている(Dikau et al., 1996)。その後，この分類に速度の概念が加えられている(Cruden and Varnes, 1996)。また，Eisbacker and Clague(1984)は，火山性マスムーブメント(volcanic mass movement)を火山噴火に直接関連するものと直接関連しないものに分類し，火砕流，岩屑なだれや火山泥流は前者にあたり，噴火直後の降雨による土石流や泥流は後者にあたるとした。

以上のように，マスムーブメントの分類は，分野の違いや研究者によりさまざまであるが，ここでは，地すべり，表層崩壊，山体崩壊，岩盤崩落(崩壊)，土石流などを扱うことにする。しかし，最近では国土交通省が“深層崩壊”というカテゴリーも使っている。本書ではこれらに加えて，火山噴火にともなう溶岩，噴石の放出・降下，山体や山麓の隆起・沈降などもマスとして動く運動なので追加した。

そこで，以下に本書で扱う種々のマスムーブメントを解説する。

2.1　地すべり

地すべりとは，山地や丘陵の斜面の一部がすべり面に沿って，マス(塊)として移動する現象をいう(図1の1)。地すべりは，最初に斜面岩盤・岩屑が現位置から滑動し離れる現象ともいえる。多くの地すべり地形は，最初の滑動(一次すべり)後，破砕された岩盤の集合体になったり，風化したり，次々と滑動(二次すべり)することにより，原型をとどめなくなる。いずれのすべりでも，そのタイプには，すべり面が円弧状のスランプ，すべり面が直線的な平行スライド(glide)，岩屑なだれ，アースフローに分類されている(Highland and Bobrowsky, 2008; Yamagishi, 2017)。また，地すべり頭部にあたる滑落崖とそれに対応する崩積土がセットになり，頭部滑落崖(または分離崖)，側端崖，伸張亀裂，凹地，地溝，圧縮亀裂，小丘などの微地形が認められる(山岸，1993)。これらの地形的特徴は地すべり地形の重要な特性である。これらの見方は，上記の出版以降においても，地すべりに関する地形地質用語委員会(2004)の『地すべり―地形地質的認識と用語』においても，海外の landslide の分類の標準である

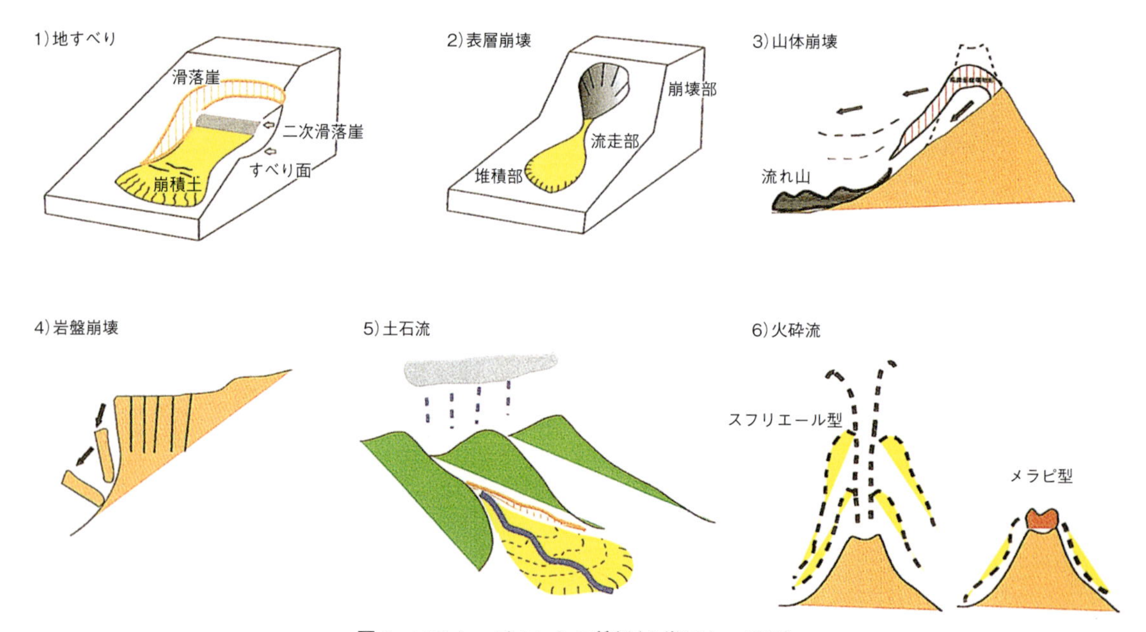

図1　マスムーブメントの種類(山岸ほか，2000)

Highland and Bobrowsky (2008) による USGS の *Landslide Handbook* においても変わっていない。

2.2　表層崩壊

表層崩壊とは，一般に山崩れ，崖崩れなどと呼ばれ，大雨の際に斜面の表層をつくる物質が下方に移動する現象である（図1の2）。この表層崩壊は，地すべりと比べてより急な斜面で発生し，より高速である。また，その移動物質は岩盤の風化物や斜面表層を覆う火山灰などである。この表層崩壊は，発生源である崩壊部(scar)，それが移動した路跡である流走部(flow)，それが最終的に定着した堆積部(deposit)に区分できる（図1：Yamagishi, 2017）。また，形態としては，平滑型(planar)とスプーン型(spoon, concave)に区分される。一般には，その規模は小さく，幅と長さが数十 m，崩壊深数 m 以内であり，体積は数百 m^3のことが多い。

2.3　深層崩壊

崩壊深度が大きく，規模の大きい現象として，国土交通省が“深層崩壊”という語を提唱した（図2）が，その定義としては，「山くずれ・崖崩れなどの斜面崩壊のうち，すべり面が表層崩壊よりも深部で発生し，表土層だけでなく深部の地盤までもが崩壊土塊となる比較的規模のおおきな崩壊現象」としている。

2.4　山体崩壊

マスムーブメントのなかでもはるかに規模の大きい運動で，山体の一部が崩壊するものを巨大崩壊あるいは山体崩壊と呼んでいる（図1の3）。それには，火山体の山頂部を含む 1/3 以上が，噴火の際に崩壊したアメリカ，セントヘレンズ火山や磐梯山の噴火があり，それによる土砂には，「流れ山」と呼ばれる小丘が特徴的である。運動形態は「岩屑なだれ」と呼ばれる。井口(2006)は日本の火山で発生してきた 67 火山を調べて，以下のように総括した。山体崩壊（岩屑なだれを伴う）は日本列島の 67 火山において 128 件発生してきた。この現象は特異な現象ではなく，火山体の開析過程の1つであり，とくに日本の成層火山の多くは，山体崩壊と岩屑なだれを繰り返し発生させてきた。特に火山活動に伴って発生する場合も多く発生頻度は 60 年に1回程度で発生する可能性がある。

2.5　岩盤崩落

岩盤崩落とは，岩盤そのものがつくる急斜面の一部が本体と分離して落下する現象である（図1の4）。しかし，それにはすべり破壊をともなうもの，単純に落下するもの，および崩落直前に前側に傾くトップリング(toppling)などがある。崩落直後には，空中写真では崩落面と崩落土砂がはっきり分けられるが，古い崩落の場合には，崩落面とそうでない面との区別が困難なことがある。その規模は，数千～数

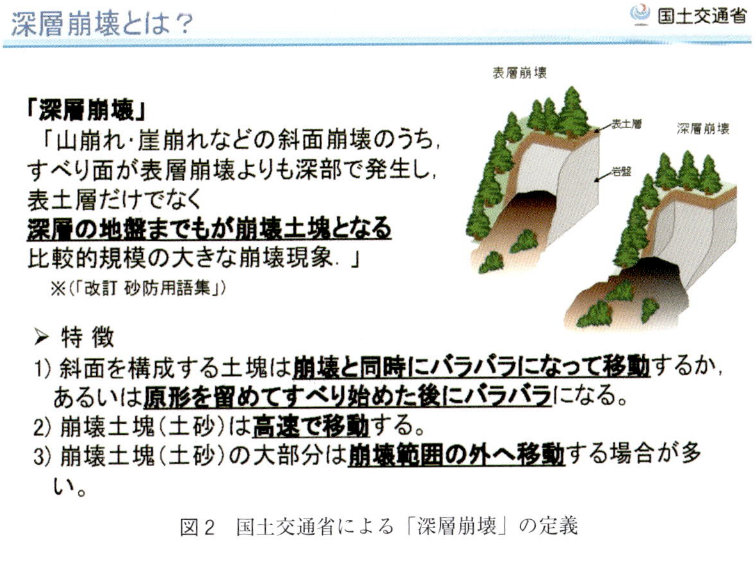

深層崩壊とは？
国土交通省
表層崩壊
表土層
岩盤
深層崩壊
「深層崩壊」
「山崩れ･崖崩れなどの斜面崩壊のうち，
すべり面が表層崩壊よりも深部で発生し，
表土層だけでなく
深層の地盤までもが崩壊土塊となる
比較的規模の大きな崩壊現象．」
※（「改訂 砂防用語集」）
➢ 特 徴
1) 斜面を構成する土塊は**崩壊と同時にバラバラになって移動**するか，
あるいは**原形を留めてすべり始めた後にバラバラ**になる。
2) 崩壊土塊（土砂）は**高速で移動**する。
3) 崩壊土塊（土砂）の大部分は**崩壊範囲の外へ移動**する場合が多い。

図2　国土交通省による「深層崩壊」の定義

万 m³ の体積まで幅がある。落石あるいは岩石崩落とは，単純落下が主たる運動で，規模は数百～数千 m³ 以下のものである。岩盤崩落とは，移動岩体が壊れずに落ちる（あるいは滑った）もので，壊れつつ落ちるものは岩盤崩壊といった方がいいであろう。

2.6 土　石　流

土石流とは，谷のなかで，その源頭部や上流山腹の一部が大雨，融雪，地震，火山噴火などにより崩壊し，十分な水と混じり合って流動化して波状的に下流に流下する現象である（図1の5）。その際，源頭部からの土砂の流れが，さらに流下途中の渓床や谷壁を侵食したり，周辺の樹木を巻き込むことにより，その量は増加する。とくに，火山噴火の直後には，ごく少量の降雨であっても，火山体表面が火山灰に覆われて，雨水の浸透が阻害されるから，直接表面流となって谷を下り，軟らかい火山灰と混じり合って，泥流が発生する。それが谷を侵食して，溶岩の塊などを巻き込んで下流部では土石流となる。その流速は数～数百 km/h であり，その1回の土石流の体積は1万 m³ くらいが大きい方であろう。また，火山噴火の際に，火口に貯まっていた水が火山灰とともに噴出したり，高温の火山灰（火砕流）などが氷河などを融かして斜面や谷を流れ下ったものを，とくに火山泥流と呼んでいる。

2.7 火　砕　流

火砕流とは，火山噴火にともなう高温の岩片とガスの混合物で，斜面を這うように流れ下る現象である。速度は数十 km/h から数百 km/h まであり，温度は数百度に達する。規模はさまざまであるが，とくに小規模のものには，(1)溶岩ドームの山頂部が崩壊して発生するメラピ型（図1の6の右），(2)溶岩ドーム頂部が下方へ爆発的に吹き飛ばされて発生するプレー型，(3)火口からの火山灰・軽石の噴煙柱が崩壊して，山頂斜面に崩れ落ち，それが斜面を流れ下るスフリエール型（図1の6の左）に大きく区別される。雲仙岳1991年の火砕流は(1)のタイプであり，駒ヶ岳1929年の火砕流は(3)のタイプである。これらのほかに，火口から直接，噴出～流動する十勝岳1988-1989年噴火の例がある。また，雲仙岳や十勝岳噴火の例に見られるように，比較的重たい火砕流の本体と，軽いサージと呼ばれる部分とに分離して，後者はより遠く，高所にも高速で移動する。

2.8 火山噴火にともなうそのほかのマスムーブメント

本書で扱う火山噴火にともなうマスムーブメントとしては，溶岩流，噴石降下現象，山体の隆起・沈降などがある。溶岩流には，粘性度の小さく流動的なパホイホイ溶岩と粘性度が大きいアア溶岩とがある。本書で扱う十勝岳の溶岩は安山岩であり，粘性度が高くゆっくりした速さで流動したアア溶岩である。その表面は発砲してコークス状になっている。一般的には，外側が摩擦抵抗のために中側より流動速度が遅くなるため，外側に溶岩堤防（lava levee）ができていることが多い。また，噴石の放出・降下について見ると，1988-1989年噴火で，火砕サージの噴出をともなったballistic噴火が特徴的である（Yamagishi and Feebrey, 1994）。この噴火は62-II火口の南側の側壁から噴出したため，噴石は放物線を描いて北側のグランド火口と呼ばれる広い平坦地に23回にわたって放出され落下したものである。

また，山体の隆起などは，一般的には火山噴火の前兆現象として知られている現象であるが，本書で扱う有珠山の場合は，地下のマグマ自体が石英安山岩で粘性度が高く，固体として上昇する際に周辺の山体や山麓を，グイグイと押しながら上がるために，地表面は隆起するが，一方で逆に沈降する現象も紹介する。

3　マスムーブメントを規制する要素

マスムーブメントを規制する要素としては，斜面（slope），水（water），植生（vegetation），地質構造（bed-rock structure），岩質（rock type），風化（weather）などがある。(1)斜面はその勾配や形態が重要であり，(2)水は降水と流水の量やインパクトが，(3)植生は草地か小木林か，あるいは広葉樹か針葉樹かの相違があるか，(4)地質構造は地層の傾斜や凝灰岩などが挟在するか，(5)断層や岩脈・岩質は，硬岩か軟岩か，あるいはマシブ（塊）状か層状か，(6)風化は凍結・融解によるものか，化学的な古赤色土の形成があるか否かなどが重要である。さらに火山の場合には，以上のほかにマグマ活動による地表の高温化や火山灰などの放出などがある。

4　マスムーブメントの誘因

マスムーブメントを起こす誘因としては，地震(earthquake)，斜面変化(change in slope)，水，物性の変化(change in properties)が挙げられる。地震は震動の加速度や周期の相違，斜面変化は勾配や物性の変化を意味する。水は多量発生と流動が，物性の変化は風化による脆弱化や破砕が主な要素である。とくに，寒冷地では凍結・融解により岩盤が破砕して角礫化して，これらが斜面に厚く堆積すると，大雨あるいは地震により崩壊しやすくなる。火山の場合には，火山噴火が重要な誘因となる。つまり，噴火により山頂や斜面の植生や樹木が火山灰に覆われたり，枯死したりすることや，表面が火山灰でつまって水はけが悪くなり，表面水が地下に浸透せず，降った火山灰が地表面を流出する。また，ガリーと呼ばれる箱形の谷を穿ち，それによる土砂が土石流となって山麓に流出する。

5　マスムーブメントの予知・予測

マスムーブメント現象の予知・予測には，(1)いつ，(2)どこで，(3)どのような現象が起こるかを事前に知ることが必要である。それぞれのマスムーブメントにより，その発生の契機(トリガー)，場所，規模は異なっている。以下にそれぞれの現象についての予知・予測の可能性について述べる。

5.1　地すべり

地すべり(滑り)とは，山地や丘陵の斜面の一部がすべり面に沿って，マス(塊)として移動する現象をいうが，道路建設，ダム建設，農地造成などの際の地すべり対策のために取り扱う地すべりの多くは二次地すべりである。これらは，地すべり運動によって形成された既存の地すべり地形のなかで発生するから，場所の予測は容易である。本来，地すべり運動は安定化に向かって斜面の一部が移動した結果であるから，自然状態では安定しているはずである。しかし，地すべり運動により移動した崩積土は地すべり発生前の物性とは異なったものとなっているから，切り土や盛り土など，人工的に手を加えると再び動き出すことが多い。その再活動の運動形態は，初生の運動とは異なったものとなることが多い。つまり，初生的にはスランプであるが，多量の水をともなうと，その後はフローとなることはよくあることである。また，初生地すべりの場合，層すべりのように地質構造に支配され，とくに泥岩が凝灰岩を挟む緩傾斜の地層は要注意である。そして，空中写真判読により作成された地すべり地形の周辺地域(「空白域」)が類似した地形地質条件であれば，いずれ発生するとみるべきであろう。トリガーとして，長い先行降雨の後や融雪あるいは強い地震の際に起こることが多いから，晴天時においても注意すべきである。

5.2　表層崩壊

表層崩壊とは，一般に山くずれ，崖くずれなどと呼ばれ，大雨の際に斜面の表層をつくる物質が下方に移動する現象である。この表層崩壊は，地すべりと比べて，より急な斜面で発生し，崩壊物質は岩盤の風化物(たとえば花崗岩のマサ土)であったり，斜面表層を覆う火山灰などであるから，場所としては地形と地質条件で，ある程度見当がつく。過去に発生していない場所は，いずれ発生するとはいえるが，その場合でも発生しやすい箇所とそうでない箇所を区別することは今後の課題であろう。また，類似した地形・地質条件で発生した新潟県中越地域では，地震による表層崩壊と豪雨によるものを比較すると，前者は凸地形あるいは平滑斜面，遷急線直上で発生し，規模では広がりが大きいが，後者は谷地形あるいは凹地形，遷急線直上あるいはその下位で発生しやすく，一つ一つの規模(面積)が小さい特徴があった(山岸，2007)。

5.3　深層崩壊

2011年に紀伊半島一帯で発生した深層崩壊については，京都大学防災研究所の報告(2012：千木良雅弘代表)や地質情報整備活用機構の資料(http://www.web-gis.jp/GS_Topics/Doshasaigai/Doshasaigai3.html；2019年1月4日閲覧)がある。後者によると，「深層崩壊は大雨が短時間で降るよりも，むしろ雨が長く続いて降る方が，すなわち連続雨量が多い方が発生しやすい，と言えます(表層崩壊は，多量の時間雨量の方が，崩壊への影響が大きいよう

表1　深層崩壊の発生しやすい地質・地形条件（地質情報整備活用機構 http://www.web-gis.jp/GS_Topics/Doshasaigai/Doshasaigai3.html）

斜面の傾斜	傾斜角が概ね30度以上の斜面は崩壊しやすい
傾斜の状況	標高の低い方が急傾斜である斜面は崩壊しやすい（遷急線が高いところにある）
谷型の斜面	凹地など，地表水が集まる地形を持つ斜面は崩壊しやすい
集水面積	集水面積が大きい場合は，斜面崩壊の可能性が高くなる
上方が緩傾斜	斜面の上方に平坦地がある場合は，斜面崩壊の可能性が高くなる。人工的な地形改変により斜面上方に平坦地を造成すると，斜面は崩壊しやすくなる
地質状況	地質や地質構造（層理，褶曲，断層など）との関連が大きい
基盤層	深層崩壊は表土層と，その下位の風化した基盤層が一体となって崩壊する
流れ盤構造	地層が斜面側に傾いている構造で，地層境界面ですべりやすくなる
不透水層の存在	地盤に浸透した地下水が不透水層で遮られ，斜面に流れ出るため境界面ですべりやすくなる。流れ盤構造では，相乗効果によって崩壊の危険性がさらに高くなる
兆候（微地形）	兆候が見られる場合がある。兆候とは，非火山性地域における，クリープ，多重山稜，クラック，末端小規模崩壊，はらみだしや地下水位の変動など
植生の影響	

です）」と述べている。地形・地質条件では，表1の項目が重要と指摘している。この災害での奈良県の赤谷の場合，微地形の「傾斜状況」，「谷型の斜面」，「集水面積」，「上方が緩傾斜（兆候）」と「流れ盤構造」が重要な発生条件となったという。

5.4　山体崩壊

マスムーブメントのなかでも，とくに大規模な運動である（井口，2006）。これは地震や火山噴火がトリガーなので，1984年の長野県西部地震（M6.8：Wikipedia）により御岳山の南斜面が大崩壊して，伝上川で発生した岩屑なだれで29名が犠牲になった例があるように，火山観測と地震観測そのものが重要である。最近ではGPSなどによる地形変位観測で，その前兆をとらえる研究が進められている。

5.5　岩盤崩落

岩盤崩落とは，岩盤そのものがつくる急斜面の一部が斜面本体と分離して落下する現象である。この予知・予測はほかのマスムーブメントと比較すると，場所のみにおいてもかなり困難であるが，海蝕崖などの急崖の場合には，節理と岩相の不連続面との組み合わせが決め手であろう。一般には，亀裂や節理が多いと確率は高いが，落石程度の小規模の崩落となり，それらが少ないと確率は小さいが規模の大きい岩盤崩落となりやすい。また，一概に崩落といっても，すべり破壊，落下，トップリングなどがあるから，これらのメカニズムもある程度予測することが必要であろう。

1996年の北海道豊浜トンネル岩盤崩落以来，急崖の危険度判定基準の確立が求められてきた。その場合，崖の傾斜，比高，形態，崖錘の有無などの斜面形態，岩相の区分や亀裂の成因的区分，地下水の挙動などが重要視される（菊地・水戸，1998）。たとえば，第二白岩トンネル崩落（1997）の場合には，火砕岩（水冷破砕岩あるいはハイアロクラスタイト），溶岩，岩脈の区別，とくに火砕岩の場合には層状か塊状かなどの構造の認識が重要である。また，亀裂の場合には，地質構造運動によるもの，開口節理，重力節理（シーティング）などの区分が必要になっている（山岸，2007）。トリガーとしては，地震，降雨，地下水のほかに，冬季に凍結した氷などがある。地震の場合は崖の端部で加速度が最も大きくなるから，崩落は遷急線から発生しやすい。降雨とそれに続く地下水が亀裂や不連続面を通過して，岩体を支える下部の強度を弱め，崩落につながる可能性もある。

5.6　土石流

土石流には，花崗岩地帯の谷や荒廃渓流で，豪雨時に崩壊が引き金となって下流の大量の水が谷斜面の既存の岩屑を巻き込んで発生するものや，活火山の噴火時に少量の降雨で，降水が表面流となって，斜面や谷の土砂を巻き込んでいくものがある。前者の場合には，谷頭部の崩壊の発生予測が重要になるが，後者の場合には，火山噴火の直後の，降雨時には必ず，泥流・土石流が発生するとみた方がよい。

5.7 火　砕　流

火山災害のなかでも最も危険度の高いのが火砕流災害である。最近，わが国では土石流とともに火砕流が起きた場合に予想される流向などを表現した活火山のハザードマップも各地で作成されている。火砕流にはいろいろなタイプあるが，図1の6のメラピ型は，山頂での溶岩ドームの成長とその崩壊に起因するから溶岩ドームの監視が重要であり，図1の6のスフリエール型はプリニー式噴火による火口からの噴煙柱が崩壊して，それが斜面を流れ下るものである。したがって，プリニー式噴火で発生するが，その噴煙柱の崩壊は風向きに左右されず全方位に発生する。いずれの火砕流も，本体は土石流などと同様に谷や低い部分を流れるから，その流下場所の予測は容易であるが，それにともなうサージと呼ばれる高温のガスの流れは，本体よりも高い場所や，より遠方にまで到達する。これは過去の堆積物を残さないから過去の資料を検討する際には注意が必要である。

6　マスムーブメントのハザードマップ

わが国では，さまざまな災害ハザードマップが作られるようになっている（消防科学総合センター，2003；ハザードマップ編集小委員会，2005など）が，災害対象では火山のハザードマップが以前から作られている。とくに，北海道の駒ヶ岳や十勝岳のハザードマップは，わが国で最も古い。わが国では，すべての活火山にハザードマップが作られ公開され，避難経路や避難所が細かく指定されている。しかし，いくつかの災害のなかでも，landslideのハザードマップの作成は困難なもののひとつである。その理由は，1）斜面であればどこでも起きる，2）トリガー（原因）は，地震，豪雨，地形改変などで，場所が特定できないなどのためである。

ここでは地すべりや崩壊など，英語でいうlandslideのハザードマップについて述べる。わが国では，“土砂災害ハザードマップ”と言っている場合が多い（消防科学総合センター，2003など）が，英語ではLANDSLIDE HAZARD MAP（James et al., 2005）と言っていることが多い。デジタル時代の今日では，これらのハザードマップはGISを活用して作られている（Yamagishi and Bahdary, 2017）。本書で扱うマスムーブメントも同じで，とくにlandslide（地すべり・崩壊・土石流）の分野でも，さまざまなレベルのハザードマップが試みられている。しかし，“Landslide hazard map”という言葉は，あいまいな言葉であり，以下のように整理する必要がある。

アメリカの科学アカデミーのCommittee on the Review of the National Landslide Hazards Mitigation Strategy（CRNLHMS, 2004）は“Landslide hazard map”を以下のように4区分している。

1）**landslide inventory map**，2）**landslide susceptibility map**，3）**landslide hazard map**，4）**landslide risk map**

写真判読で作成される従来の地すべり分布図（防災科学技術研究所（NIED），http://dil-opac.bosai.go.jp/publication/nied_tech_note/landslidemap/gis.htmlや山岸（2012）の地すべり分布図は1）の**Inventory map**（従来の地すべり分布図）であり，GISを活用して作成されるLandslide hazard mapの多くは，2）の**landslide susceptibility map**に相当するように思われる。人間的要素（被害）が入って初めて，3）狭義の**landslide hazard map**，4）の**landslide risk map**ということになると解釈される。

なお，参考までにCRNLHMS（2004）のタイプ区分の主な特徴を掲載すると，以下のようである。

1）A landslide inventory map shows the locations and outlines of landslides. A landslide inventory is a data set that may represent a single event or multiple events. Small-scale maps may show only landslide locations, whereas large-scale maps may distinguish landslide sources from deposits, classify different kinds of landslides.
2）A landslide susceptibility map ranks slope stability of an area into categories that range from stable to unstable. Susceptibility maps show where landslides may form.
3）A landslide hazard map indicates the annual probability (likelihood) of landslides occurring throughout an area. An ideal landslide hazard map shows not only the chances that a landslide may form at a particular place, but also the chances that a landslide from farther upslope may strike that place.

4) A landslide risk map shows the expected annual cost of landslide damage throughout an area. Risk maps combine the probability information from a landslide hazard map with an analysis of all possible consequences (property damage, casualties, and loss of service).

7 GIS を活用した landslide susceptibility map

デジタル時代の今日ではGISを使ったlandslideに関する論文は盛んな分野のひとつである。GIS LANDSLIDE を Google Scholar (https://scholar.google.co.jp/) で検索するとネット上には20,500件ヒットする(2019年1月5日現在)。その多くはsusceptibility map に関するものが多い。Yamagishi and Bahndary (2017) による *GIS Landslide* もそのひとつである。それらの多くは，先に述べたinventory mapからGISに移行させてから，さまざまな要素(地形，地質，降雨，土地利用，道路，川，住宅地，ほかのインフラなど)の重要度のランクづけを行って，数量で評価する方法が一般的である。その手法として，LR (Logistic Regression: Ayalew and Yamagishi, 2005)やANN (Artificial Neural Network: Dou et al., 2015)などがある。また，無数に発生する崩壊については，発生した崩壊数と地形傾斜や地質などとの関連を統計的に扱い，発生する場所の予知予測のための基礎資料を提供した方法があり(山岸ほか，2015；岩橋ほか，2007など)，本書でも取り上げている。

文　献

1) Ayalew, L. and Yamagishi, H. (2005): The application of GIS-based logistic regression for landslide susceptibility mapping in the Kakuda-Yahiko Mountains, Central Japan. *Geomorphology*, 65: 15-31.

2) Cazeau, C. J., Hatcher, R. D. Jr. and Siemankowsky, F. T. (1976). Mass movement. In: Physical geology-principles. Processes, and problems. Harper & Row, pp. 170-189.

3) 千木良雅弘(2012)：深層崩壊の実態，予測，対応．京都大学防災研究所 特定研究集会，23C-03，107 p.

4) Committee on the Review of the National Landslide Hazards Mitigation Strategy (CRNLHMS, 2004): Partnership for reducing landslide risk. The National Academic Press, Washington, D.C., 123 p.

5) Cruden, D. M. and Varnes, D. J. (1996): Landslide types and processes. In: Turner, A.K. and Shuster, R. L. (eds.), Special report 247, Landslides — Investigation and mitigation. Transportation Research Board, National Research Council, pp. 36-75.

6) Dikau, R., Brunsden, D., Schrott, L. and Ibsen, M. eds. (1996): Landslides recognition, movement and causese. John Wiley & Sons, Chichester, U.K. 251 p.

7) Dou, J., Yamagishi, H., Pourghasemi, R., Yunus, A. P., Song X., Xu, Y. and Zhu, Z. (2015): An integrated artificial neural network model for the landslide susceptibility assessment of Osado Island, Japan. Natural Hazards, DOI 10.1007/s11069-015-1799-2

8) Eisbacker, G. H. and Clague, J. J. (1984): Destructive mass movements in high mountains — Hazard and management. Geological Society of Canada, paper 84-16.

9) ハザードマップ編集小委員会(2005)：ハザードマップ—その利用と作成．日本測量協会，234 p.

10) Hencher, S. R. (1987): The implications of joints and structures for slope stability. In: Anderson, M. G. and Richards, K. S. (eds.), Slope stability — Geotechnical engineering and geomorphology. John Wiley & Sons, pp. 145-186.

11) Highland, L. H. and Bobrowsky, P. (2008): The landslide handbook — A guide to understanding landslides. US Department of the Interior, US Geological Survey, Circular 1325, 129 p.

12) Hutchinson, J. N. (1968): Mass movement. In: Fairbridge, R. W. (ed.), The encyclopedia of geomorphology. Dowden, Hutchinson & Ross, pp. 688-695.

13) 井口隆(2006)：日本の第四紀火山で生じた山体崩壊・岩屑なだれの特徴—発生状況・規模と運動形態・崩壊地形・流動堆積状況・発生原因について．日本地すべり学会誌，42：409-420.

14) 岩橋純子・山岸宏光・神谷泉・佐藤浩(2007)：2004年7月新潟豪雨と10月新潟県中越地震による斜面崩壊の判別分析．日本地すべり学会誌，45：1-12.

15) 地すべりに関する地形地質用語委員会編(2004)：地すべり—地形地質的認識と用語．日本地すべり学会，ニッセイエブロ，318 p.

16) 菊地宏吉・水戸義忠(1998)：国道229号線豊浜トンネル上部斜面の岩盤崩壊メカニズムに関する地質工学的考察．応用地質，39：456-470.

17) 国土交通省：http://www.mlit.go.jp/mizukokudo/sabo/deep_landslide.html 深層崩壊の定義(2016年9月26日).

18) Schwab, J. C., Gori, P. L. and Jeer, S. eds. (2005): Landslide hazards and planning. Planning Advisor

Service, Report Number 533/534. American Planning Association, 208 p.

19）鈴木隆介(1997)：建設技術者のための地形図読図入門，第1巻(読図の基礎)．古今書院，200 p.

20）消防科学総合センター(2003)：地域防災データ総覧—ハザードマップ編．167 p.

21）Varnes, D. J. (1978): Slope movement types and processes. In: Schuster, R. L. and Krizek, R. J. (eds.), Special report 176: Landslide — Aanlysis and control. Transportation Research Board, National Research Council, Washington, D.C., pp. 11-33.

22）山岸宏光編著(1993)：北海道の地すべり地形．北海道大学図書刊行会，392 p.

23）山岸宏光(2007)：斜面災害の予測とハザードマップ作成のために—最近の同時多発型斜面災害と岩盤崩落事例から．地質と調査，7(1)：2-9.

24）山岸宏光編著(2012)：北海道地すべり地形デジタルマップ(DVD付)．北海道大学出版会，112 p.

25）Yamagishi, H. (2017): Identification and mapping of landslides. In: Yamagishi, H. and Bhandary, N. P. (eds.), GIS landslide, Springer Nature, pp. 3-9.

26）Yamagishi, H. and Bahndary, N. P. eds. (2017): GIS landslides. Springer Verlag, 230 p.

27）Yamagishi, H. and Feebrey, C. (1994): Ballistic ejecta from the 1988-1989 andesitic vulcanian eruptions of Tokachidake Volcano, Japan: Morphologies and genesis. *Jour. Volcanol. Geotherm. Res.*, 59: 269-278.

28）山岸宏光・志村一夫・山崎文明(2000)：空中写真によるマスムーブメント解析(CD-ROM付)．北海道大学図書刊行会，221 p.

29）山岸宏光・土志田正二・畑本雅彦(2015)：最近の豪雨崩壊および既往の地すべりにおける地形・地質要因のGIS解析．日本地すべり学会誌，52：12-22.

30）横田修一郎・永田秀尚・横山俊治・田近淳・野崎保(2015)：ノンテクトニック断層—識別方法と事例．近未来社，248 p.

第２部　地すべりの分布と運動の解析手法

Part 2　Analyses methods of deep-seated landslide (Jisuberi) distribution and movement

山岸　宏光
Hiromitsu Yamagishi

従来の地すべり地形の判読は，滑落崖(Scarp)とそれに対応する地すべり土塊(Debris)を認定することであり(Yamagishi and Moncada, 2017)，その分布図の作成は，北海道では，山岸(1993)の『北海道の地すべり地形―分布図とその解説』で示されている。また，全国的には防災科学技術研究所(NIED)による地すべり地形分布図が刊行されている。いずれも，60％重複して撮影された空中写真を実体視判読したものであり，前者は主に米軍の白黒写真，後者は国土地理院の４万分の１の白黒写真を使っている。このようなアナログ写真による写真判読はデジタル時代になっても基本であり，いまだに最も確実な方法である(Yamagishi, 2017；Guzetti et al., 2012)。しかし，デジタル時代に入ると，数値地図を使ったGISや画像システムという技術が現れてきた。それにともない，上記の分布図も当初はハードコピーのみであったが，現在ではいずれもデジタル版(主にshpファイル)で配信されている(NIEDの地すべり地形分布図デジタルアーカイブ，http://dil-opac.bosai.go.jp/publication/nied_tech_note/landslidemap/gis.html；2019年１月４日閲覧。山岸(2012)は書籍の付属として公開している(『北海道の地すべり地形デジタルマップ』))。

この第２部では，「第１章 GISによる地すべり地形分布と地質岩相・地質構造との関連の解析」で，GISソフト(ArcGIS10.2)を使用して，地すべり地形分布図(山岸，2012)と，５万分の１地質図「木古内」の地層の傾斜度と地すべり地形数との相関を解析し，地層傾斜方向と地すべりの滑動方向との関連を検討した。「第２章 デジタル画像システム「地貌図など」を利用した地すべりの解析」では，画像システムのひとつで，㈱シン技術コンサルが開発した地貌図(CBZ，http://www.shin-eng.info/chibouzu/index.html；2019年１月４日閲覧)を活用したものである。地貌図は，数値地図の一種でデジタル標高モデル(DEM)を使用して作成される。その場合には，標高，傾斜と地貌指数という数値を使っているのが特徴である(図１)。第２章では，代表的な地すべり地である定山渓など北海道の各地や海外の事例を取り扱っている。

「第３章 芦別市パンケ幌内川右岸地すべりのLPデータの解析」では，地すべり発生前後の位置情報のついた空中写真とレーザプロファイラ(LP)データから，発生前後の地形変化，浸食量，堆積量を測定した。「第４章 陸別町陸別川上流の牧草地の隆起と地すべりの写真判読と点群解析」では，牧草地に出現した高さ３mの隆起帯を垂直写真による実体視判読と，多方向から撮影した斜め写真から高密度点群を生成し，３次元空間上において地すべり判読を行ったものである。「第５章 羅臼町幌萌海岸の隆起と地すべり」では，現地調査とドローン(UAV)を使って解析したものである。なお，ドローンには全幅30mを超える大型から手の上に乗る小型までのさまざまな大きさのものが存在し，固定翼機と回転翼機の両方がある。操縦は基本的に無線操縦で行われ，機影を目視しながら操縦するものからGPSや地図アプリの機能を利用して自律飛行が可能なものまで多様である。GPSなどの援用で完全自律飛行を行う機体も存在する。

文　献

1) Guzetti, F., Mondini, A. C., Cardinali, M., Fiorucci, F., Santangeo, M. and Chang, K.-T. (2012): Landslide inventory maps — New tools for an old problem.

地貌図（Chibouzu：CBZ）とは？

地貌図とは，地形を表現する上での要素である「標高」，「傾斜」，「比標高」といった，点情報，近傍演算情報，広域演算情報の３要素を組み合わせた主題図です。

陰影図

傾斜図

比標高図

具体的には，以下の計算式で示すように，地形表現の３要素を用いた積の対数をとった「地貌指数」という数値をもとに地形を表現しています。

地貌指数＝log（箇所標高 ×tan（箇所傾斜）× 比標高）

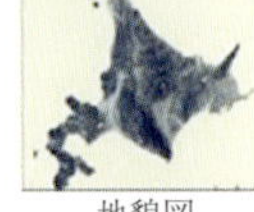
地貌図

比標高（ひひょうこう）とは？

比標高とは，やや広い範囲での地形の起伏特性を表現するものです。

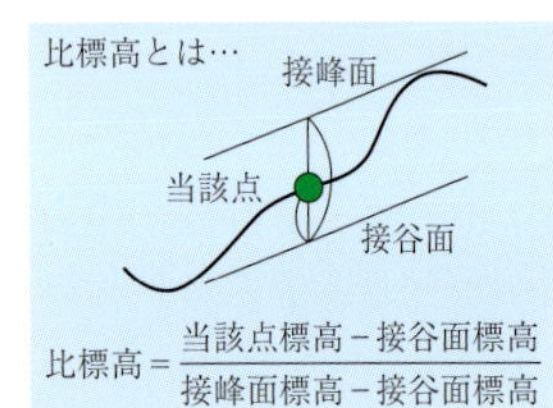

$$比標高 = \frac{当該点標高 - 接谷面標高}{接峰面標高 - 接谷面標高}$$

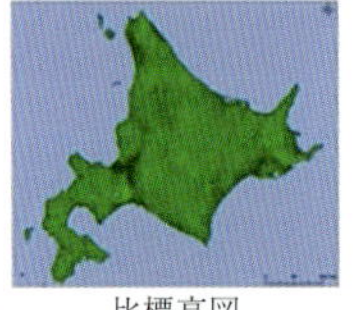
比標高図

I. 微地形を表現する地貌図（CBZ）の紹介

高密度な標高データが取得可能に！
⇒レーザ測量，SfM などの技術の進歩

「等高線」や「段彩図」よりも微小な起伏を見やすくする地形表現方法の出現
⇒例：「赤色立体地図」，「陰陽図」，「ELSAMAP」など

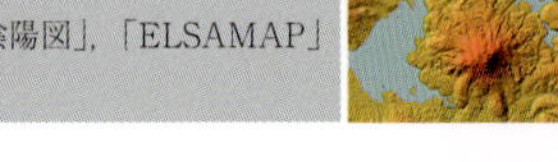

シン技術コンサルにて開発・特許取得した地形表現方法
⇒「地貌図（ちぼうず）Chibouzu（CBZ）」

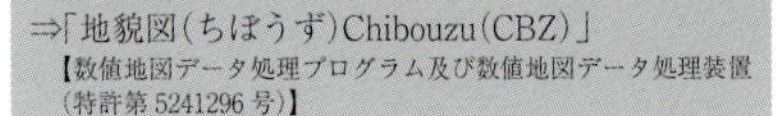
【数値地図データ処理プログラム及び数値地図データ処理装置（特許第5241296号）】

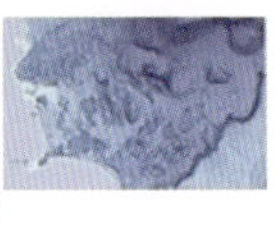

図１　地貌図（CBZ）の簡単な説明

Earth Science Reviews, 112: 42-66.

2）山岸宏光（1993）：北海道の地すべり地形―分布図とその解説．北海道大学図書刊行会，392 p.

3）山岸宏光編著（2012）：北海道地すべり地形デジタルマップ（DVD 付）．北海道大学出版会，100 p.

4）Yamagishi, H. (2017): Identification and mapping of landslides. In: Yamagishi, H. and Bhandary, N. P. (eds.), GIS landslide, Springer, pp. 3-9.

5）Yamagishi, H. and Moncada, R. (2017): TXT-tool 1. 081-3. 1 Landslide recognition and mapping using aerial photographs and Google Earth. In: Sassa, K., Guzzetti, F., Yamagishi, H., Arbanas, Z., Casagli, N., McSaveney, M. and Dang, K. (eds.), Landslide dynamics ISDR-ICL landslide interactive teaching tools (Volume 1), Fundamentals, mapping and monitoring , Springer Nature, pp. 67-82.

第１章　GISによる地すべり地形分布と地質岩相・地質構造との関連の解析—北海道定山渓地域と木古内地域の例—

Chapter 1　GIS analyses of relation between landslide (jisuberi) distribution and geologic facies/ geologic structures — Examples from Johzankei and Kikonai area, Hokkaido

山岸　宏光
Hiromitsu Yamagishi

1　ま え が き

わが国では，５万分の１スケールの地すべり地形分布図は防災科学技術研究所(NIED：以下，防災科研)により全国がカバーされていて，GISで使用できるようにshpファイル形式でも無料でダウンロードできるようになっている(以下NIEDマップ：地すべり地形分布図デジタルアーカイブ，http://dil-opac.bosai.go.jp/publication/nied_tech_note/landslidemap/gis.html；前述)。また，北海道では，筆者がまとめた，『北海道の地すべり地形』(1993：以下山岸マップ)をもとにそれをデジタル化した『北海道の地すべり地形デジタルマップ』(2012)を出版した。以上のデジタルデータをもとに，地すべり地形分布と「地質図類ダウンロードサイト」(後述)のデジタルデータを活用して，それらの関係の解析を試みた。まず，『北海道の地すべり地形デジタルマップ』(2012)では，地すべり地形は火山岩地域と堆積岩(比較的新しい第三紀の泥岩など)に多いことが報告されている。

2　火山岩地域の例

火山岩地域の例として，北海道の定山渓地域を例に挙げてみる(図１，２)。

定山渓地質図幅(土居，1953)によると，山岸マップもNIEDマップも，溶岩台地の縁や火山岩類の境界に多く発生しているのがわかる。とくに溶岩の末端で発生する場合は，キャップロック構造とも呼ばれていて，下位に堆積岩や粘土などの変質岩が存在する場合に多い(山岸，1993など)。この地域の地すべりと地質岩相との関係を調べると，図３，表１，図４のようになる。図３の凡例には，「定山渓」内のシームレス地質図からダウンロードした基本(basic)の番号を示している(表１)。この地質図(shp)と地すべり分布図(山岸マップ)とをArcGISのジオプロセッシングのインターセクト(inter-

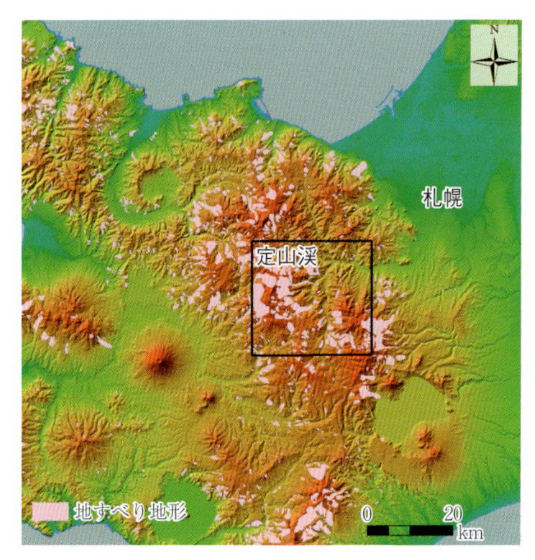

図１　札幌西方地域の地すべり地形分布図(山岸，2012)と調査範囲「定山渓」。背景は地理院の色別標高図(表見返し位置図2.1a)

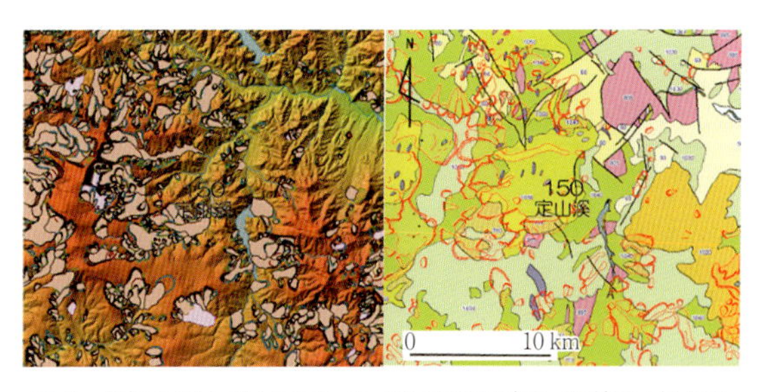

図２　「定山渓」地域の地すべり地形分布と地質図(左が地理院色別標高地図とNIEDマップ，右が山岸マップと地質図(シームレス地質図詳細版))。㈱シン技術コンサル地貌図のサイト http://www.shin-eng.info/chibouzu/map.html

表1　「定山渓」地域の地質岩相の凡例の説明

地質 NAVI の凡例番号(基本)	「定山渓」の地質岩相
1	後期更新世〜完新世(H)の海成または非海成堆積岩類
6	後期中新世〜鮮新世(N3)の海成または非海成堆積岩類
7	中〜後期中新世(N2)の海成または非海成堆積岩類
56	前〜後期ジュラ紀(J1-3)の付加コンプレックスの基質
78	第四紀(Q)の火山岩屑
79	中〜後期中新世(N2)の珪長質火山岩類(非アルカリ貫入岩)
87	中期中新世〜後期中新世(N2)の非アルカリ珪長質火山岩類
101	前期更新世(Q1)の非アルカリ苦鉄質火山岩類
102	後期中新世〜鮮新世(N3)の非アルカリ苦鉄質火山岩類
103	中期中新世〜後期中新世(N2)の非アルカリ苦鉄質火山岩類
104	前期中新世〜中期中新世(N1)の非アルカリ苦鉄質火山岩類
123	中〜後期中新世(N2)の花崗閃緑岩
139	前〜中期新世(N1)の苦鉄質深成岩類
200	湖水・河川・海など

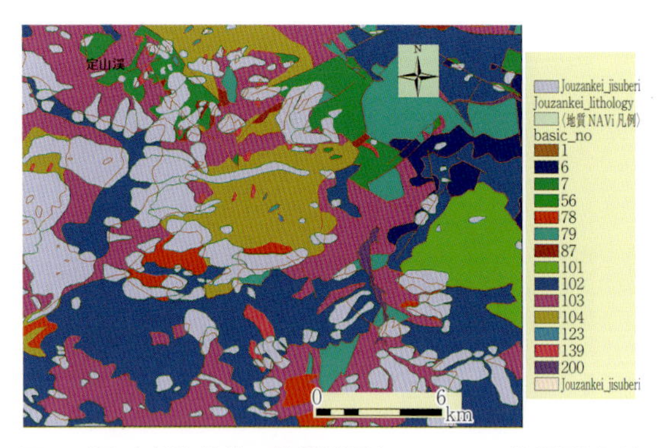

図3　「定山渓」地域の地質岩相(シームレス地質図)と地すべり分布図(山岸マップ)。凡例は同地質図基本版(表1)

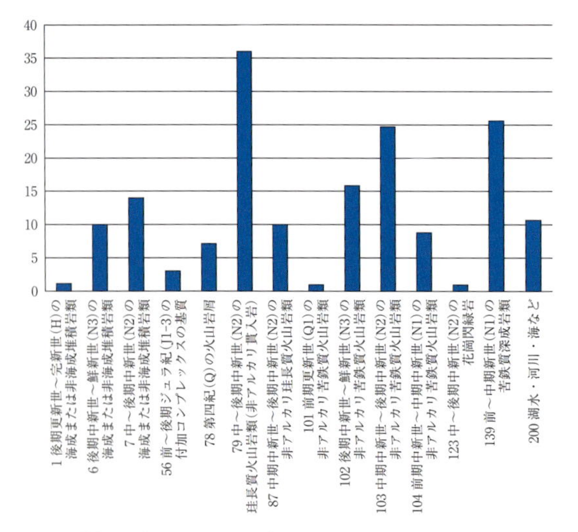

図4　「定山渓」地域の地質岩相と合致する地すべり数(山岸マップ)のグラフ

sect)機能で重なり合うものをグラフ表示したものが図4である。

3　堆積岩地域の例

函館市西方の木古内図幅(秦・垣見，1979)地域を例に挙げる(図5)。

木古内図幅地域には，主に新第三紀の泥岩や砂岩などの堆積岩が広く分布していて，地すべり地形が多数存在する(図6，7)。地層の傾斜度とすべり地形分布(NIED マップ)を見ると，見た目では地層の緩傾斜地域(図6右，7)に地すべりが多いように見える。

定量的にするため，表層崩壊で実施したと同様の方法で10度ごとの地層の傾斜区分図と地すべり数との相関を示すと20-30度の地層傾斜の範囲に地すべりが多いことがわかる(図7)。この地質図の凡例番号は表2に示した。

この手法としては，地質調査総合センターの「地質図類ダウンロード」サイト(https://gbank.gsj.jp/datastore/)から5万分の1地質図→木古内を選択してダウンロードする。その「木古内」地質図(図8)のラスター画像から地層傾斜度のポイントデータを作成して，ArcGIS10.2 の Spatial Analyst の内挿→クリギング(kriging)で10度ごとの地層傾斜分布図を作成した(図9)。

地形解析と同様に地すべり地形ポリゴンをポイントに変換したものを，spatial analyst の抽出→マス

表2　「木古内」地域に現れる地質岩相の地質NAVIの凡例

地質NAVIの凡例番号(基本)	「木古内」地域の地質岩相
1	後期更新世～完新世(H)の海成または非海成堆積岩類
6	後期中新世～鮮新世(N3)の海成または非海成堆積岩類
7	中～後期中新世(N2)の海成または非海成堆積岩類
56	前～後期ジュラ紀(J1-3)の付加コンプレックスの基質
59	前～後期ジュラ紀(J1-3)の付加コンプレックスの玄武岩ブロック(石炭紀～ペルム紀)
86	後期中新世～鮮新世(N3)の非アルカリ珪長質火山岩類
102	後期中新世～鮮新世(N3)の非アルカリ苦鉄質火山岩類
104	前期中新世～中期中新世(N1)の非アルカリ苦鉄質火山岩類
162	後期更新世～完新世(H)の砂丘堆積物
163	後期更新世～完新世(H)の湿地堆積物
170	後期更新世(Q3)の低位段丘堆積物

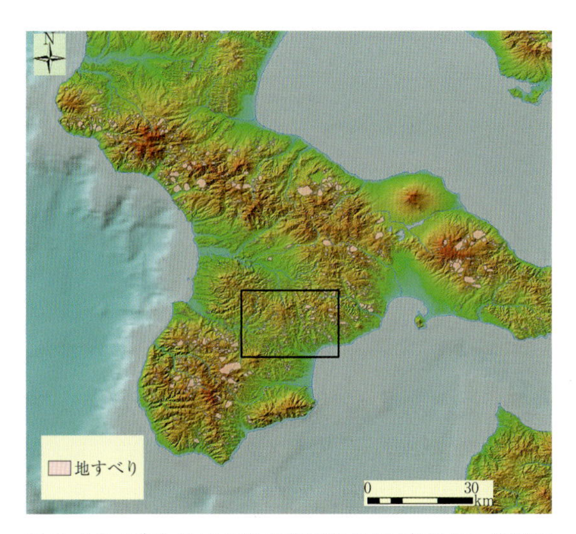

図5　「木古内」地域の調査範囲位置図(表見返し位置図2.1b)

図6　「木古内」地域の地質図と地すべり分布(左がNIEDマップ，右が地質図(シームレス地質図詳細版)と山岸マップ。㈱シン技術コンサル地貌図のサイト http://www.shin-eng.info/chibouzu/map.html

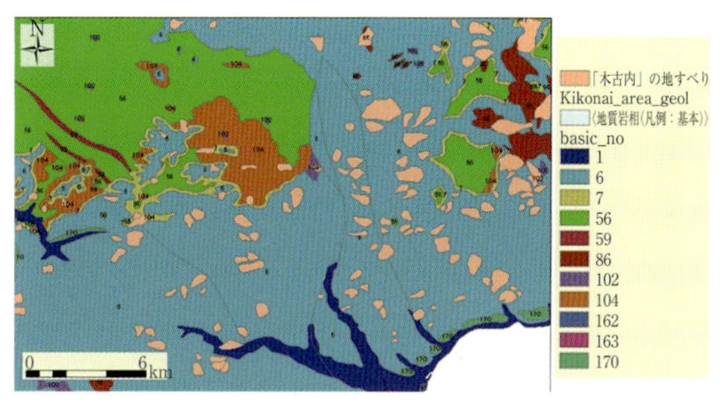

図7　「木古内」地域のシームレス地質図(基本凡例)と地すべり分布図(山岸マップ)。凡例は同地質図基本版(図9)

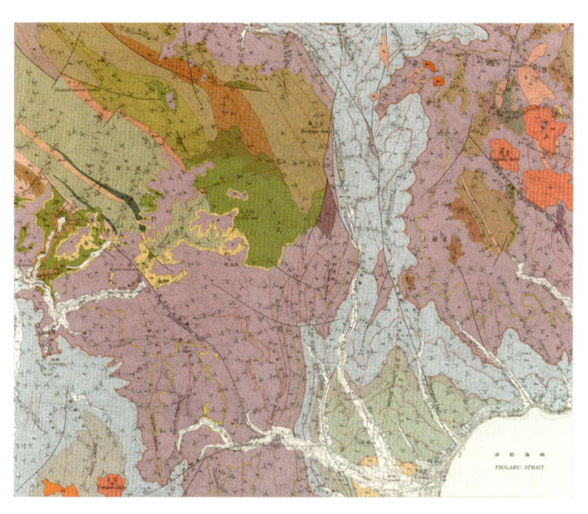

図8　「木古内」地質図(秦・垣見，1979)

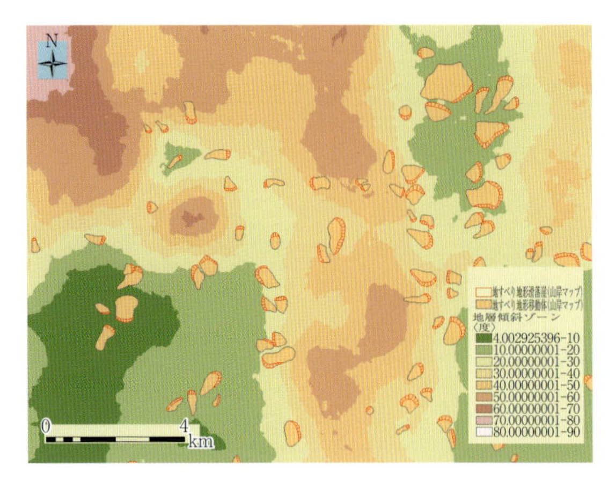

図9　木古内地域の地層傾斜と地すべり地形分布図(山岸マップ)

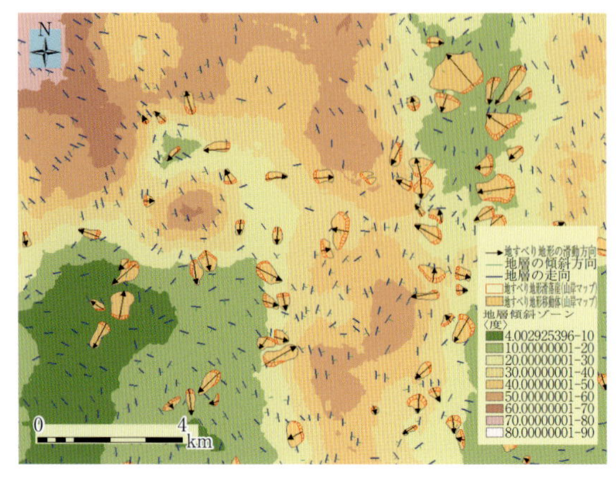

図11　木古内地域の地すべり地形(山岸マップ)の滑動方向と地層傾斜方向などのマップ

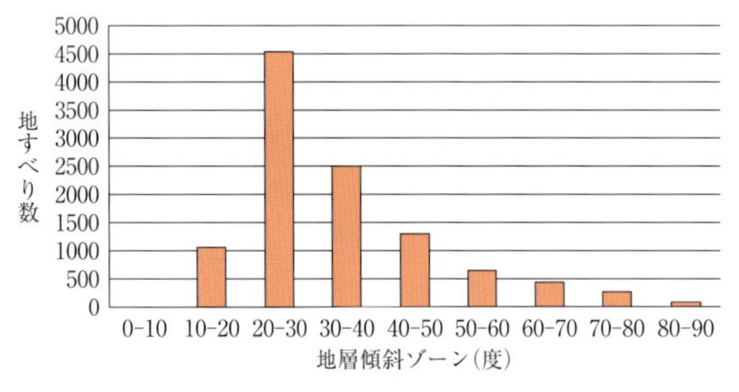

図10　木古内地質図の地層傾斜と地すべり数の関係

ク(mask)で，新たなラスターを作成する。それをさらに同じく10度ごとに再分類(reclassification)すると，地層傾斜ゾーンごとの地すべり数が属性テーブルに表示される(図10)。

次に，地層の走向傾斜(傾斜は短い直線)と地すべり(山岸マップ)の滑動方向(地すべり地内の滑落崖に直交する長い直線)をそれぞれ作成する(図11)。この場合は，1)地層傾斜は，地質図の走向傾斜の位置のポイント上で走向に直交して傾斜方向にポリラインを描く。この場合には，南側から北側に向かってポリラインを引くと時計回りの360度読みのデータが得られる。2)地すべりの滑動方向は，地すべり地形の滑落崖に直交して移動体の末端までポリラインを描く。1)と2)のそれぞれのポリラインの属性テーブルにフィールドを追加して，ArcGIS10.2のフィールド演算(図12)で計算する。その際はpython scriptを利用する(図12)と360度読みの方角を得ることができる。地層傾斜の方向と地すべりの

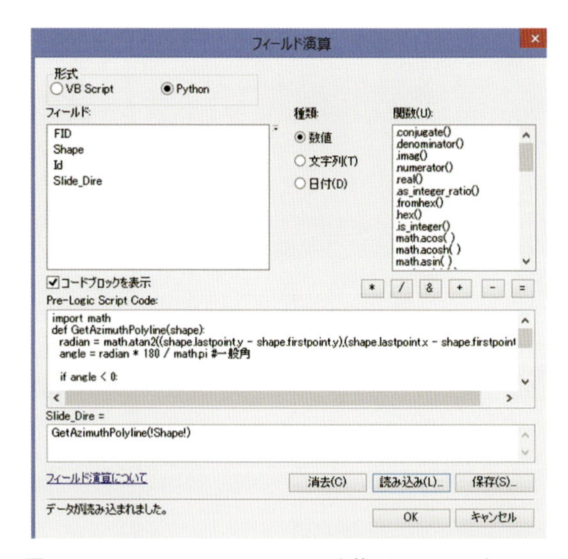

図12　ArcGIS10.2のフィールド演算プルダウン(python script)

方向は直感的にはほぼ一致しているが，定量的に見るためにGISで計算すると，地層の傾斜方向と地すべりの滑動方向はほぼ整合的である(図13)。つまり，この地域の地すべりの多くは流れ盤的であることを示唆している。また，木古内図幅の北隣の館地域の地質図でも，同様に防災科研の地すべり分布図との関係を見ると，同様に地層傾斜20-30度のエリアに地すべりが多いことがわかる。

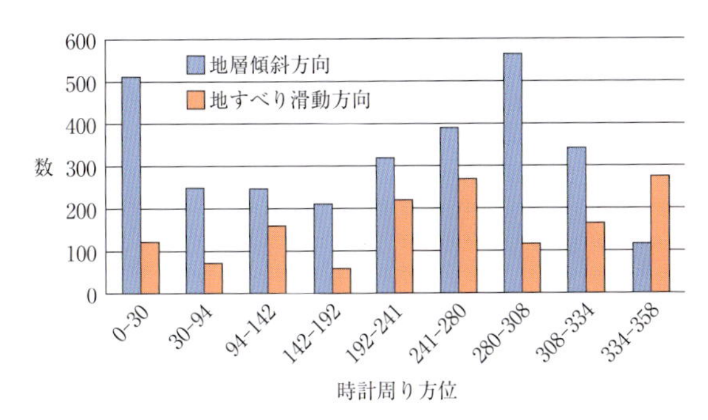

図13　木古内地域の地層傾斜方向と地すべりの滑動方向の関係

4　考察と結論

本章では，GISソフト(ArcGIS 10.2)を使って，地すべり地形の分布と地質との関連を解析した。具体的には，山岸ほか(2012)や防災科研の地すべり地形分布図のデジタルデータと，シームレスベクター地質図(20万分の1レベル)とラスター地質図(5万分の1レベル)を使用した。北海道の地すべり地帯のひとつである火山岩地帯の例として札幌市の西部山地の定山渓地域と，堆積岩地帯の例として函館西方の5万分の1地質図「木古内」地域を取り上げた。前者の場合は，地形との関連は山岸ほか(2016)が，すでにデジタルマップを使った解析は報告したが，地質との関連では，無意根山などの溶岩の末端から大規模な地すべりが発生していることがわかる。後者の場合には，とくに地層の傾斜方向を読み取ってデジタル化したものと地すべり地形分布デジタルデータから，地質構造との関連づけを試みた結果，緩傾斜の地層範囲に地すべり分布図が多く，その関係も定量的に表現できることがわかった。北海道でも，地すべりが多いのは上記のような火山岩地帯のほかに蛇紋岩地帯などであり，今後このようなやり方でも検討したい。

また，筆者の経験から見ると，産業技術総合研究所地質調査総合センターから配信されているベクター地質図は20万分の1レベルのシームレス地質図であり，5万分の1レベルの地すべりマップで相関がいいのはその岩相である。より詳細に地質構造との関連を見るには5万分の1地質図ベクターデータが必要になるが，「地質図類ダウンロード」からの無料ダウンロードサイト(https://gbank.gsj.jp/datastore/)では，ベクター地質図は近畿地方などごく一部で配信しているが，全国一円まではラスター地質図が主で，まだ時間がかかりそうである。

文　献

1) 防災科学技術研究所 地すべり地形分布図デジタルアーカイブ http://dil-opac.bosai.go.jp/publication/nied_tech_note/landslidemap/gis.html(前述)
2) 土居繁雄(1953)：5万分の1地質図幅「定山渓」および同説明書．北海道開発庁，88 p，産業技術総合研究所地質調査総合センター地質図類データダウンロード https: //gbank. gsj. jp/datastore/download. php (2019年1月4日閲覧)
3) 秦光男・垣見俊弘(1979)：木古内地域の地質．地域地質研究報告(5万分の1図幅)．地質調査所，56 p．産業技術総合研究所地質調査総合センター地質図類データダウンロード https://gbank.gsj.jp/datastore/download.php(2019年1月4日閲覧)
4) 石田正夫・垣見俊弘・平山次郎・秦光男(1975)：5万分の1地質図幅「館」および同説明書(館地域の地質)．地質調査所，63 p，産業技術総合研究所地質調査総合センター地質図類データダウンロード https://gbank.gsj.jp/datastore/download.php(2019年1月4日閲覧)
5) 産業技術総合研究所(AIST)地質調査総合センターシームレス地質図 https://gbank.gsj.jp/seamless/download/downloadIndex.html(2019年1月6日閲覧)
6) シン技術コンサル地貌図サイト http://www.shin-eng.info/chibouzu/map.html
7) 山岸宏光(1993)：北海道の地すべり地形．北海道大学図書刊行会，392 p.
8) 山岸宏光編著(2012)：北海道の地すべり地形デジタルマップ(DVD付)．北海道大学出版会，112 p.
9) 山岸宏光・土志田正二・畑本雅彦(2016)：最近の豪雨崩壊および既往の地すべりにおける地形・地質要因のGIS解析．日本地すべり学会誌，52：12-22.

第2章　デジタル画像システム「地貌図など」を利用した地すべりの解析

Chapter 2　Landslide analyses using digital image system such as Chibouzu (CBZ)

渡邉　司・山岸　宏光
Tsukasa Watanabe and Hiromitsu Yamagishi

1　はじめに

近年，『地図』は紙で描かれていたものから，画像，数値などのデジタル化へ向かって，急速な発展を遂げている。それは今や，インターネット上にて世界のあらゆる地域の地図情報をボタンひとつで見られるばかりか，筆者らの土木技術分野においても航空写真情報や防災情報など多肢にわたる情報の確認，集積が可能となっている。

さらに，「地理空間情報活用推進基本法」(2007年5月)の制定を契機にさまざまな地理空間情報の共有が始まり，国土交通省国土地理院では，日本全国の10 m_DEM(標高)基盤地図あるいは一部の地域で航空写真測量，航空レーザ測量により生成された高密度なメッシュデータを公開している。今や地形情報に限らず地質，防災，土地利用など広い分野で，高い位置精度を持つ空間情報がインターネット上で容易に取得できる時代となっている。

これまで，斜面防災分野における土砂災害種(崩壊，土石流，地すべり，土砂流出など)の抽出や把握には，地形コンター図や航空写真・衛星画像などの判読が主として取り入れられてきた。むろん，現在においてもこれらの手法は重要な調査法のひとつであるが，以前より，判読技術には高い経験を要し，かつ判読情報の転写精度に難があるなどの問題が指摘されてきた。数値地図の技術が高まるなか，斜面防災などの土木分野においても，㈱シン技術コンサルが開発した「地形総合解析表示システム」などの画像解析情報と地図との融合が図られ，高精度の数値情報の作成，分析，評価など地形解析技術のさらなる進化が望まれるところである。

本章では，新しい地形解析技術のひとつである“地貌図”を活用した地すべり地形に関する分析，評価例を以下に紹介する。

2　地貌図を用いた地形解析事例

地形，地質，あるいは防災などの業務において，その大まかな状況，大局的な情報の収集あるいは直接的な要因などの把握を行うツールとして，従来，航空写真判読などによる地形判読が行われてきた。この地形判読は，2枚あるいは複数の空中写真を実体視し，目視により得られるさまざまな情報を写真上に書き込み，地図に転写してほかの情報と見比べながら活用するといった手順による(図1)。

実際の判読では，尾根・沢の分類に始まり，谷底平野，段丘面，山頂緩斜面などの平地～緩斜面あるいは斜面上部の浸食前線として示される遷急線，これ沿いに分布する崩壊地または崩壊跡地，露岩などや，斜面内に分布する崖錐地形，地すべり地形，沢内の土石流，渓床堆積物など，さまざまな地形種を同定する。防災上の観点では，これら各地形種のうち，道路，あるいは人家，重要保全施設などに影響する可能性がある地形種をスクリーニングした上で，概略調査，詳細調査へと進んでいく。

この写真判読では従来から，撮影した写真が歪んでいることにより，正確な位置および形状での地図への転写ができないなどの欠点を有していた。先に紹介したメッシュ(標高)データから作成した各種地形の表現手法は，実際の写真による判読でしか得られない樹木などの変状や，地盤の荒廃具合(裸地化)などの情報までは把握できないものの，位置情報や形状などは精度よく認識することが可能であり，双方を併用した把握により，地形解析を効率よく実施することが可能といえよう。

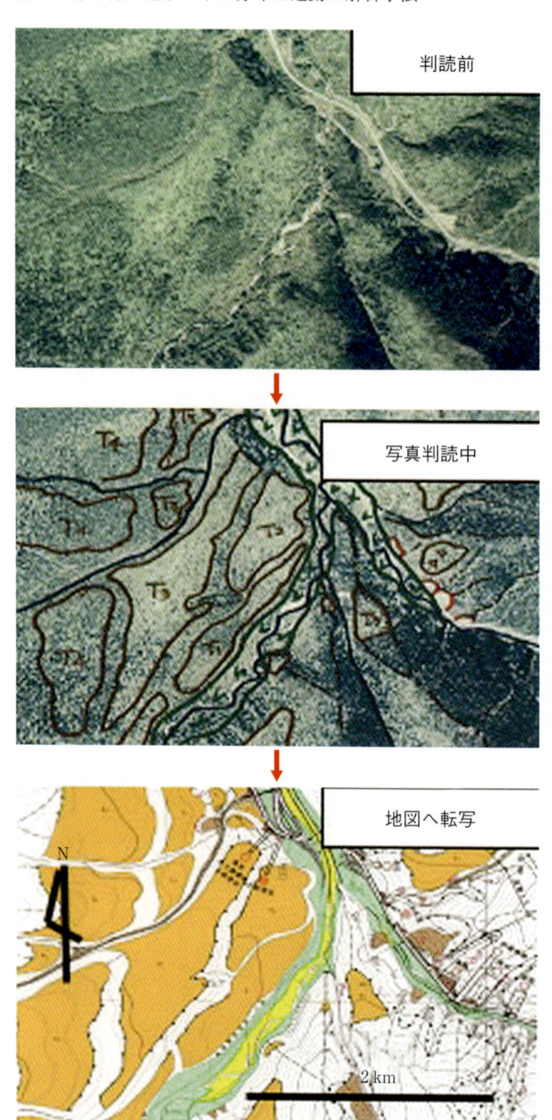

図1　空中写真判読作業例(大雪湖南国道 273 号)(表見返し位置図 2.2a)

上：カラー空中写真(国土地理院)，中と下：Ts(オレンジ色)は段丘，記号ハッチ(緑)は，谷底平野，三角記号(茶色)は崖錐斜面(崖錐堆積)

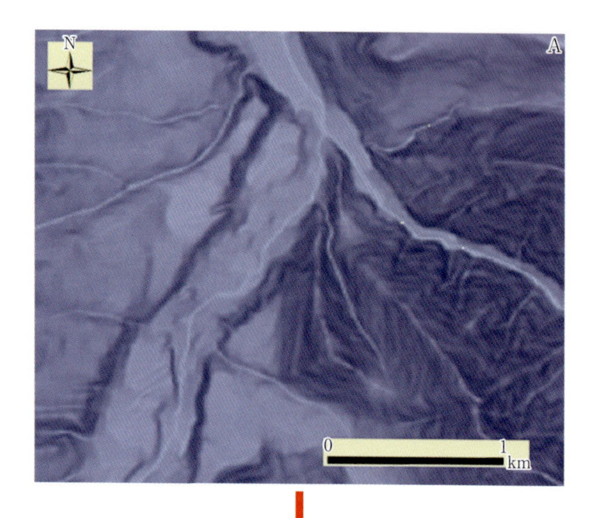

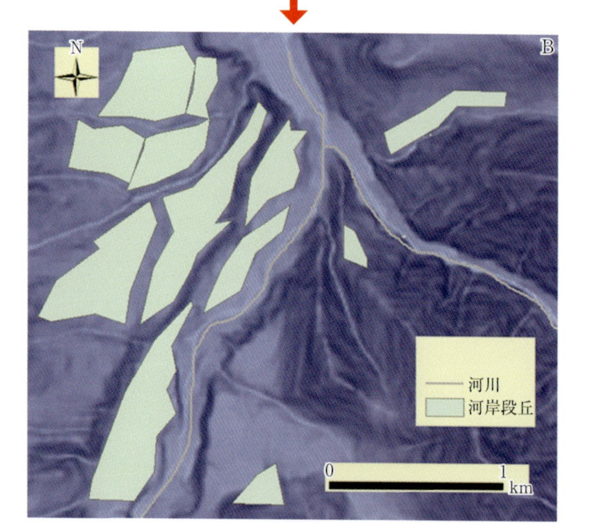

図2　地貌図を用いた地形判読の例(段丘面を抽出：大雪湖南国道 273 号)(表見返し位置図 2.2a)

A：地貌図，B：段丘分布図

図2は5 m_DEM(標高)データによって作成された地貌図から，地形的に把握しやすい段丘面について抽出を試みた例である。図では，地形的に誇張された段丘面の輪郭から，その形状や範囲を明瞭に評価することができ，かつメッシュデータで表現されていることにより，その位置情報も正確である。また，図3の段丘面評価では，周辺を構成する地質の違いによって，段丘面の形成が異なっていることも把握することができる。このように，地貌図と地質情報の融合により，地形状況の把握のみならず，地質との関連性なども評価が可能となる。

3　地貌図を用いた地質解析事例

一般に，地形は地質を，地質は地形を反映しており，たとえば異なる地質帯が構成する山地形状は両者の差が浮き彫りになるように地形形状の差が現れたり，両者の地質の境界部が明瞭に把握できたりすることがある。

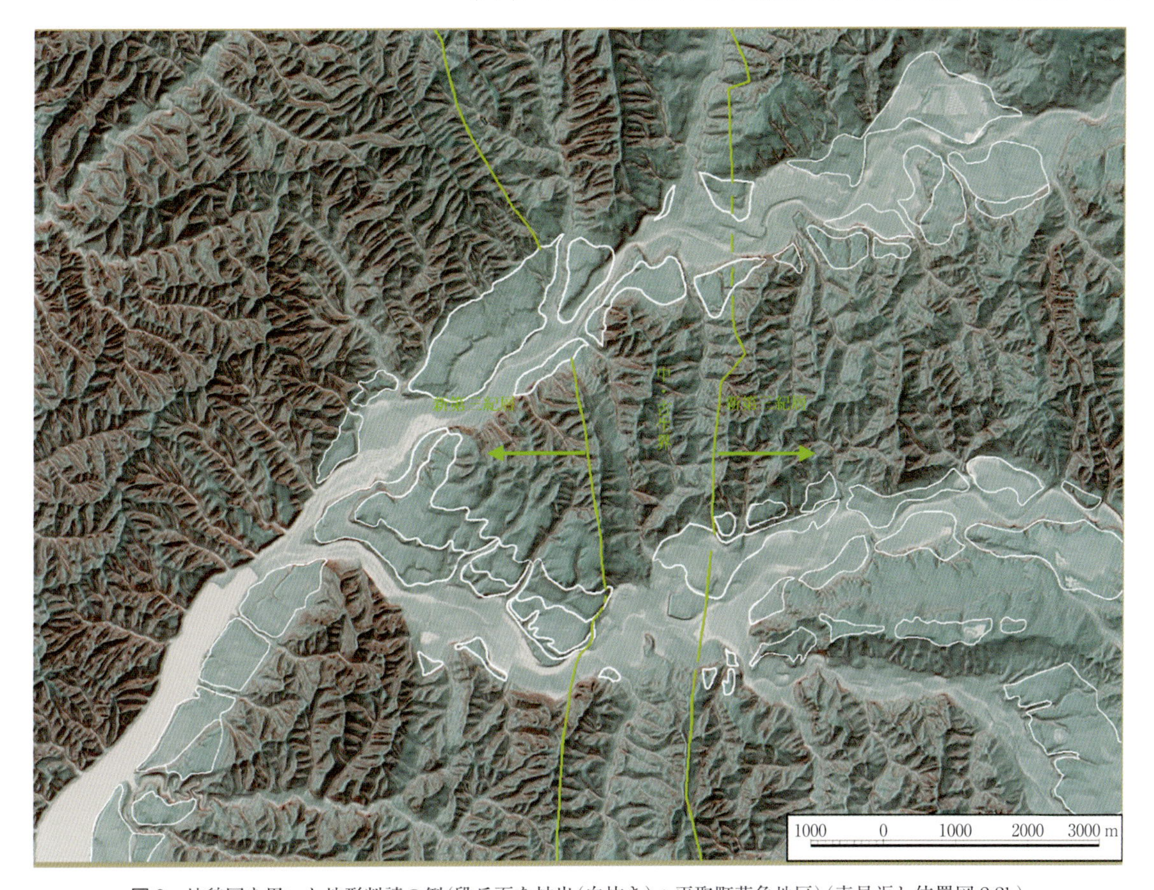

図3　地貌図を用いた地形判読の例(段丘面を抽出(白抜き)：平取町荷負地区)(表見返し位置図 2.2b)

黄色の書き込みは中古生界と新第三紀層の境界を示す(産業技術総合研究所地質調査総合センターシームレス地質図 https://gbank.gsj.jp/seamless/index.html?lang=ja& から)。緑の書き込みの→は東西の新第三紀層の広がりを示す。

図4は10 m_DEM(標高)によって作成した，夕張山地付近の地貌図である。図4の東方が夕張市，白く見えるのはシューパロ湖である。夕張山地は当図の中央部にあたり，南北に派出している。また，そのほぼ中央には標高1,668 mの夕張岳が位置している。

当図は地貌図による表現から地質帯の差異を表現した一例であり，中央の青白い色調の領域は蛇紋岩の分布域，その外側の濃い青色を示す部分は中生代白亜紀，蝦夷累層群の堆積岩類で構成される山々である。図4のように地貌図より徐々に地質図に変化させていくと，この両者の地質分布が地形の差異によって明瞭に表現されていることがわかる。さらに，蛇紋岩の分布域内部を詳細に見ていくと，青白い色調のなかに濃い青の模様がマーブル状に分布している状況も伺える。これは，蛇紋岩内に取り込まれた砂岩または泥質岩，あるいは石灰岩などの異地性岩塊を示している。

このように，地貌図によって誇張された地形表現から，山体など斜面を構成する構成地質の違い，各地層の分布範囲，大まかな特性などを把握することができ，また，断層など地質構造の状況も解析することが可能である。

4　地貌図を用いた地すべり解析事例1)

対象の定山渓地区(図5)は，札幌の西部を占める山岳地帯で，函館方面への主要ルートである国道230号が定山渓～中山峠を経由して洞爺湖へ通じている。この地域は，新第三紀の火山砕屑岩を主とする基盤上位に第四紀の安山岩溶岩が重なるキャップロック構造をなし，これに起因して大規模な地すべ

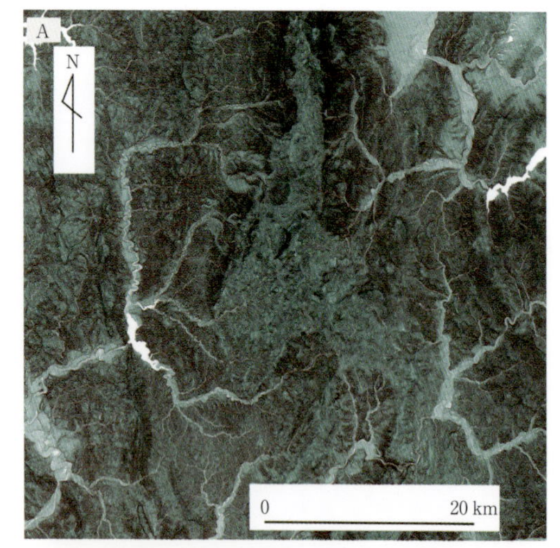

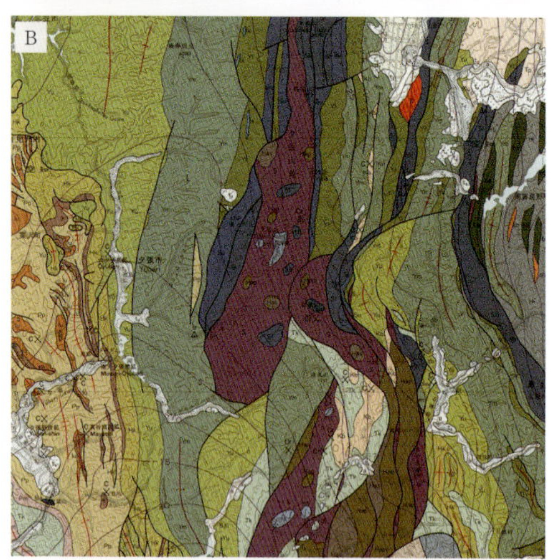

図4　夕張岳周辺の地貌図(A)，地質図(20万分の1地質図。夕張岳：中川ほか 1996)(B)，上記2者を重ねたもの(C)(表見返し位置図 2.2c)

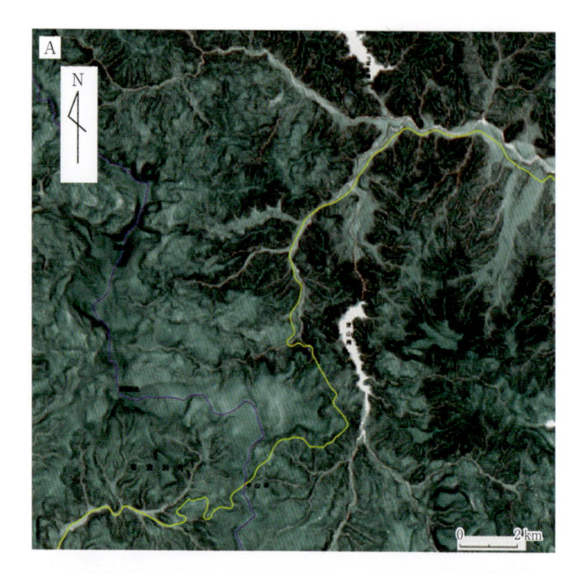

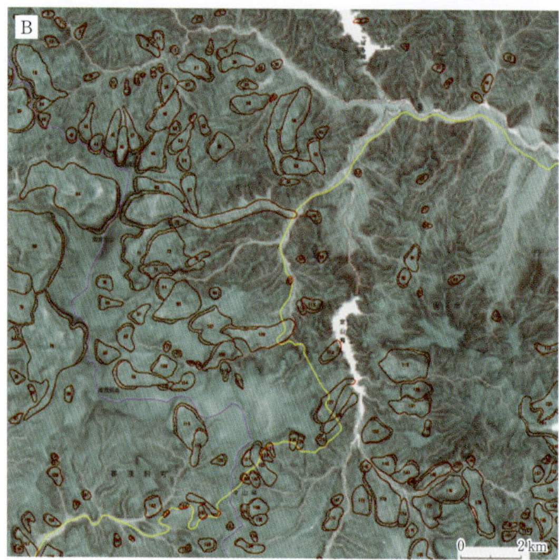

図5　地貌図(A)と地すべり地形分布図(B)(定山渓地区：山岸 2012)(表見返し位置図 2.2d)

り地形が多数分布している。なお，2000(平成12)年5月には，国道230号無意根大橋近傍の薄別川右岸斜面で地すべりが発生し，崩土が橋脚を掠め薄別川へ達する被害を与えたことはまだ記憶に新しい。

地貌図(図5A)と地すべり地形分布図を重ねたものを図5Bに示すが，当該地域における特徴として，滑落崖地形が比較的明瞭に表現されているものが多い。これは，滑落崖付近の地層が新規溶岩で，浸食抵抗が強いため急崖のまま残存していることに起因しているようである。

さらに，代表的な地すべり地形のいくつかを地形図，地貌図，地貌図＋地すべりの順に示した。この図では，比較的明瞭な地すべり地形の滑落崖から側部が，急崖を示す黒色系の色調で示されていることがわかる。また，その内部地形は起伏が多く，幾何学的な模様で特徴づけられている。

5　地貌図を用いた地すべり解析事例 2)

地貌図に限らず地形を表現する各主題図は，数値的なデータを色調あるいは濃淡グラデーション表示することによって，形状を表している。地すべりなどの地形がその図から抽出できるということは，表現している数値に何らかの差異が表現され，それが輪郭などを描いているものと推察される。これまで，地形，地質，あるいは地すべりなどを地貌図から抽出，把握する事例を紹介してきたが，ここではその応用として主題図を描写する数値情報に着目し，今後の展望を述べる。なお，ここでは先ほどの地すべり解析例として紹介した札幌西部の定山渓地区を対象とした。

まず，対象地域の 10 m_DEM を使った傾斜分布図ならびに傾斜図に地すべり分布図を重ねて表現したものを図6に示した。この地域では，抽出される各地すべり地形は，概ねではあるが滑落崖部分で D＝20–40 度あるいはそれ以上の急こう配，移動土塊部分は D＝2–10 度くらいと読み取ることができる。

次に，同様の箇所で地貌図による表現を試みた。ここで，使用するメッシュ間隔や地すべりマップの重ね順は，先と同様である。また，地貌図については数値を認識しやすいよう，数値毎に色分けし表現した“段彩地貌図”（図7）を使用した。

図6に示した地貌図では，地貌指数(GTI)の値が，滑落崖部分で概ね GTI＝2.4–3.0，移動土塊部分では GTI＝2.0 以下で，内部の起伏によって数値が多少変化することがわかる。

国土地理院 50 m_DEM による地貌図を使用し地すべり地形を判読した例で，渡邉・田中(2008)は地

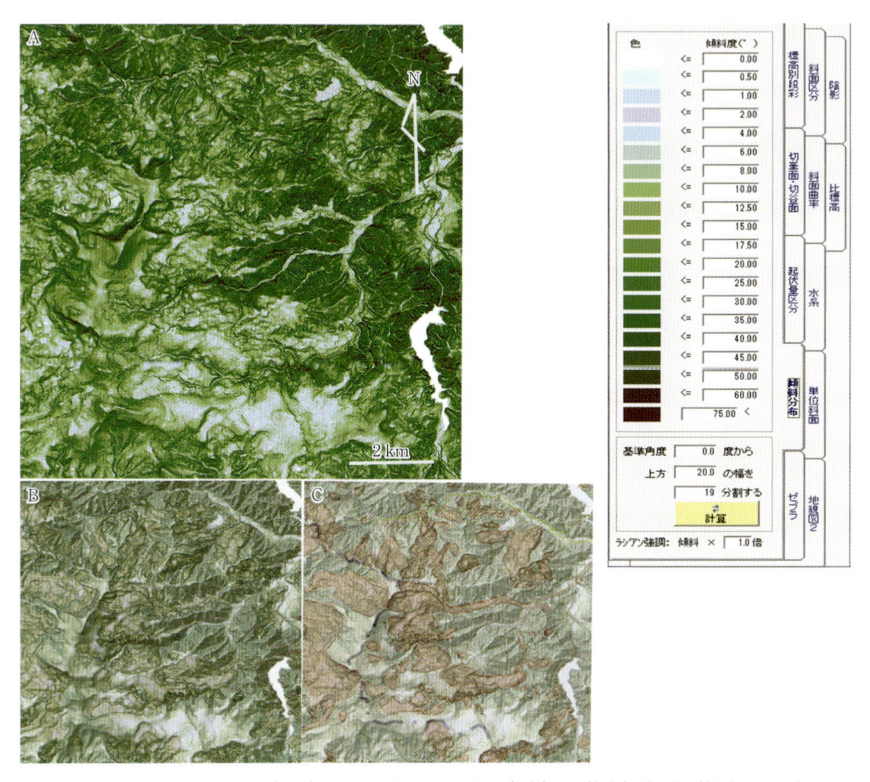

図6　地貌図による傾斜分布図と地すべり地形分布(定山渓)(表見返し位置図 2.2d)

A は，国土地理院 10 m_DEM にて作成した傾斜分布図，B は NIED マップの地すべり，C は山岸マップを重ねたもの。

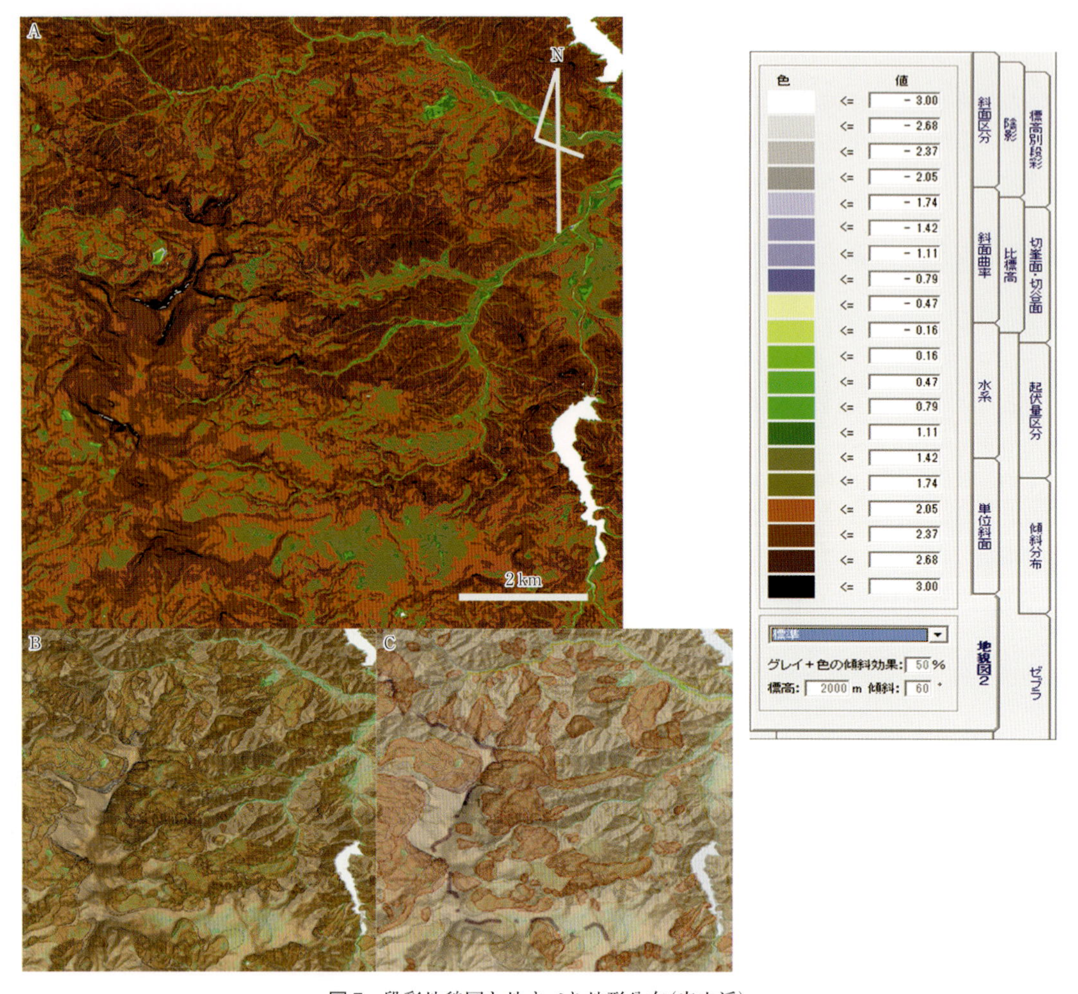

図7　段彩地貌図と地すべり地形分布(定山渓)

Aは国土地理院10 m_DEMで作成した段彩地貌図。BはNIEDマップ，Cは山岸マップを重ねたもの。

すべり規模が0.3 km^2から0.5 km^2では，点数で表した明瞭度の高い地すべり地形(山岸マップ)の抽出率は約13%，0.5 km^2から1 km^2の規模では約32%，1 km^2以上のものでは約62%という結果を得たことを報告している。すなわち1 km^2以上の規模を有する比較的明瞭な地すべり地形であれば，50 m_DEM地貌図によって，地すべり地形の半数以上は識別が可能であるとしている。現在は，国土地理院の10 m_DEMが全国版で公開されていること，さらに航空写真測量あるいは航空レーザ測量による5 mあるいはそれ以下のさらに高密度なメッシュデータが一部海岸など一部公開されてきていることを踏まえると，さらなる地すべり地形などの抽出，把握が可能となっていることが伺える。

また，地貌図に限らず，地形表現を行う主題図は単なるViewerとしての活用のみならず，地形を数値として表現できることにより，これらを利用した数値的な評価を行うことができるようになってきた。今後，一層の高密度メッシュデータの確立・公開が進むことで，地すべりに限らず斜面崩壊や土石流，河川の氾濫浸水などの各種防災地形の抽出，あるいは個々の数値データを利用した安定性，安全性の評価など，あらゆる評価に発展していくことに期待するところである。

6　地貌図を用いた地すべり解析事例3)

夕張シューパロダム周辺地域(図8)の2 m_DEM

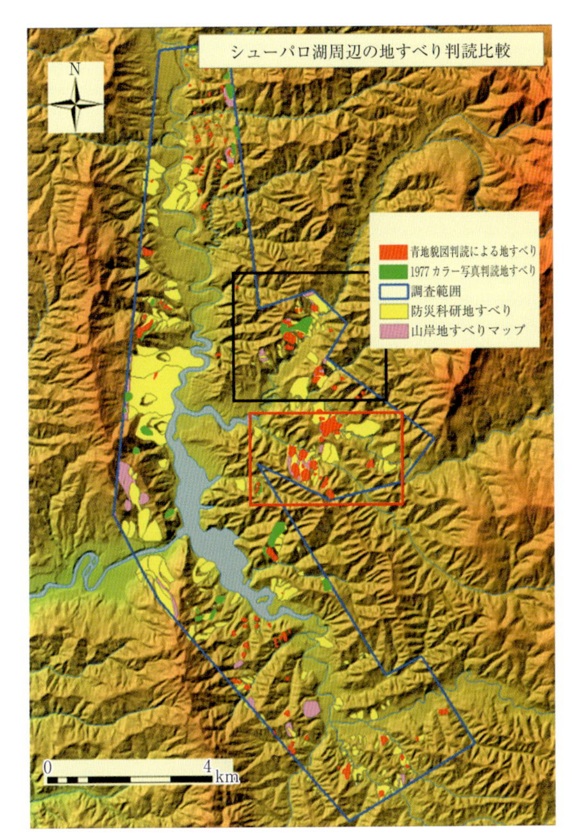

図8　シューパロ湖周辺のさまざまな地すべり判読と調査範囲(シューパロ湖周辺)。背景は地理院の色別標高図(表見返し位置図 2.2e)

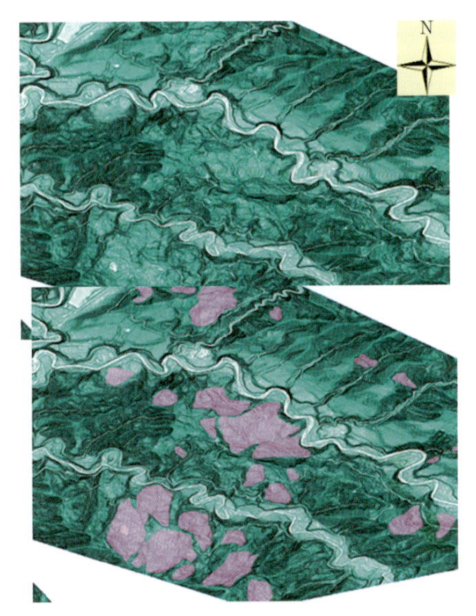

図9　青地貌図(CBZ)によるシューパロ湖周辺の地すべり判読(図8の赤枠の範囲)

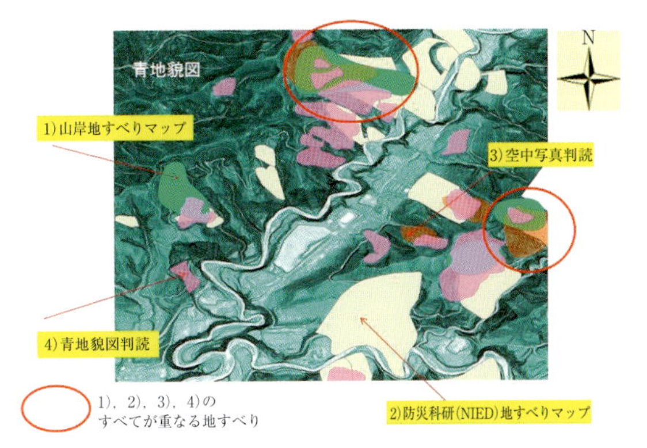

図10　シューパロ湖周辺のさまざまな判読データの比較(図8の黒枠の範囲)

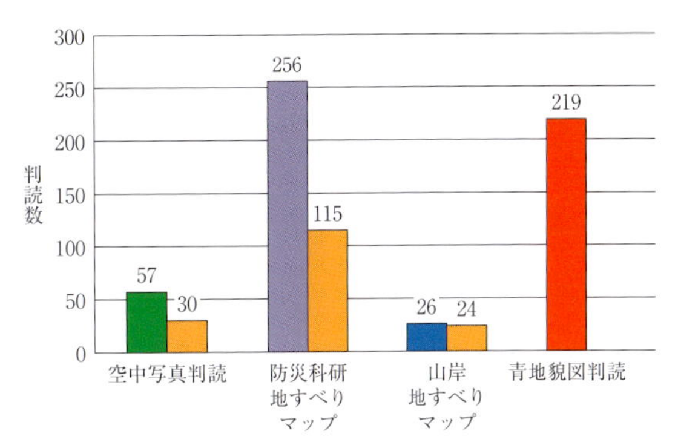

図11　シューパロ湖周辺のさまざまな判読比較と青地貌図の判読数比較

空中写真判読・既存の地すべり地形分布図と青地貌図との交差，および青地貌図判読。青地貌図判読以外の並列するバー(茶色)はそれぞれと青地貌図とが一致する数を示す。

のレーザプロファイラ(LP)データをベースにした地貌図で地すべり地形判読を試みた(図9)。同一地域を既存の地すべり分布図(山岸地すべりマップ：防災科学技術研究所(NIED：以下，防災科研)地すべりマップ)，既存の2万分の1縮尺の空中写真(国土地理院 1978 年頃)，および航空レーザ測量を行う際に同時に撮影した空中写真判読結果などと比較し(図10)，重複度合いを示したものが図11である。結果として，防災科研の地すべりマップが一番よく，地貌図の判読が2番目であった。かえって同時に撮影された空中写真では，森林が邪魔して，あまりよくなかった。つまり，このレーザプロファイラ(LP)データは森林部分を除いたDTMなので，地表の変動がよく見えているのは当然かもしれない。

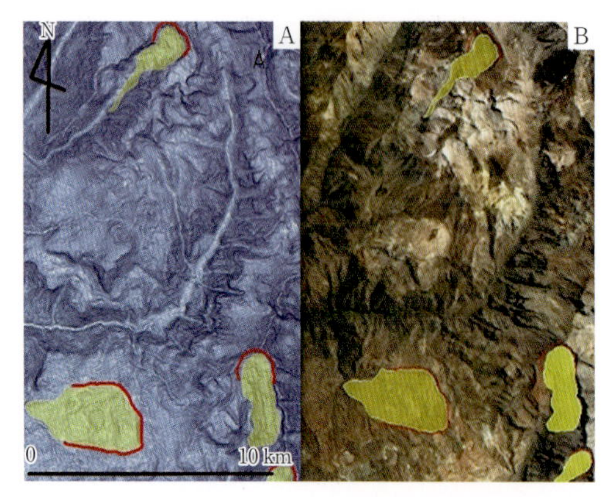

図 12　チリアンデス山脈サンチアゴ市東部の 30 m_DEM の CBZ (A) と Goolge Earth (B) の地すべり判読例（裏見返し位置図 2.2f）

7　地貌図を用いた地すべり解析事例 4)

海外では，南米チリアンデス山脈の地貌図を確認するため，USGS の LP DAAC Global Data Explorer（第 1 部第 1 章に前述）から 30 m_DEM をダウンロードし，作成した。図では，DEM (DSM) でも，植生がないため地すべり地形がよく判読できる（図 12：Moncada et al., 2017）。また，中米ホンジュラスの地すべり地帯で知られるテグシガルパ市北部では，JICA により提供された 5 m_DEM で検討した結果が図 13，14 である。これによると，デ

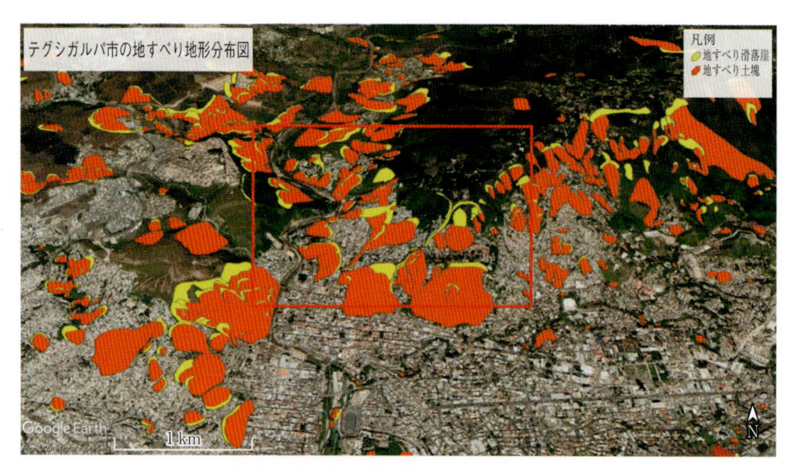

図 13　テグシガルパ市北部の地すべり地帯（JICA と Google Earth による）（裏見返し位置図 2.2g）。ワクは図 14 の各画像の範囲を示す。

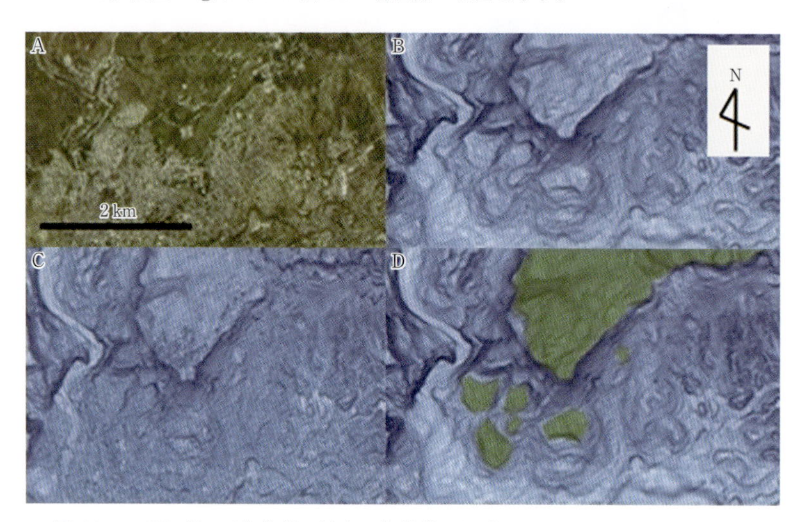

図 14　テグシガルパ市北部の地すべり地帯における 5 m_DSM，DTM の比較

A：衛星画像，B：5 m_DTM（JICA 提供），C：5 m_DSM（JICA 提供），D：5 m_DTM（イグニンプライド）

ジタル画像実体視で判読された地すべりマップ(図13：Moncada andYamagishi, 2016)が合計1,500箇所判読された。この地域の5 m_DSMでも地すべりの輪郭はクリアーでない(図14 A，B)が，DTMによる地貌図で見ると，地すべり部分も輪郭は一部明瞭であり，むしろ不動域である溶結凝灰岩と同じ岩盤が南西方向に移動分散したことが伺える(図14C，D)。

8　考察と結論

本章では，第2部の解説で述べた画像システムのひとつである地貌図(Chibouzu：CBZ)を使って，北海道の山地地域の河川地形，地質判読および地すべり地形を判読した事例を数例紹介した。CBZはDEM(デジタル標高モデル)から作成されるので，当然，解像度に左右される。

本章での定山渓などでの解析は10 m_DEMを使っているが，明瞭な地すべり地形などはある程度判読できることがわかる。一方，夕張シューパロ湖周辺のCBZ解析は2 m_DTMの航空レーザプロファイラ(LP)データを使っているため，種々の判読例と比較してよい結果となった。

一方海外の事例では，チリのアンデス山脈で地貌図を作成してみると30 m_DEM(DSM)でも，植生がないため地すべり地形がよく判読できる。さらに，中米テグシガルパ市の例でも，植生はあまりないが，住宅密集地であるため，5 m_DSMではそれが目立ち，地すべり判読には適さない。その建物の高さを差し引いたDTMで見ると，地すべりの輪郭はある程度判読できるが，むしろその発生源となった岩盤の表面をよくとらえている。

文　献

1) 秋山幸秀(2006)：Air-born LiDARによる火山調査の応用事例．先端測量技術，第89-90合併号，pp. 92-103.
2) 防災科学技術研究所(NIED) 地すべり地形分布図 シン技術コンサルホームページの地貌図 http://www.shin-eng.info/chibouzu/map.html(前述)
3) 千葉達朗(2006)：赤色立体地図で見る日本の凸凹．技術評論社，135 p.
4) 千葉達郎・鈴木隆介(2008)：航空レーザ計測結果の可視化—赤色立体地図作成法とその発展．先端測量技術，96：32-42.
5) Moncada, R. L. and Yamagishi, H. (2016): Educational methodologies implemented in Latin America for landslide inventory and analyse. In Special issue: Second Central American and Carribean Landslide Congress on 18-20th July 2016, 147-152.
6) Moncada, R. L., Saito, K. and Yamagishi, H. (2017): Digital technology for landslide mapping, enhancing natural hazards resilience in South America (enhans) landslide training activity at Santiago de Chile: May 8-12, 2017.
7) 中川充・渡辺寧・紀藤典夫・酒井彰・駒沢正夫・広島俊男(1996)：20万分の1地質図幅「夕張岳」地質調査所.
8) 日本測量調査技術協会(2013)：航空レーザ測量による災害対策事例集．日本測量調査技術協会，195 p.
9) 産業技術総合研究所シームレス地質図 https://gbank.gsj.jp/seamless/index.html?lang = ja&
10) 佐々木寿・向山栄(2007)：地形判読を支援するELSAMAPの開発．先端測量技術，93：8-16.
11) 田中富男(2008)：数値地図で見る北海道の地形—目で見る地形の新たな展開．シン技術コンサル，54 p.
12) 渡邉司・田中富男(2008)：地貌図の活用法—地すべり地形の把握を例として．シン技術コンサル2008年技術研修発表会概要集，pp. 11-18.
13) 山岸宏光編著(2012)：北海道の地すべり地形デジタルマップ(DVD付)．北海道大学出版会，112 p.
14) 山岸宏光・土志田正二・畑本雅彦(2016)：最近の豪雨崩壊および既往の地すべりにおける地形・地質要因のGIS解析．日本地すべり学会誌，52：12-22.

第3章　芦別市パンケ幌内川右岸地すべりの LPデータの解析

Chapter 3　LP data analyses of the landslide along the right hand shore of Panke-Horonai River, Ashibetsu City, Hokkaido, Japan

山岸　宏光
Hiromitsu Yamagishi

1　はじめに

2013年4月8日頃に，芦別市パンケ幌内川右岸で小規模な地すべりが発生した(図1，2)。この地すべりは，融雪期に発生した小規模の地すべりであるが，デジタルデータも取得できたので，いくつかの資料をもとにデジタル解析を試みた。

2　過去の地すべり地形との関連と地質

この地すべりは，芦別市常盤のパンケ幌内川右岸斜面に位置していて，防災科学技術研究所(NIED：以下，防災科研)による地すべり地形分布図デジタルアーカイブ第49集「旭川」の「赤平」に記載されている地すべり地形の一部にあたっている。した

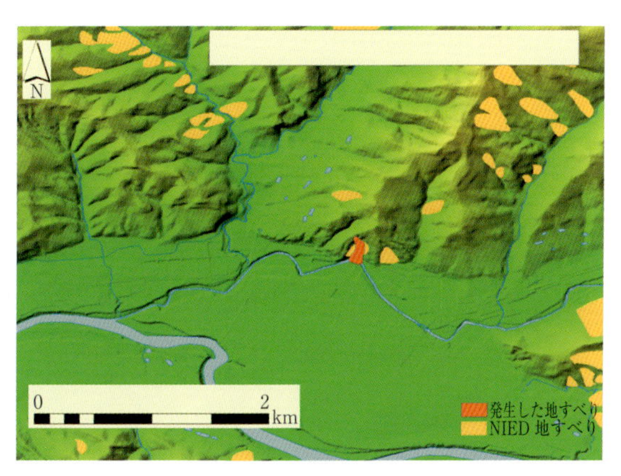

図1　芦別市パンケ幌内川右岸地すべりの位置(表見返し位置図2.3)

古い地すべりは防災科研によるもの。背景は地理院地図の色別標高図。

図2　パンケ幌内川右岸地すべりをデジタルデータで3D化した図

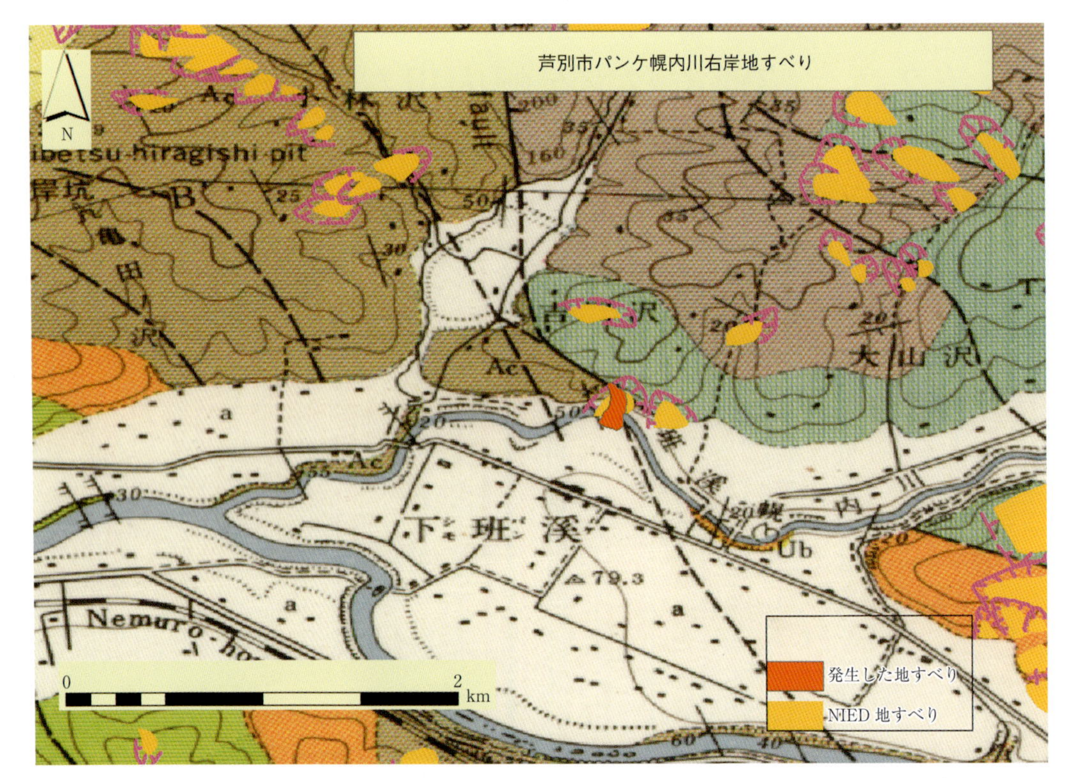

図3　5万分の1地質図「歌志内」と今回の地すべり，防災科研(NIED)の地すべり地形分布

がって，この地すべりは，再活動タイプの地すべりと判断される。

なお地質について述べるとこの地すべりの周辺の地質は5万分の1地形図「歌志内」(河野ほか，1956)では，古第三紀の芦別層の砂岩と泥岩(炭層を挟む)の互層にあたる。構造的には走向が南東—北西，傾斜が西落としで30度前後である(図3)。

3　地すべりの形態・規模

全体として，この地すべりは滑落崖直下，中腹，末端とおよそ3区分される。滑落崖直下では，やや平坦な地形面が階段状に形成され，その付近から運動方向が南東から南に変わっている。中腹では開口亀裂(幅50 cm以内，長さ2-5 m)が地すべり滑動方向に直交して配列している。末端では二次滑落崖の直下に池が2か所できた。主地すべりの幅は70 m，長さは200 m，深さは10 m以下と推定される。また，すべり面については岩盤内から滑った形跡はなく，ボーリングの結果や現地踏査から，岩盤とその上に乗る古期地すべりの崩土の境界面と判断される(図4)。

4　LPデータの解析

地すべり発生前後のオルソ画像とレーザプロファイラ(LP)データの解析を比較することにより，前後の斜面の傾斜分布，差分の比較による地すべり移動量の増減などを計測した。オルソ画像で見ると，図5と図6のように，スランプ状に滑ったことがわかる。また，発生前後のLPデータ(2 m_DEM)から，ArcGIS 10.2のSpatial Analystのサーフェス(surface)→コンター(contour)を作成して，発生前後を比較した(ESRIジャパン公式ブログ，2015：図7，8)。LPデータ(2 m_DEM)を基準マップとして，Arc Sceneで三次元にすると，図9になる。地すべり発生前後の斜面傾斜分布の比較では，ArcGIS 10.2のSpatial Analystのサーフェス→傾斜(slope)で計算すると，それぞれ図10と図11のようになる。次に，発生前後のLPデータの変化の量，つまり差分値のマップを同じくSpatial Analystによる代数演算のラスター演算(Raster

図４　パンケ幌内川右岸地すべりの現地写真

図５　地すべり発生前のオルソ画像

図６　地すべり発生直後のオルソ画像

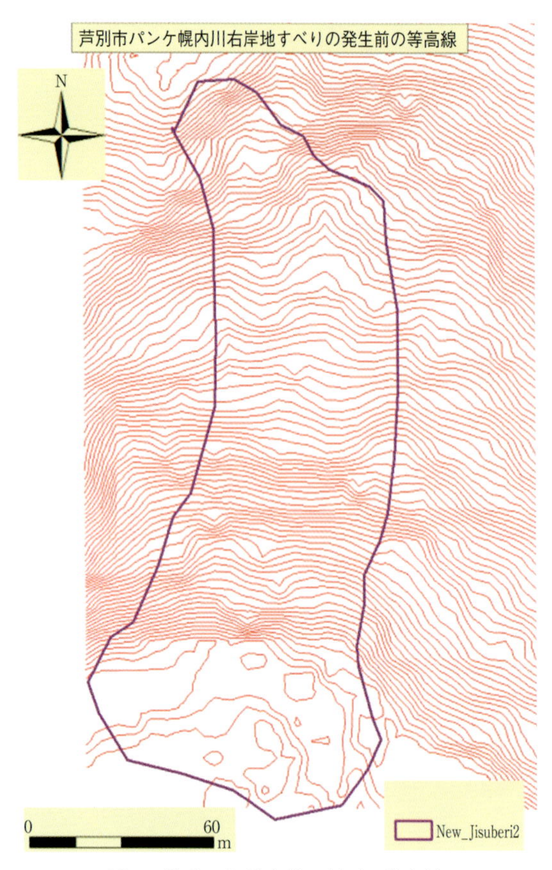

図７　地すべり発生前の斜面の等高線

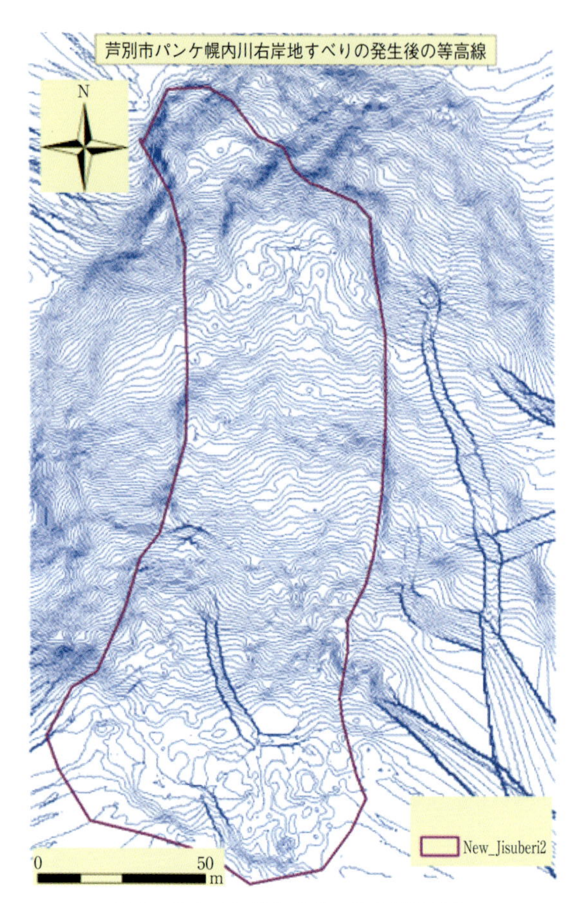

図８　地すべり発生直後の等高線図比較

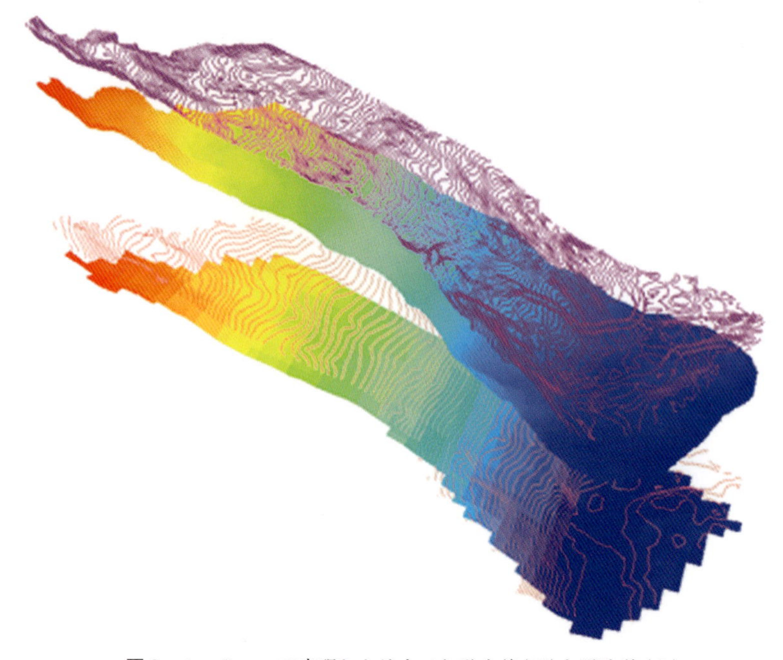

図９　Arc Scene で表現した地すべり発生前（下）と発生後（上）

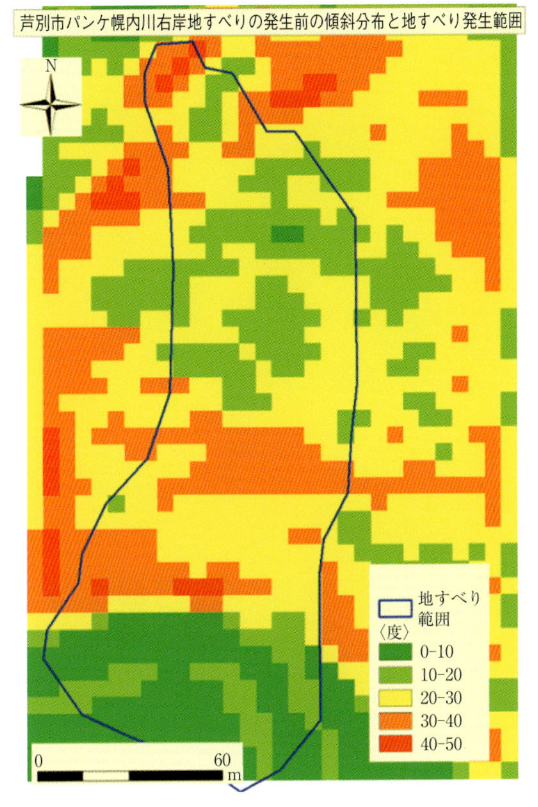

図 10　地すべり発生斜面の傾斜区分

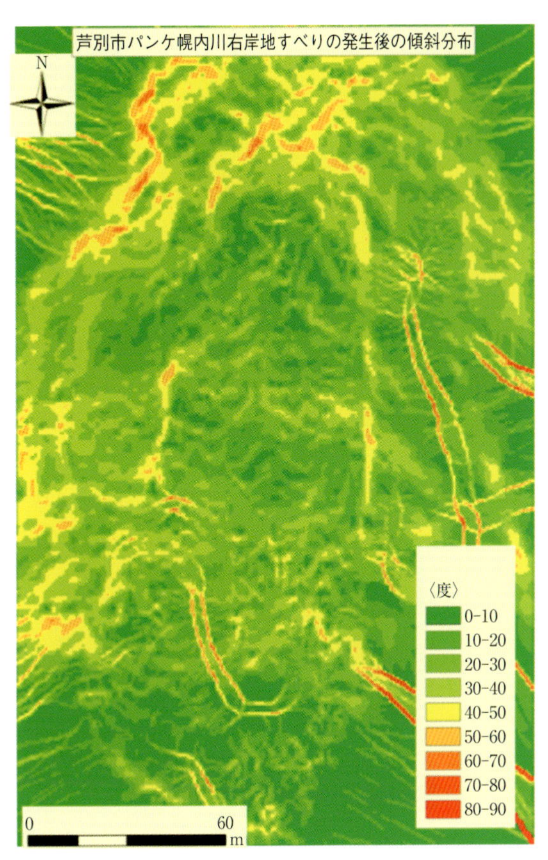

図 11　地すべり発生後の傾斜区分図

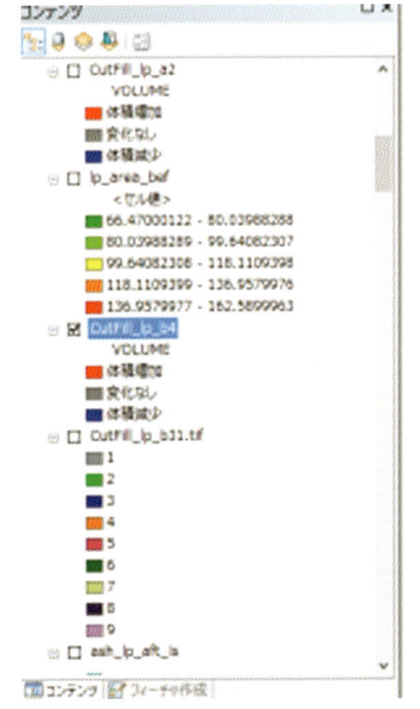

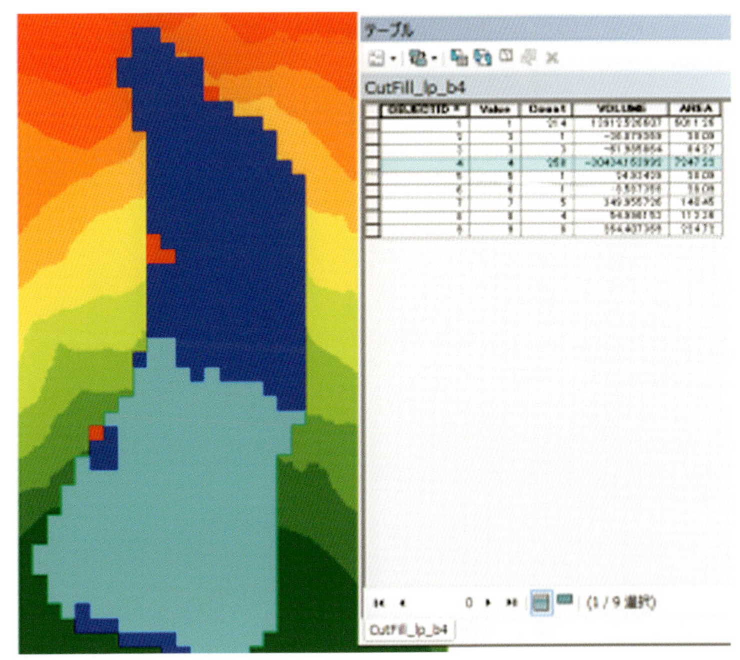

図 12　地すべり前後の標高の差分を計算した図

Calculator)で差し引くと，図12(前頁)のようになる。地すべりの滑った部分は減少域(浸食域)でマイナスとなり，崩積土の部分は増加域(堆積域)でプラスとなる。それをさらに地すべり範囲の差分量を3D Analystのラスターサーフェス→切り盛り(cut fill)で，移動量の体積や面積を計算すると図13，14のようになる。

切り盛り増減の結果を数量で表すと，図14のグラフになる。つまり，体積で見ると，増加部分(ほぼ崩積土)は3×10^4 m^{3}であり，減少部分(滑った部分)は1.5×10^4 m^{3}となった。一般的には，削剥された部分と堆積した部分で比較すると，表面積が増加するため後者が大きくなる。しかし，面積で見ると両者はほぼ同じで6×10^3 m^{3}となった。

5　考察と結論

この地すべりのデジタル解析だけでは，地すべりの発生メカニズムは詳細には解明できなかったが，古期地すべりの再活動であり，GISによる差分解析では，増加分(堆積分)が減少分(侵食分)より大きくなり，末端隆起的に見えるのでスランプ的な運動が示唆される(図15)。この地すべりは古い地すべり

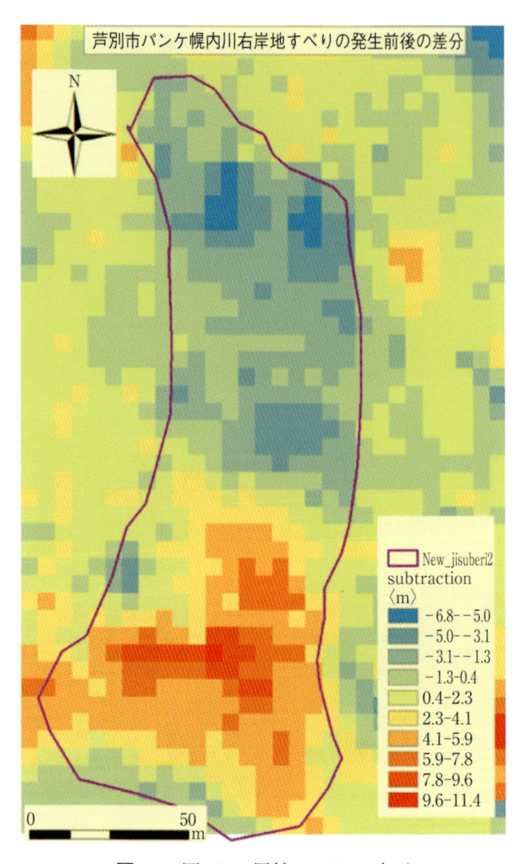

図14　図13の属性データの表示

この場合はプラスが減少，マイナスが増加を示す。

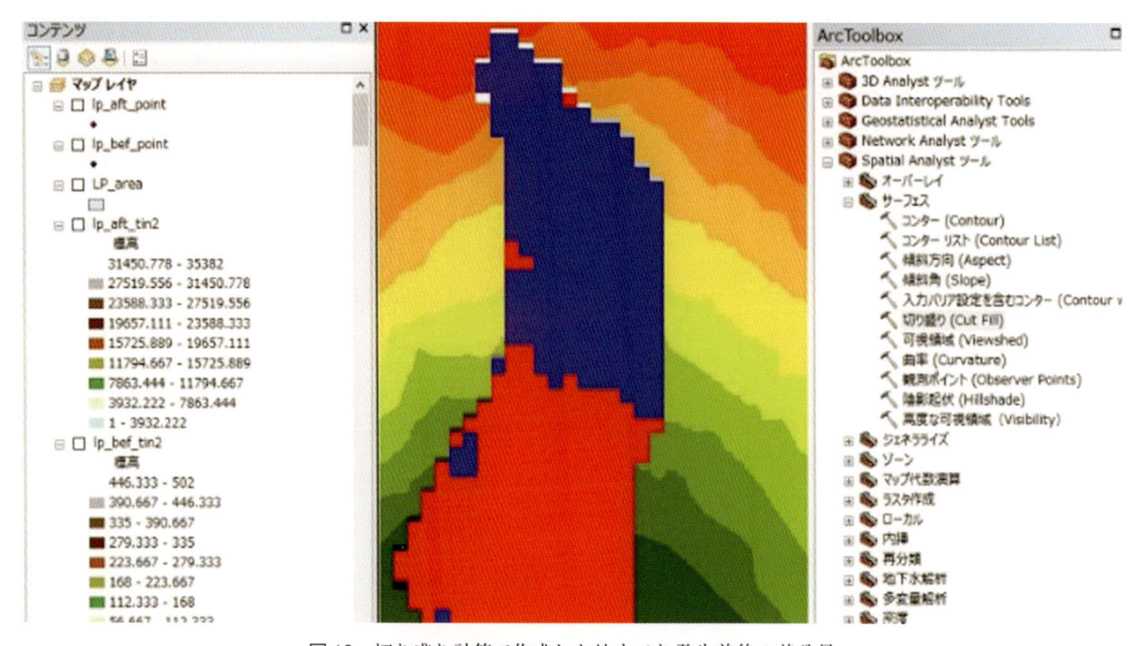

図13　切り盛り計算で作成した地すべり発生前後の差分量

青色は削減域，赤色は増加域。背景は発生前の標高図。

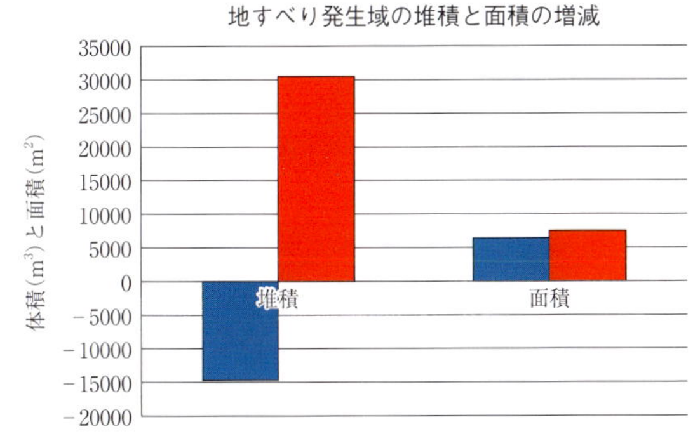

図15　GISによる地すべり全体の差分量の表示

の右岸側で発生した再活動すべりと判断される。そのトリガーは，4月8日が急激な融雪時であったこと，古期地すべりの末端はパンケ幌内川の攻撃斜面にあたり，増水による末端の浸食が発生したことなどが考えられる。また，現地調査や地質図から見ると“流れ盤”構造に近いが，地層面の走向方向とは一致せず，最大傾斜方向に動いたことなどから，この地すべりは末端が先にスランプ的に動き，それに引っ張られる形で中部域が動いて引っ張り亀裂が形成され，最後に頂部が階段状に滑ったと推定される。

文　献

1）防災科学技術研究所 地すべり地形分布図デジタルアーカイブ 第49集「旭川」http://dil-opac.bosai.go.jp/publication/nied_tech_note/landslidemap/gis.html（2019年1月7日閲覧）

2）ESRIジャパン公式ブログ（2015）：ArcGIS 3D analyst—地形情報の差分方法 https://blog.esrij.com/2015/02/03/arcgis-3d-analy-637c/（2019年1月7日閲覧）

3）河野義礼・松井和典・清水勇（1956）：5万分の1地質図幅「歌志内」および同説明書．北海道開発庁，52 p.，産業技術総合研究所地質調査総合センター地質図類データダウンロード https://gbank.gsj.jp/datastore（2019年1月7日閲覧）

第４章　陸別町陸別川上流の牧草地の隆起と地すべりの写真判読と点群解析

Chapter 4　Analyses using cloud point and air photo interpretation on the upheaval of the grass land along the upper stream of the Rikubetsu River, Rikubetsu Town, Hokkaido, Japan

山岸　宏光・古本　秀明・奥野　祐介
Hiromitsu Yamagishi, Hideaki Furumoto and Yusuke Okuno

1　はじめに

2016 年 4 月に，北海道足寄郡陸別町において，3 m ほどの隆起が発見された。発見された場所は，北海道足寄郡陸別町上陸別の陸別川上流域の牧草地である（図 1）。新聞記事によると，隆起が見られる地点から陸別川を挟んで対岸にある斜面に地すべりの痕跡が見られたという（『北海道新聞』，2016 年 4 月 22 日，朝刊，全道遅版）。同記事によると，隆起の大きさは，陸別川に沿って長さは約 80 m，幅は広いところで約 20 m であり，凍上という現象か，地すべりの可能性もあると報じていた。

そこで筆者らは，発生直後に現地にて，航空写真（斜め写真，垂直写真），デジタル写真測量システムによる高密度点群法を用い，当該箇所における詳細なデジタル判読を試みた。

2　斜め写真を用いた判読

本章で使用する斜め写真は，㈱シン技術コンサルによって 2016 年 4 月 22 日に撮影されたものである。撮影箇所は，図 1，2 で示す箇所である。図 2 には，防災科学技術研究所の地すべり地形分布図と山岸

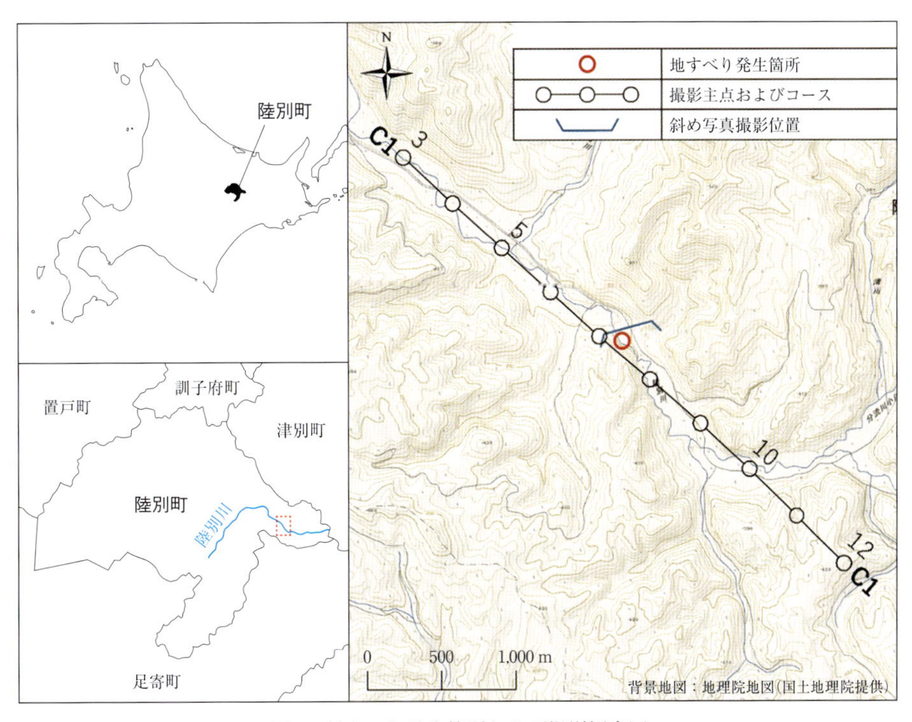

図 1　地すべり発生箇所および撮影標定図

図2　防災科研(NIED)と山岸(2012)による地すべり地形分布図(表見返し位置図2.4)
(シン技術コンサル地貌図サイト http://www.shin-eng.nfo/chibouzu/map.html)

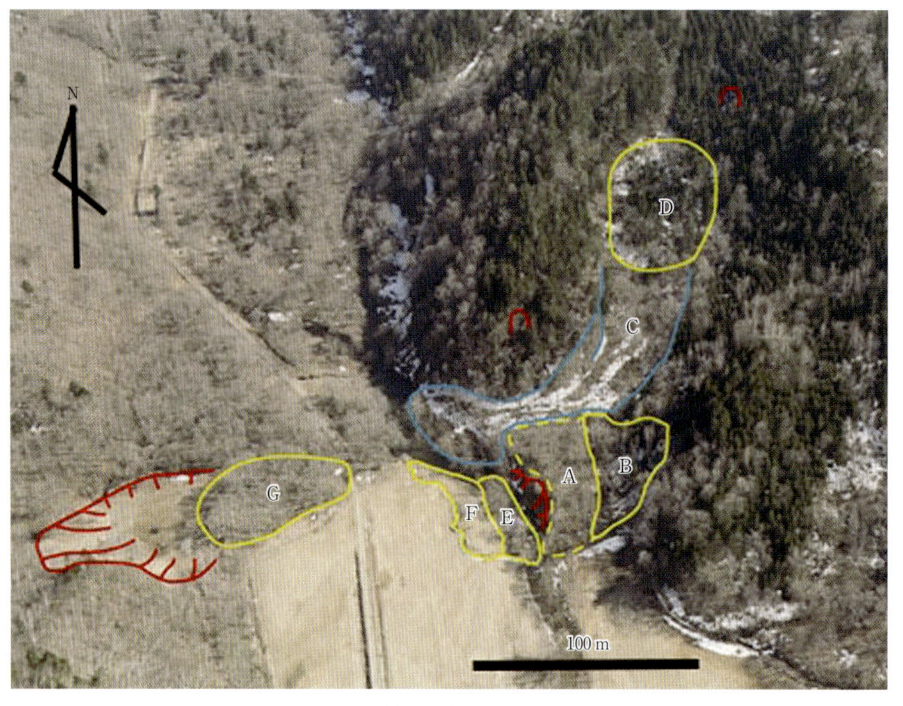

図3　斜め写真の判読結果

(2012)の『北海道の地すべり地形デジタルマップ』を示しているが，調査地の近くではいずれも地すべり地形は判読されていない。なお，対象地は5万分の1地質図「上足寄」(三谷ほか，1964)の北端にあたり，中新世の砂岩・泥岩などからなっている。

図3(前頁)に判読の詳細を示すが，EおよびFのとおり，隆起帯は2列見られ，Eについてはスランプの末端と見られる。Fの隆起帯はEのスランプによって泥岩の風化部分と土壌が押し付けられ，「めくれ上がった状態のもの」と推察され，1994年北海道南西沖地震の際に見られた「ふとんめくれ上がり現象」(山岸ほか，1994)であると推察される。このEおよびFは，向かって左岸斜面から発生した地すべりブロックの末端が滑ったものと考えられる。

Cは，Dの発生時において流動化したアースフローと見られる。これらは，A，Bの発生後に動いたことが見て取れる。そのAの末端がスランプで動き，Eの隆起帯が形成されたと考えられる。Gは，右岸の道路に達した新規の地すべりであろう。

3　垂直写真を用いた判読

本章で使用する垂直写真は，同じく㈱シン技術コンサルによって2016年4月22日に撮影されたものである(図4)。垂直写真の撮影は，図1のコースで実施された。その判読では，Fの隆起帯はより上流側まで比高(最大3m)を下げながら続いている。実体視すると，形は「かまぼこ型」である。この隆起帯は左岸側が緩く，右岸側が急で，非対称地形になっており，頂部に草地土壌層の，火山学でいう“パン皮状”の開口亀裂が外形と平行に形成されている(水色線部分)。

Eには平行なしわが確認できる(緑色線部分)。これは，Aからの地すべり(スランプ)の末端隆起の“圧縮じわ”に相当し，山側に傾斜している平坦なAの末端がスランプ状に滑ったものと考えられる。

Cの末端は急崖となっている。これは二次滑落崖であり，河川に向かって滑ったものと推察される。また，Cの途中の右岸側にも急崖があり，その二次滑落崖が左岸側に平行に見られる。そして，その崖と，より左岸側の崖との間が小地溝帯を形成してい

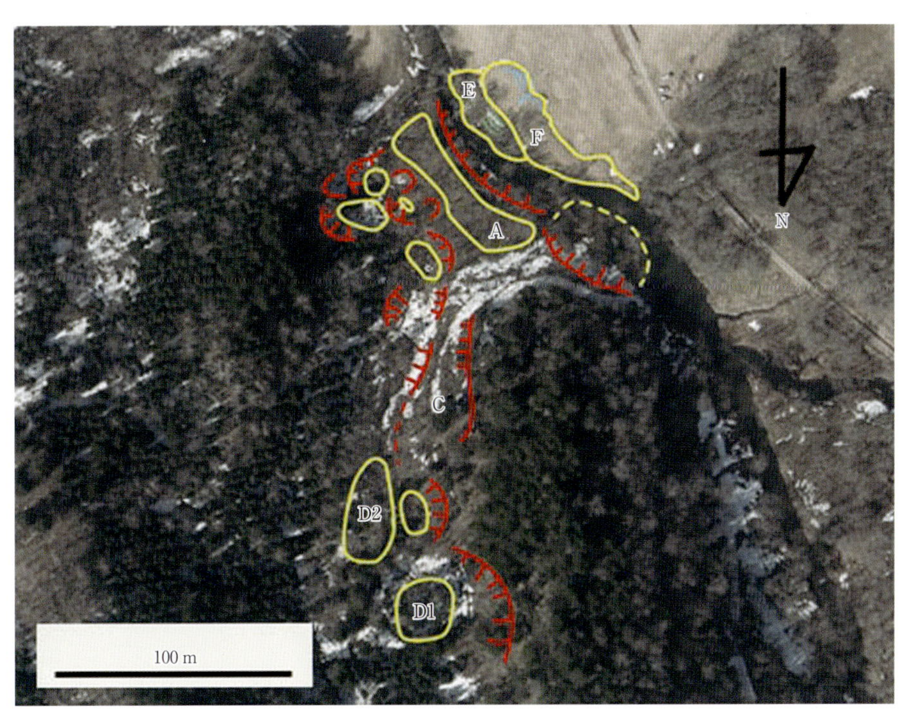

図4　垂直写真の判読結果

るようにも見える。Cの上流部では，D1の小丘とD2の小丘があり，いずれも右岸側から発生したすべり土塊であると考えられる。

4　高密度点群法による3次元空間画像の判読

本章では，多方向から撮影した斜め写真から高密度点群を生成し，3次元空間上において地すべり判読を行った。使用した斜め写真は，同様に2016年4月22日に撮影したものである。高密度点群の生成には，Pix4Dmapper（Pix4D社）を使用し作成したものが図5，6である。なお，各点には写真からの色情報（RGB）が付加されている。

図5は，南東方向から図4のE，Fを表示したものである。図3，4と比べ，Eの“圧縮小じわ”やFの隆起が立体的に表示されており，容易に判読できることがわかる。図6は，E，Fを北西方向から表示したものである。図5と比べ，高位置から眺望しており，Eの圧縮小じわがはっきりと見て取れる。また，図3，4では判読できなかった草地土壌層が見える。

このように，地すべり箇所を3次元表示し，さまざまな方向，高さから見るなどの対話的操作をすることで，斜め写真や垂直写真からは判読することが困難な現象や状態を見ることができる。なお，図5，6で示した画像は付属のDVDに3Dアニメーションとして格納してある。

5　考察と結論

本章では，北海道足寄郡陸別町上陸別の陸別川上流域において発生した地すべりや隆起帯を，斜め写真，垂直写真，斜め写真から生成した高密度点群から判読を行った。その結果は，以下のとおりである。

1)牧草地において隆起帯は2列存在しており，左岸側のもの（E）は，河床の下にすべり面を有するスランプ型地すべりの末端隆起と見られ，滑落崖に平行な非対称な圧縮による小じわが数列発達していた。

2)隣接する隆起帯（F）は，Eよりも規模が大きく，およそ2倍の長さであった。その形状はかまぼこ型であり，右岸側が急傾斜，左岸側が緩傾斜という，非対称褶曲地形であった。これは，Eからの押圧力によって「めくれあがった」もの

図5　高密度点群（E，Fを南東方向より表示）

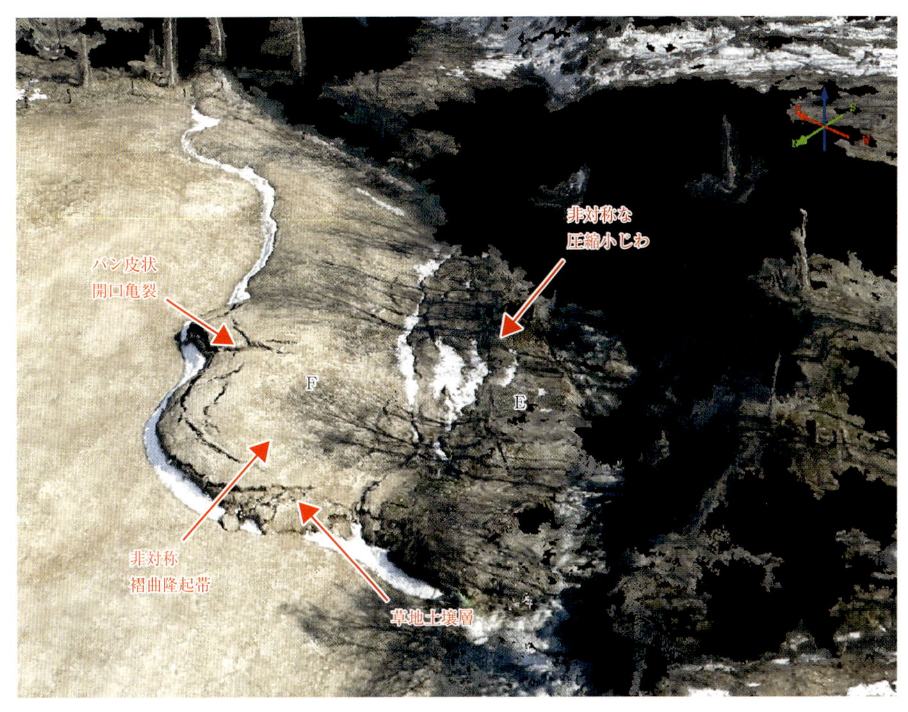

図6　高密度点群（E，Fを北西方向より表示）

と考えられる。

3）E，Fをもたらした後部の地すべりには，A，B（スランプ），C（アースフロー）などがあり，A，Bが同時に発生し，その後Cが発生したものと見られる。

4）FはEよりも大きく，これには山側に傾斜したAの末端が滑ったことや，Cの末端が河川に流入したことが影響した可能性がある。

しかし，上記の結果はあくまでも空中写真や3次元データを使用した判読結果であり，現地調査やボーリング調査などは実施していないため，河床の下にあると考えられるすべり面の深さなど，不明点，疑問点は多い。したがって，現地調査やボーリング調査と本章で行った判読結果を組み合わせることで，不明点，疑問点の解消および原因の究明につながるものと考えられる。

近年，2014年に発生した広島市の土砂災害や本書第3部第1章で述べる礼文島の土砂災害など，大雨による災害が頻発している。このような災害時には，本章で扱った航空写真の判読や高密度点群の判読は多用されるであろう。また，ドローン（UAV）による航空写真撮影や，Pix4Dmapper（Pix4D社），Photoscan（Agisoft社）などのデジタル写真測量システムなど，急速な技術的な進歩が見られていることから，今後は，これらを活用したより高精細，高鮮明なデータによる詳細な解析が期待される。なお，この隆起帯の発見から1年後には，さらに1m高くなったという。

文　献

1）防災科学技術研究所　地すべり地形分布図デジタルアーカイブ http://dil-opac.bosai.go.jp/publication/nied_tech_note/landslidemap/gis.html

2）三谷勝利・藤原哲夫・石山昭三（1964）：5万分の1地質図「上足寄」および同説明書．北海道開発庁，57 p.

3）山岸宏光編著（2012）：北海道の地すべり地形デジタルマップ（DVD付）．北海道大学出版会，112 p.

4）山岸宏光・雨宮和夫・黒沢邦彦（1994）：奥尻島および島牧・北桧山海岸の斜面災害．1993年北海道南西沖地震による地盤災害・津波災害地下資源調査所調査研究報告，No. 24：5-30.

第5章　羅臼町幌萌海岸の隆起と地すべり
—無人航空機(UAV)による観察—

Chapter 5　The Horomoe rockslide and prominent upheaval phenomenon in Rausu Town, Hokkaido, Japan—The observation by Unmanned Arial Vehicle (UAV)

山崎　新太郎・田近　淳・川上　源太郎・伊藤　陽司・渡邊　達也
Shintaro Yamasaki, Jun Tajika, Gentaro Kawakami, Yoji Ito and Tatsuya Watanabe

1　はじめに

2015年4月24日に発生した羅臼町幌萌海岸の隆起は，新聞やTVなどマスコミ各社より「謎の海底隆起？」として報道され，インターネットのニュースサイトの話題となった(図1)。この付近は，活断層「標津断層帯」の北方にあたり，報道の直後には，断層との関係を検討するため，北海道大学地震火山研究観測センターのスタッフが現地調査を行った。現象は，その後現地に入った北見工業大学(以下，北見工大)の調査チームによって地すべりにともなう現象であることが指摘された。さらに，道総研地質研究所と北見工大のグループが緊急調査を行い，この地すべりは，緩く成層した成層泥岩の並進すべりであり，移動体の先端が海底の岩盤に衝突して褶曲することにより，海浜〜ベンチが隆起したものであることを指摘した(川上ほか，2015)。

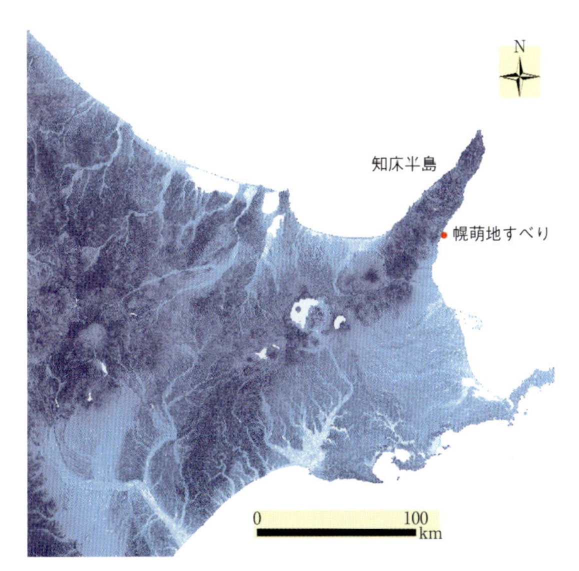

図1　知床半島羅臼町幌萌海岸の隆起の位置(背景は地貌図)(表見返し位置図2.5)

この地すべりについては「海底隆起」という顕著な現象だけでなく，近年にない重要な意義を持っている。それは，北見工大による最初の緊急調査で，回転翼型のUAV(Unmanned Aerial Vehicle：無人航空機，通称ドローン)による全体像の観察によって，「海底隆起」が地すべりによって形成されたことを示すこととなり，UAVの有効性が強調されたことである。そして，複数の研究機関や地質調査会社によりさまざまな精密地形データの取得が行われた。とくに，防災科学技術研究所のグループによって固定翼型UAVにより実施された精密DSM(デジタル地表地形モデル)は現地の緊急対応に供されている(内山，2015)ほか，航空測量会社において航空レーザ測量(LP)なども実施された。この章では，筆者らが集めたデータをもとに，地すべりの概要とこの隆起帯について，各種データやUAVによる観察・分析を中心に触れる。

2　幌萌地すべりの概要

2.1　経　　緯

海岸の隆起は，4月24日午前6時には付近の住民により発見され，夕方17時頃には10m程度まで隆起したとされている。背後の分離崖は，翌25日午前7時には認められなかったが同9時頃までの2時間ほどの間に出現したという証言もあった(高橋，2015)。分離崖の部分は町の雪捨て場となっており，高さ3mもの雪で覆われていた。おそらく亀裂が開口しても気づくことは難しかったと思われ，24日にはすでに形成が始まっていたのではないかと想像される。

図2　2015年5月2日のUAV（北見工業大学が所有するDJI社Phantom 2）により撮影した合成オルソフォト

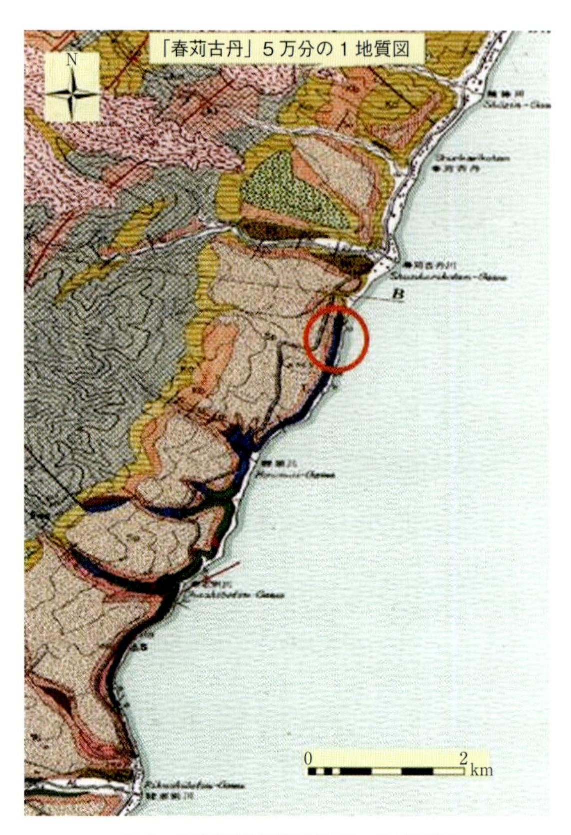

図3　羅臼町幌萌海岸周辺の地質図幅

2.2　形　　状

この地すべりは海岸に沿う段丘（高さ40-50 m）が滑動したもので海岸に開いた三角の平面形を持ち，北側と南側東部に分離崖（溝状凹地をつくる滑落崖を分離崖と呼ぶ）が開く（図2）。幅は約400 m，奥行き約250 mである。

2.3　地質・地質構造

三谷ほか（1963：図3）を参照すると，この地域は新第三紀鮮新世幾品層の成層泥岩・硬質泥岩からなる（三谷ほか，1963）。これにはしばしば凝灰岩・凝灰質砂岩の薄層を挟む。地質構造は北西-南東。または北北西-南南東の走向，15-20度南傾斜であり，この海食崖はやや斜交する流れ盤斜面である。比較的厚い段丘堆積物を載せている。

2.4　誘　　因

発生時期は融雪の最盛期であり，また，この冬は羅臼観測点において，観測史上最大の冬季降水量が記録され，4月末時点でも1 mを超える積雪が地すべり全域を覆っていた。さらに，4月の平均気温も例年に比べて高く，融雪水が地すべりの発生に影響したものと考えられている（図4）。

3　小型UAVによる地すべり観察

この地すべりにおいてはその現象の分析においては無人航空機（UAV：図5）が極めて重要な役割を果たした。とくに，地すべりの規模が大きく，住宅地や道路からは「海底隆起」部分と地すべりとの関係が直ちに理解できるのものではなく，UAVを駆使して上空から撮影することで初めて陥没帯と「海底隆起」の関係が地すべりという現象により関連づけて考えることができた（山崎・渡邊，2015）。そのため，初動調査におけるUAV画像の取得とその公開は，報道や地域住民，行政機関においてインパクトが大きく，その後の「火山や地震と関連する地殻変動ではないか？」との住民の不安の収束に大きく役立ったと考えられる。小型のUAVが果たした役

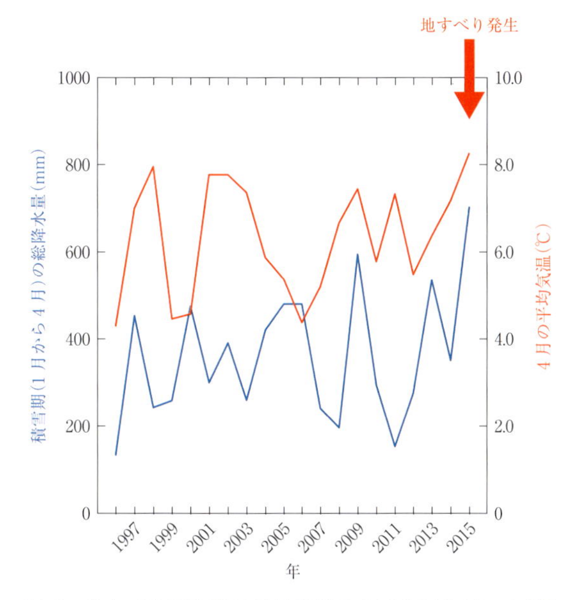

図4　地すべり発生時の気候的背景を示す気象データ(気象庁「羅臼」観測点)

図5　最も普及した高性能UAVであるDJI社Phantom 3のフライト

割はそれだけでなく，地すべりの運動や構造の解釈にも役立てられた。さらに，固定翼型のUAVによる網羅的空撮とSfM(Structure from Motion)技術による高解像度DEMの作成技術はその後の対策にも大きく役立てられた(内山，2015)。

4　地すべり地形の検討

4.1　発生以前の地形

この地すべりは空中写真判読による既存の地すべり地形分布図(山岸編，1993；山岸，2012；防災科学技術研究所，2013；清水ほか，2013)には表現されていない。その規模から考えると，もし再活動地すべりであれば，これらに記載は十分可能であったと考えられるため，おそらく既存の地すべり地形がそのまま活動したものではないと思われる。しかし，発生前の図化されていない，微小な地形にはこの地すべりがすでに活動を開始していた可能性を示す形成されていた。近年の航空写真の蓄積や高解像度衛星写真，高密度DEMは，地すべりの発生前の地形がどのような状況であったかについて情報をもたらしている。とくに今回，この地域では㈱シン技術コンサルにより海岸線全域の斜め航空写真が撮影されていた。今回そのデータの提供を受けたためそれにより，発生前の地形との比較が可能であった。さらに，発生前の衛星画像に関してはGoogle Earthなどでも公開されており，すでに航空写真と同レベルの解像度に達している。これらの蓄積されたジオデータやオープンデータは発生前の地形からこの地すべりが予測できたかどうかを考察するのに役立てられた。2009年斜め写真を見ると2015年に活動した範囲の南部が地すべり地形のように見えるが(図6，赤線)，背後の分離崖は判然としない。海岸線がこの部分でやや海側に凸になっているように見える。2013年斜め写真では今回の地すべりで右側崖の末端となった斜面が明らかな崩壊を起こしている(図7，赤丸)。やや拡大した写真を見ると今回の地すべりの左側部の部分が小規模な地すべり地形であることがわかる。つまり今回の地すべりの発生前には将来側崖になる部分の付近の岩盤に何らかの変形が生じていた可能性がある。発生前のGoogle Earthによる衛星写真(図8)やオープンデータである地理院地図の色別標高図(図9)でも斜め写真と同様の特徴

図6　2009年の斜め写真(㈱シン技術コンサル撮影)

図7　2013年の斜め写真(㈱シン技術コンサル撮影)

図8　発生前の幌萌海岸(Google Earth)

が把握できるが，やはり地すべりの輪郭が明瞭でないと，空中写真判読だけから将来の活動を予測するのは困難と思われる。

4.2　地すべりの発生

地すべり発生後に計測されたアジア航測㈱が取得したLPデータの地形強調図「赤色立体画像」を見ると，移動体は分離崖と末端以外はほとんど変形していない(図10)。

直後のUAV撮影による斜め空中写真でも移動体の地表や植生の乱れはほとんど見られず，移動体上の樹木にも傾動は全く認められない(図11，12)。したがって，この地形的な特徴とこの地域の地質構

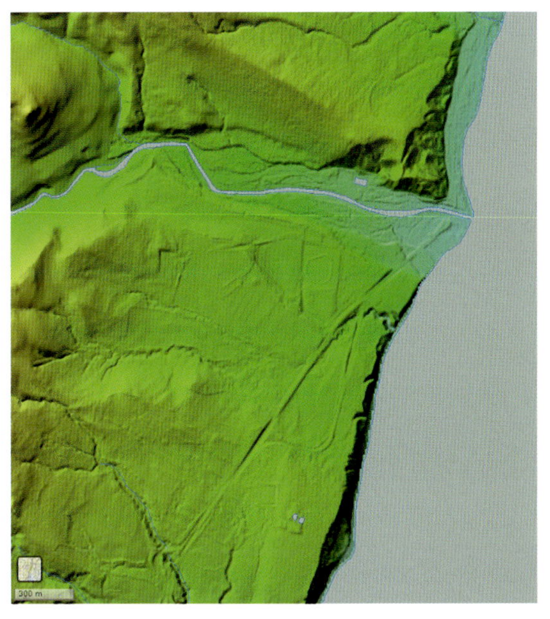

図9　発生前の幌萌海岸の5 m_DEMによる地理院の色別標高図

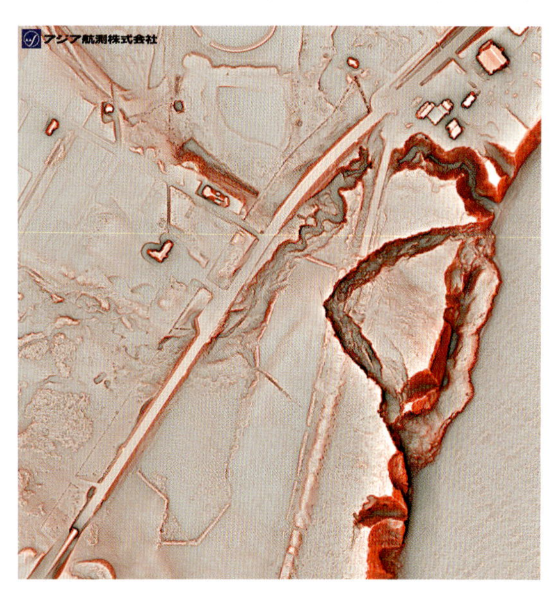

図10　発生直後の赤色立体画像（アジア航測㈱提供）

図11　発生直後の南東側からの地すべりの俯瞰像（UAVを用いて取得した画像。2015年5月2日撮影）

造を考慮すると，層理面を地すべり面とする並進すべりと判断できる。分離崖がつくる溝状凹地は左右の部分とも明瞭で，ほぼ同じ幅で20-30 m移動している。ただし右側崖の末端では閉じているように見え，移動体が側崖と接して隆起しているようにも見える。したがって当初海側に移動した移動体は本来の方向から5度程度回転したようである。これは，南側にいくにしたがって地すべり面が深くなって拘束されたためと考えられる。

4.3　特徴的な隆起帯

移動体の末端の海岸に，延長約300 mにわたって高さ15 m程度の隆起帯が形成された。これが「海岸隆起」の正体である。これらは隆起幅30-40 m長さ50-60 mの4，5つの高まり（リッジ）からなり，「杉型」雁行配列を示す。このため赤色立体画

図12　発生直後の北側からの地すべりの全体像(UAVを用いて取得した画像。2015年5月2日撮影)

像では隆起帯は縄のようにねじれて見える。UAVによる斜めから撮影画像(図11)を見ると，隆起帯の頂部は台地状であり，それは礫や海藻の状態から，海浜～ベンチがそのまま上昇したように見える。

この隆起帯の形成のメカニズムとしては，後述するようなUAVを用いた地質・地質構造の解析から，地すべり移動体の先端がくさび状に海底の成層岩盤に衝突することにより，前面の成層岩盤が褶曲し，海浜～海底の一部が隆起したものと考えられる。

4.4　隆起帯の浸食と現れた隆起帯の内部構造

「海底隆起」を呈する隆起帯はそれが固結した泥岩や凝灰岩で構成されていたにも関わらず，浸食によって1年で大半が失われた。とくに発生年の10月の台風の襲来により，およそ半分が失われた。そして冬季の低気圧などの襲来によりさらに浸食がされたようであった。これは隆起帯の内部がすでに大きく破砕されていたためと考えられる。この浸食経過の観察においてもUAVは威力を発揮した。UAVによって作成した鉛直オルソフォトの観察によりどの場所がどのように浸食されたのか比較検討が可能であったためである(図13)。発生直後と1年後の比較では隆起帯の北側がとくに大きく浸食されていた。これはこの部分の地質が南側に比べて脆弱であるためと思われる。発生から6ヶ月後にはUAVにより完全に浸食されて失われる前の隆起帯の断面が洋上より観察できた(図14)。これによると，とくに大きく失われた隆起帯の部分では成層岩盤が水平方向(北北西—南南東方向)より圧縮を受けて変形した様子が確認できる。このような脆性的な性質を持つ岩石が層面すべりをともないながら，全体として塑性的に変形してその上のベンチが鉛直方向に持ち上がっていると解釈できる。

5　結論と考察

この「海底隆起」の現象は，UAVによる迅速な調査によって現象の把握が行われ地すべり現象であることが明らかになった。この現象は，初期には地殻変動との関連が大きく報道されたために，図らずも世間一般に「地すべり(岩盤すべり)」という現象を理解してもらう上で非常に重要な現象となった。それだけではなく，これまでに蓄積されていたさまざまな空中写真や地形・地質データと航空レーザ計測を使った解析によってさまざまな比較検討が行われ，研究者・技術者間でも大きく注目を浴びた現象であった。

UAVやオープンデータを用いた初期調査は，地

図 13　発生直後と発生約 1 年後の鉛直オルソ写真（UAV により撮影）

図 14　海岸での隆起帯の海から見た断面（UAV を用いて取得した画像。2015 年 10 月 14 日）

すべりに限らず，その自然現象(地形変化)が危険なものであるかどうかを迅速に判定する手法として今後ますます重要になるだろう。一方で，これらはあくまで観察のひとつのツールであり，丹念な踏査による地形・地質調査もその解釈や対策において依然として重要であることに変わりがない。本章では詳しく触れなかったが，本地すべりは構造地質学的に重要な変形現象を多数含んでおり，さらに根本的な問いとしてなぜこのような巨大な隆起帯がこの場所に形成されたかについては不明なところも多い。この検討には丹念な地質調査も合わせて行う必要がある。本地すべりの発生をきっかけとして，類似現象が多数報告され学会などで話題となっているため，今後その問いに迫る研究も展開されると期待される。

文　献

1) 防災科学技術研究所(2013)：地すべり地形分布図「八木浜」.

2) 北海層立総合研究機構地質研究所(2015)：羅臼町幌萌海岸で発生した地すべり http://www.hro.or.jp/list/environmental/research/gsh/information/topics/files/rausu_landslide.pdf

3) 川上源太郎・山崎新太郎・伊藤陽司・高橋良・渡邊達也・輿水健一・田近淳(2015)：北海道，羅臼町幌萌地すべり―海岸を隆起させた地すべり．第54回日本地すべり学会研究発表会講演集，13-14.

4) 三谷勝利・杉本良也・国府谷盛明・松下勝秀(1963)：5万分の1地質図幅「春刈古丹」および同説明書．北海道開発庁，40 p.

5) 清水文健・大八木則夫・内山庄一郎・土志田正二・佐野綾子・小倉理(2013)：地すべり地形分布図第55集「斜里・知床岬」図集．防災科学技術研究所研究資料383号.

6) 高橋浩晃(2015)：羅臼町地すべり調査報告(暫定版) http://www.sci.hokudai.ac.jp/~hiroaki/rausu/rausu.htm.

7) 内山庄一郎(2015)：SfM多視点ステレオ写真測量を用いた2015年羅臼町幌萌地すべりにおける地すべり発生前後の地形計測．第54回日本地すべり学会研究発表会講演集，96-97.

8) 山岸宏光(編)(1993)：北海道の地すべり地形―分布図とその解説．北海道大学図書刊行会，426 p.

9) 山岸宏光(編)(2012)：北海道の地すべり地形デジタルマップ．北海道大学出版会，112 p.

10) 山崎新太郎・渡邊達也(2015)：海底が隆起した北海道羅臼町幌萌地すべりとその上空からの調査．第54回日本地すべり学会研究発表会講演集，13-14，11-12.

第3部　崩壊とその解析手法

Part 3　Distribution of shallow landslides (hokai) and their analyses methods

山岸　宏光
Hiromitsu Yamagishi

一般的に崩壊は，崩壊源(scar)，流送部(flow)，および堆積部(deposit)から構成され，形態としては，平滑型(planar)とスプーン型(spoon, concave)に分けられる(Yamagishi, 2017)。とくに崩壊源の深度は浅く，表層崩壊とも呼ばれる。このような崩壊は，豪雨や強い地震(震度5以上)が原因で発生することが多い。これらは同時に数千のサイトに発生する同時多発型災害といえる。したがって，このように広域的に多数発生する崩壊は，空中写真判読で認定することが効率的で正確である。その場合には，上に述べた崩壊源，流送部，および堆積部を認定する。本書で扱う崩壊では，とくに崩壊源を取り扱う。「第1章 2014年8月礼文島の崩壊のGIS解析と点群による3次元解析」では，豪雨による斜面災害発生直後に撮影された斜め写真とオルソ画像の併用により，崩壊(崩壊源)，浸食域(流送部)，土砂堆積(堆積部)，地滑り(本書第2部では，「地すべり」を使っているが，第3部第1章では豪雨崩壊とともに発生する「地すべり」は小規模なものであり，「地滑り」を使用した)，ガリー侵食などに区分した。それらをGISで面積や数を計測した。さらに，とくに一番目立つ地滑りについて，多方向から撮影した斜め写真から，各1mメッシュ内の真ん中の点の緯度経度と標高から，地滑り発生前(2000年)データと発生後(2014年)の比較により，その差分を計算した。「第2章 2004-2007年新潟県中越地域の豪雨・地震による崩壊のGIS解析」では，多数の崩壊について，その崩壊源(判読されたものは面積を有するポリゴンであるが，その中心の位置をポイントに変換)について，その発生した地形傾斜と崩壊発生数との相関をGISで計算した(山岸ほか, 2015)。「第3章 豪雨シミュレーションによる集中豪雨表層崩壊の解析」は，実際に発生した北海道と新潟の山地での崩壊地分布を，降雨シミュレーションに基づいて，崩壊分布の偏在性について解析したものである。

以上の例は，豪雨により同時多発的に多数発生した現象であるが，すでに述べた“深層崩壊”のように，単一で大規模に発生することもある。また，上野・山岸(2002)が述べたように，岩盤崩壊(崩落)という規模の大きい現象は火山岩地域に多い。とくに，北海道層雲峡の溶結凝灰岩は，美しい柱状節理で知られ，雄大な景観資源となっている。しかし，山岸ほか(2000)でも述べているように，この溶結凝灰岩からなる急崖は過去にいくつかの大崩壊が報告され，犠牲者も出している。「第4章 2013年北海道層雲峡岩盤崩壊の規模と運動過程」で扱う崩壊は，深度はやや大きく岩盤崩壊(上野・山岸, 2002)ともいえるもので，田近ほか(2015)による報告の一部であり，崩壊で発生した土砂の堆積量のデジタル計測に重点を置いたものである。

文　献

1) 田近淳・石丸聡・渡邊達也・石川勲・志村一夫(2015)：溶結凝灰岩急崖の岩盤崩壊—2013年9月北海道層雲峡の例. 日本地すべり学会誌, 52：34-39.
2) 上野将司・山岸宏光(2002). わが国の岩盤崩壊の諸例とその地形地質学的検討—とくに発生場と発生周期について. 地すべり, 39(1)：40-47.
3) Yamagishi, H. (2017): Identification and mapping of landslides. In: Yamagishi, H. and Bhandary, N. P. (eds.), GIS landslide, Springer Nature, pp. 3-9.
4) 山岸宏光・志村一夫・山崎文明(2000)：空中写真によるマスムーブメント解析(CD-ROM付). 北海道大学図書刊行会, 221 p.
5) 山岸宏光・土志田正二・畑本雅彦(2015)：最近の豪

雨崩壊および既往の地すべりにおける地形・地質要因のGIS解析．日本地すべり学会誌，52：12-22.

第1章　2014年8月礼文島の崩壊のGIS解析と点群による3次元解析

Chapter 1　GIS and cloud point 3D analyses of the shallow landslide (hokai) in 2014 August, Rebun Island, Hokkaido, Japan

山岸　宏光・奥野　祐介・齋藤　健一
Hiromitsu Yamagishi, Yusuke Okuno and Kenichi Saito

1　まえがき

2014年8月20日に集中豪雨が礼文島を襲った。気象庁のウェブサイト過去の気象データ・ダウンロード（http://www.data.jma.go.jp/gmd/risk/obsdl/index.php）からのデータによると，夜中の23時から24時にかけて時間雨量が50 mmから150 mmにはね上がり，累積雨量は300 mmに達した（図1）。そのため，礼文島全域で多くの崩壊・地滑りが発生した。㈱シン技術コンサルでは，災害直後の8月26，27日の両日にかけて，斜め写真，垂直写真などを全域にわたって撮影した。斜め写真判読は，図2のように東礼文地域と元地地域に分けて行った。またとくに，南西部の元地地域では，2000年にオルソ画像やレーザプロファイラ（LP）データを取得しており，今回もオルソ画像を作成した。これらのデータを使って，崩壊の全体の区分や数量の解析，点群による3D解析による差分計算なども行った。本章ではこれらの結果について述べる。

2　礼文島の地形・地質

礼文島は，北海道北部の日本海に浮かぶ小さな離島であり，図3に示すように東西非対称で，地質時代からの地殻変動のため，西側から緩く東側に傾い

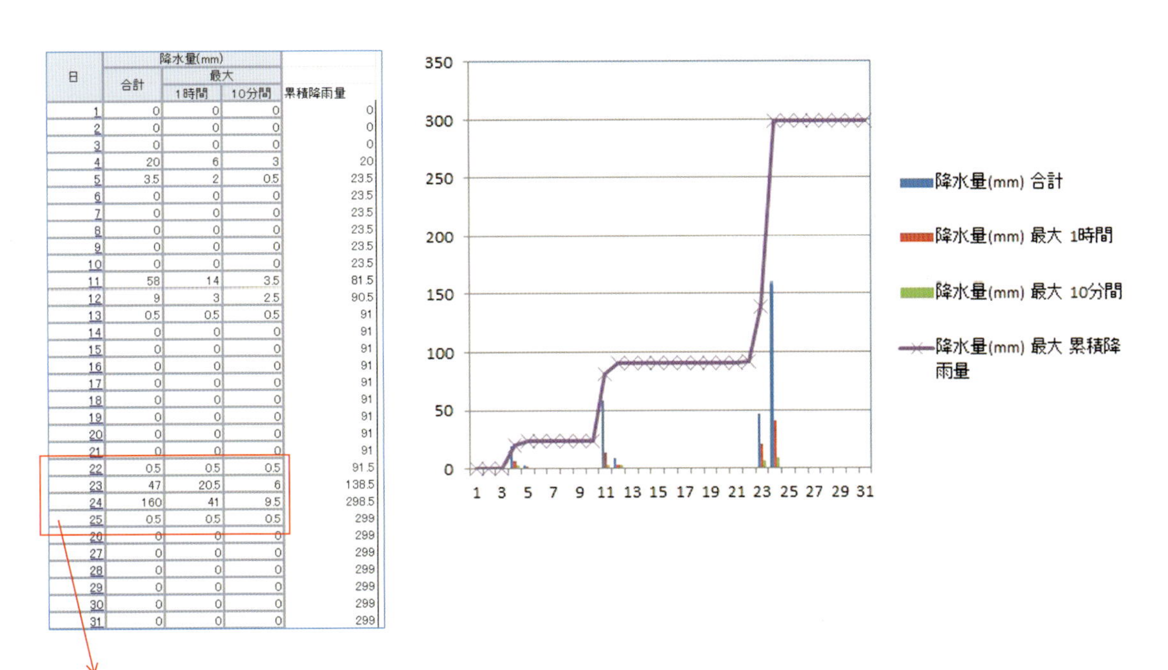

日	降水量(mm) 合計	降水量(mm) 最大 1時間	降水量(mm) 最大 10分間	累積降雨量
1	0	0	0	0
2	0	0	0	0
3	0	0	0	0
4	20	6	3	20
5	3.5	2	0.5	23.5
6	0	0	0	23.5
7	0	0	0	23.5
8	0	0	0	23.5
9	0	0	0	23.5
10	0	0	0	23.5
11	58	14	3.5	81.5
12	9	3	2.5	90.5
13	0.5	0.5	0.5	91
14	0	0	0	91
15	0	0	0	91
16	0	0	0	91
17	0	0	0	91
18	0	0	0	91
19	0	0	0	91
20	0	0	0	91
21	0	0	0	91
22	0.5	0.5	0.5	91.5
23	47	20.5	6	138.5
24	160	41	9.5	298.5
25	0.5	0.5	0.5	299
26	0	0	0	299
27	0	0	0	299
28	0	0	0	299
29	0	0	0	299
30	0	0	0	299
31	0	0	0	299

図1　気象庁雨量月報による2014年8月の降雨データ

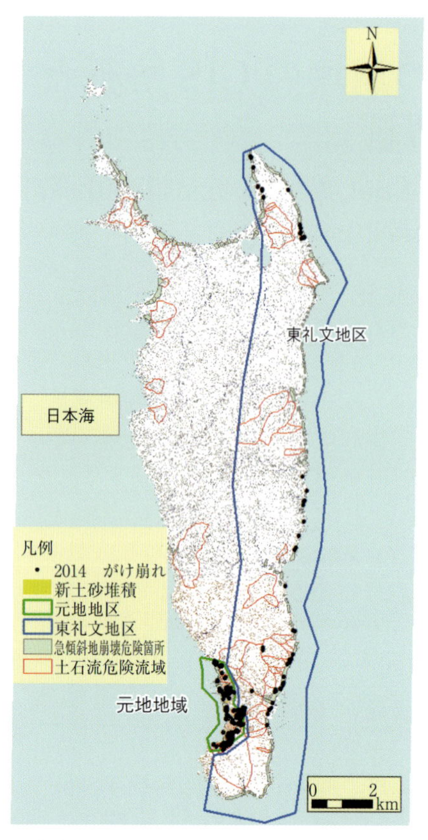

図2　礼文島の豪雨によるがけ崩れ判読範囲と土砂災害危険区域(表見返し位置図3.1)

ている。西側の海岸の急崖は西からの波浪の影響で形成されているが，それが，この傾動により促進されたものであろう。

地質的に見ると，北半分と南端は，新第三紀の砂岩，泥岩と火砕岩からなり，その間は下部白亜紀の火山岩や火砕岩からなるやや硬い岩石である(長尾ほか，1963)。

また，防災科学技術研究所(NIED：以下，防災科研)の地すべり地形データ(第1部第1章)をこれらの地質図(地質NAVIによるシームレス地質図，https://gbank.gsi.jp/geonavi/；2019年1月7日閲覧)にプロットすると，北部と南部の新第三紀の地層や火山岩の分布域に集中していることがわかる(図4)。

3　オルソ画像判読

オルソ画像の判読にあたっては，1)崩壊，2)浸食域，3)ガリー，4)土砂堆積，亀裂，5)地滑り滑落崖，6)地滑り土塊などに区分した。

その結果，多くの崩壊は全域に満遍なく分布するものの，ガリー，土砂堆積などは南部の元地地域の南端の急崖に分布している。また，地滑り(滑落

図3　地理院地図3Dによる礼文島の3次元画像

左が普通の空中写真，右がオルソ画像で地理院3D地図で作成。現在は地理院地図Globe(http://globe.gsi.go.jp/)に変わっている。

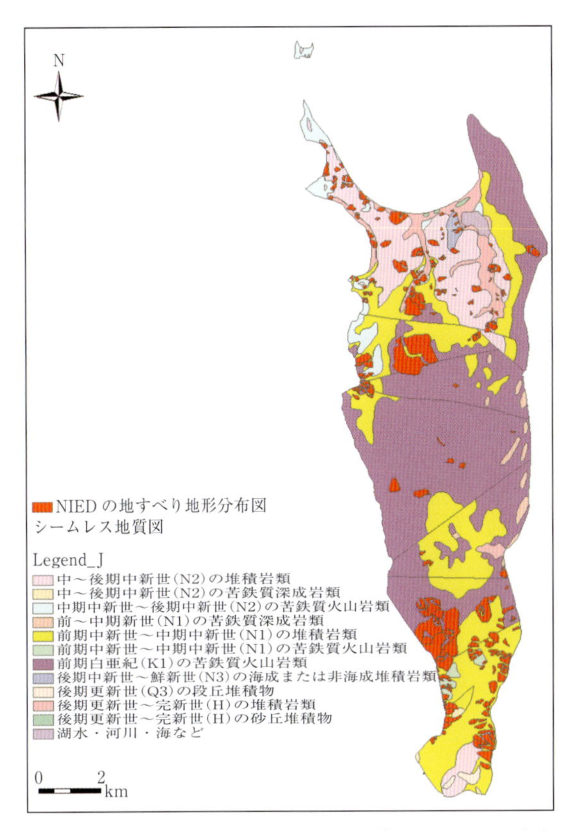

図4　地質NAVIによるシームレス地質図とNIEDの地すべり地形分布図

崖・土塊)は同じ元地地区全体の防災科研の地すべり地形の分布域の外郭付近に多い傾向がある(図5, 6)。

急斜面などでは，斜め写真でも判読したが，崩壊とそれで発生した土砂，地滑りとその土塊に区分した(図7)。また，それぞれは合計して，がけ崩れとがけ崩れ土砂とした。図2の東礼文地域と元地地域の判読結果は表1に示した。

東礼文地域では，地滑りの発生は少なく2か所に過ぎないが，崩壊は多く68か所，発生土砂は35か所であった。崩壊と地滑りを合わせたがけ崩れは70か所，発生した土砂と地滑り土塊を合わせる(土砂・土塊合計数)と37か所になる(図8)。

一方，元地地域では，地滑りの発生は26か所で，崩壊数は115か所，発生土砂は167か所，崩壊と地

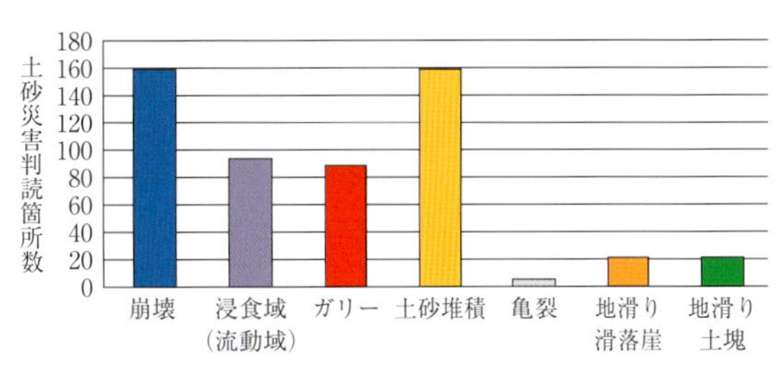

図6　オルソ画像判読(2004年)による土砂災害の判読

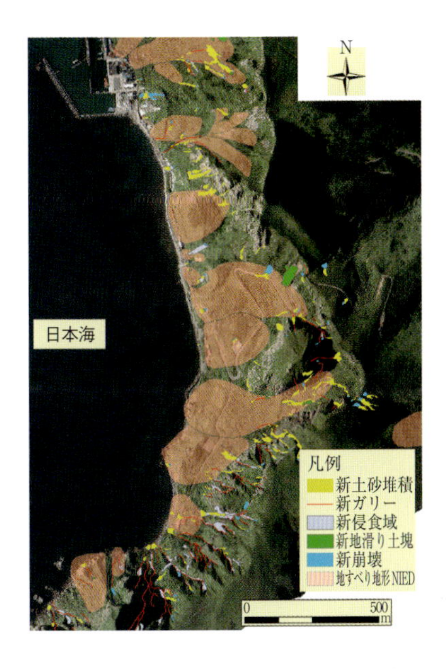

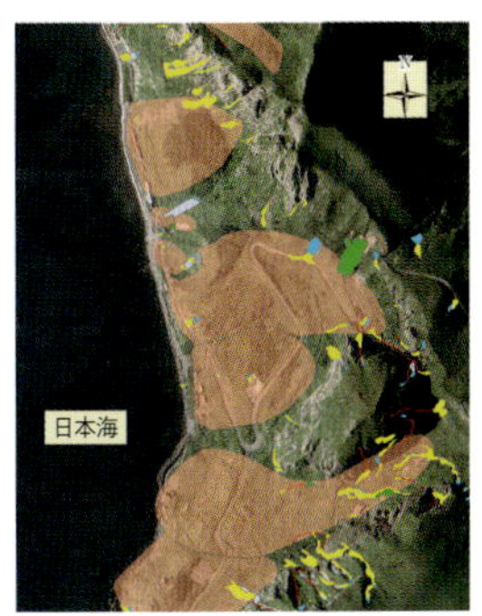

図5　礼文島南西部の元地地域のオルソ画像判読結果(2004年)

図7　礼文島の斜め写真の判読(A：元地地区，B：冷水地区，C：高山地区の崩壊，D：高山地区の崩壊直後)

表1　礼文島の崩壊・地滑り(がけ崩れ)とそれぞれの土砂発生箇所と規模(面積)

東礼文地域			元地地域		
崩壊数	土砂発生数	土砂平均面積(m²)	崩壊数	土砂発生数	土砂平均面積(m²)
68	35	82.2	115	167	190.8
地滑り発生数	地滑り土塊数	土砂平均面積(m²)	地滑り発生数	地滑り土塊数	土砂平均面積(m²)
2	2	144.2	26	27	213.6
がけ崩れ(崩壊・地滑り)合計数	土砂・土塊合計数	土砂平均面積(m²)	がけ崩れ(崩壊・地滑り)合計数	がけ崩れ(崩壊・地滑り)土砂数	土砂平均面積(m²)
70	37	91.4	134	246	152.9

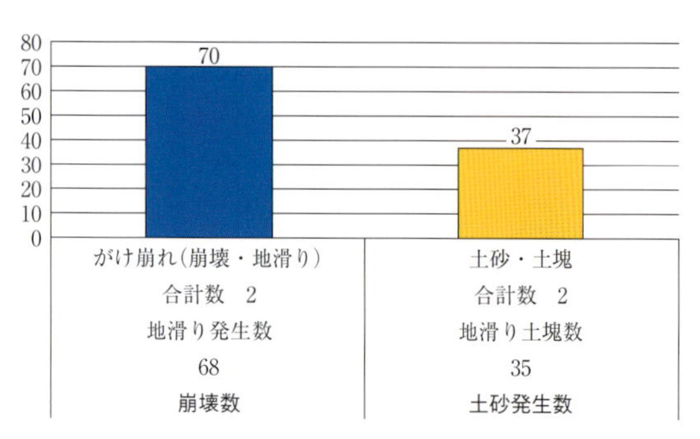

図8　東礼文地域の土砂災害発生状況

地滑りの発生は少なく，崩壊が多いが，発生した土砂は少ない。がけ崩れ70か所，土砂37か所。

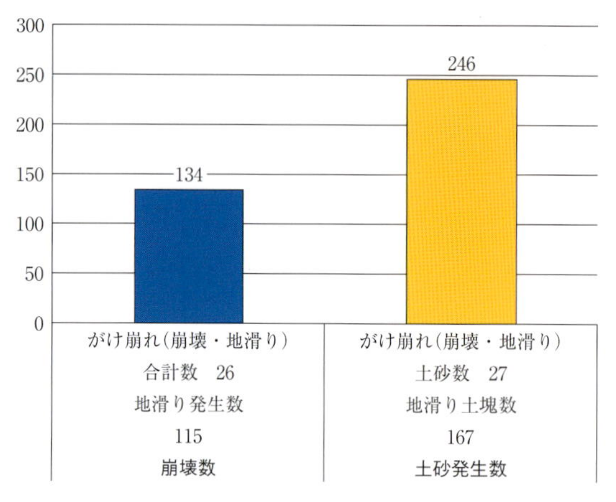

図9　礼文地域の土砂災害発生状況

地滑りの発生は少なく，崩壊が多いが，発生した土砂は少ない。がけ崩れ141か所，土砂194か所。

滑りを合わせたがけ崩れは134か所となった。元地地域では，崩壊数と比べて発生土砂が多いのは，元地の南側では火山岩の急崖が多く，硬い岩石のため崩壊せず，水流がたまっていた土砂を運搬したためであろう（図9）。

4　点群による3D解析

元地地域の2008年のLPデータ（1 m_DTM）と2014年の地滑りの発生後の航空写真から作成した標高データの差分計算により，地滑りで削られた体積（減少量）と土塊の体積（増加量）を計算した。解析作業については，1）地滑り発生前後の2時期の標高データの整理，2）地滑り発生前後の2時期の標高差分データの生成，3）地滑り箇所での浸食・堆積体積計算という順序で実施した。それぞれの作業項目についての詳細は以下のとおりである。

4.1　地滑り発生前後の2時期の標高データの整理

最初に地滑り発生箇所を含む災害前後の2時期の標高データを整理した。災害前の標高データとしては，2008年に航空レーザ測量を行っており，その計測によって得られたフィルタリング済み1 m_DTMを地滑り発生箇所周辺で切り出し，1 m解像度のラスターデータに変換した。一方，災害後の標高データは，災害発生直後に8 cm分解能で撮影した垂直写真（図10）から，ステレオマッチングで生成した1 m_DSM（図11）を地滑り発生箇所周辺で切り出し，1 m解像度のラスターデータに変換した。なお，災害後の標高データをステレオマッチングで生成する際には，2時期の各点群データが全く同じ座標で重なり合うようにした。災害前後の標高データを点群のテキストデータからラスター化するのは，ラスター演算や3次元形状の可視化を考慮したためである。

本作業での最終的なアウトプットデータは以下のとおりである（図12）。

- 2008年（災害前）の1 m分解能の標高ラスターデータ
- 2014年（災害後）の1 m分解能の標高ラスターデータ

4.2　地滑り発生前後の2時期の標高差分データの生成

上記4.1の作業での最終的なアウトプットデータである，地滑り前後の標高ラスターデータに対し，以下の式のラスター演算を行い，各ピクセルの標高値の差分を算出した（図13）。

2014年標高ラスターデータ
　−2008年標高ラスターデータ
　＝災害後の地滑りによる
　　標高差分ラスターデータ………（1）

なお，2008年標高ラスターデータはLP由来であることからDTMであり，2014年標高ラスターデータは航空写真由来であることからDSMであり，それぞれの標高データの種類が異なる。そのため，上記式（1）で算出した標高差分ラスターデータの差分の値には，植生の高さによる標高の差分も含まれている。しかし，斜面に植生が生い茂っている地滑り前のデータがフィルタリング済みのDTMであること，そして，地滑り後のデータはDSMであっても地滑り箇所の多くは表層の植生が削り取られていることから，地滑り箇所での3次元解析に限っては，異なる種類の標高データであっても，上記式（1）が適用可能と判断した。

その後，上記式で算出した災害後の地滑りによる標高差分ラスターデータを，ニアエストネイバーのリサンプリング処理で0.2 m分解能に変換した。これは，ポリゴンで特定した地滑り箇所での標高の差分を可能な限り詳細に抽出するためである。

最後に，標高差分データ（0.2 m分解能）と写真判読で作成した地滑り箇所のポリゴン（地滑りの浸食域および堆積域のポリゴンデータをマージしたもの）をGIS上で重ね合わせ，地滑り箇所のみの2時期の標高差分データを切り出した（図14）。

本作業での最終的なアウトプットデータは以下のとおりである。

- 2008年（災害前）と2014年（災害後）の0.2 m分解能の標高差分ラスターデータ

4.3　地滑り箇所での浸食・堆積量の体積計算

上記4.2の標高差分ラスターデータの各ピクセル値に対して，各ピクセルにおける浸食・堆積の体積の変化を算出するため，0.2 m分解能の1ピクセルの面積（$0.2\ m \times 0.2\ m = 0.04\ m^2$）とピクセル値（標高

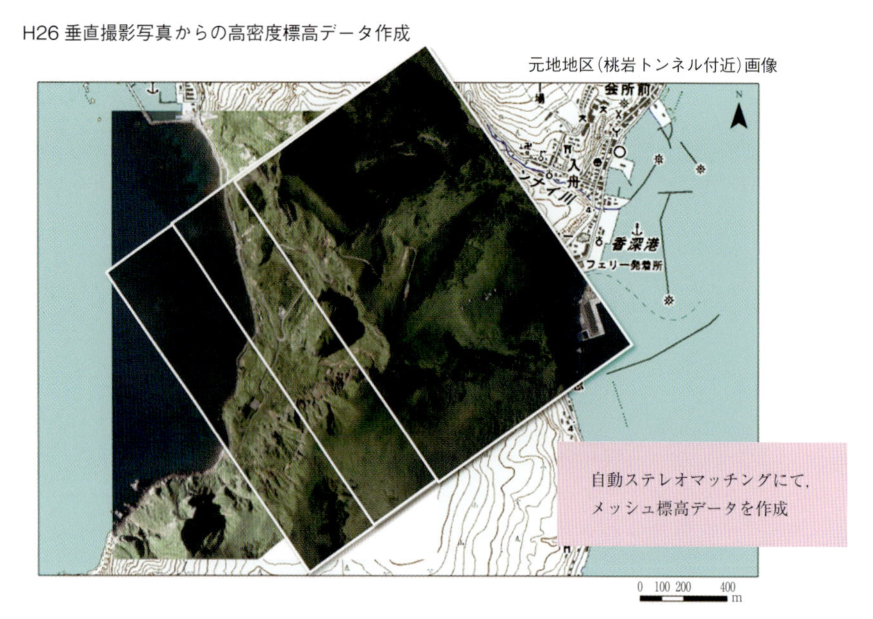

図 10　ステレオマッチング前の 2014 年撮影オリジナル航空写真

8 月 27 日撮影垂直写真からのオルソモザイク

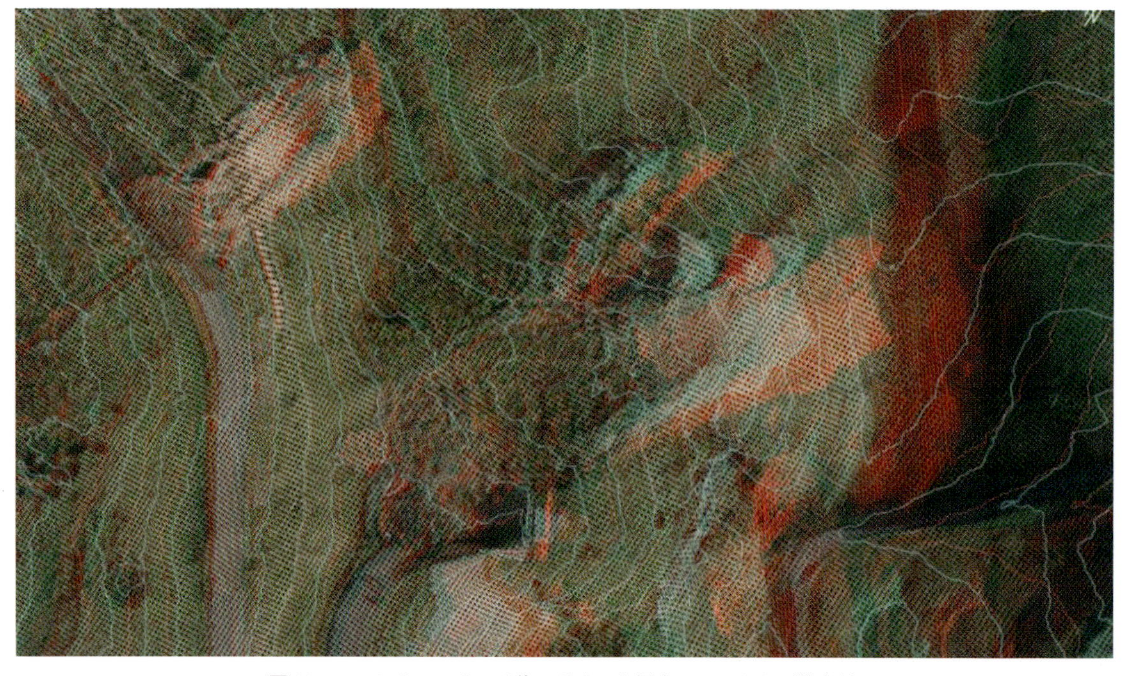

図 11　ステレオマッチング後のポイント標高データおよび等高線

余色立体図：赤青メガネにて確認ください。

図12　地滑り箇所の2時期の標高ラスターデータ

の差分)を乗算し，災害前後の体積差分ラスターデータを作成した(図13)。

その後，その災害前後の体積の変化を示す各ピクセルを，浸食域(下図のピンク部分)と堆積域(下図の黄緑部分)に切り分け，それぞれの総体積を算出し，地滑り箇所の3次元解析の最終的な結果とした。

本作業での最終的なアウトプットデータは以下のとおりである。

・2008年(災害前)と2014年(災害後)の0.2m分解能の体積差分ラスターデータ

・浸食域と堆積域の体積の変化の計算結果(エクセルデータ)

5　考察と結論

本章では，2014年8月24日の豪雨により発生した礼文島の土砂災害について，オルソ画像判読・解析と点群による3D解析の経緯や結果を述べた。オルソ画像判読では，1)崩壊，2)浸食域，3)ガリー，4)土砂堆積，亀裂，5)地滑り，6)地滑り土塊などに

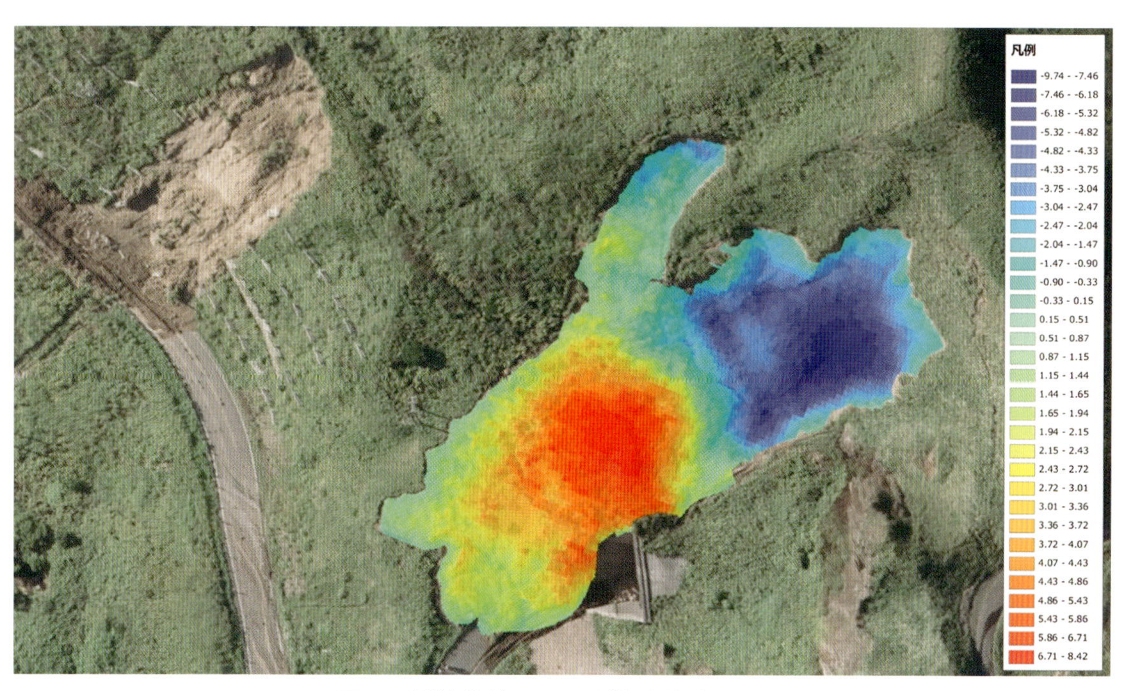

図13　地滑り箇所のみの2時期の標高差分データ

地滑りの滑り残りを浸食域に含めた場合

地すべり	浸食域(m²)	深さ(m)	体積(m³)	堆積域(m²)	深さ	堆積(m³)
①	1299					
②	167					
①+②	1466	3.7	5424.2			
				2020	3	6060

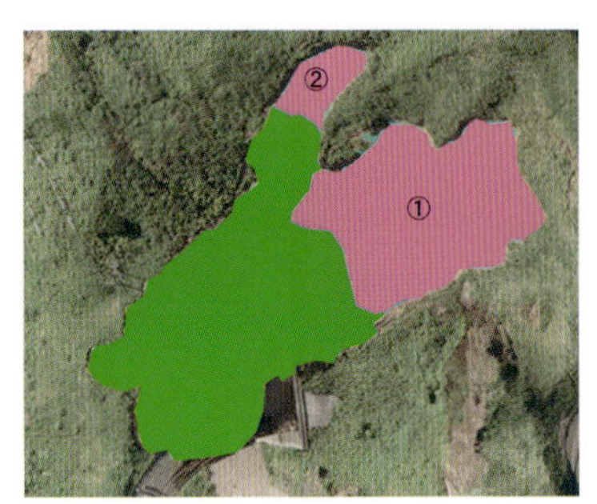

図14　地滑り箇所のみの2時期の標高差分数値データ

区分でき，それぞれの数量や面積も容易に把握できた。つまり，過去のアナログ写真を使う方法では多くの時間と人手がかかったが，災害後のオルソ画像判読では崩壊箇所の把握は1ヶ月以内で可能であった。一方，点群による3D解析によると，1 m_DEMデータによれば，発生前の原斜面と差分計算から，浸食量(地滑りが発生した後の滑落した量)と堆積量(崩積土の量)が正確に計算できた(図14)。したがって，今後とくに緊急な場合には有効であろう。

文　献

1) 防災科学技術研究所 地すべり地形分布図デジタルアーカイブ http://dil-opac.bosai.go.jp/publication/nied_tech_note/landslidemap/gis.html

2) 気象庁気象月報 過去の気象データ・ダウンロード http://www.data.jma.go.jp/gmd/risk/obsdl/index.php

3) 長尾捨一・秋葉力・大森保(1963)：5万分の1地質図「礼文島」および同説明書．北海道開発局，43 p．産業技術総合研究所地質調査総合センター地質図類データダウンロード https://gbank.gsj.jp/datastore/

第2章　2004-2007年新潟県中越地域の豪雨・地震による崩壊のGIS解析

Chapter 2　GIS analyses of the shallow landslides (hokai) triggered by heavy rainfalls and earthquakes during 2004-2007 in Chuetsu region of Niigata Prefecture, Japan

山岸　宏光
Hiromitsu Yamagishi

1　まえがき

2004年7月13日と10月23日にそれぞれ豪雨崩壊と地震崩壊が，さらには2007年7月16日に地震崩壊が発生するなど，繰り返し異なったトリガーによる斜面災害が新潟県中越地方を襲った。斜面災害の観点からは，新潟では融雪などによる単発的な地すべりが特徴であるが，豪雨と地震という異なったトリガーによる多発的な斜面災害がほぼ同一の地形・地質条件の丘陵地域で，数ヶ月の間隔をおいて発生したことは，極めて異例であると同時に，豪雨と地震による斜面災害を比較できる点が重要である(図1)。新潟県中越地方では豪雨と地震により主に中山間地域の第三紀の堆積岩地帯で多くの崩壊が発生し，さらには近くは2013年にも近接する地域で豪雨による崩壊が発生した。

つまり，新潟県中越地方では，2004年豪雨崩壊，同年中越地震(M6.8)，2007年中越沖地震(M6.8)災害が断続的に発生したことから空中写真やオルソ画像，GISデータが取得されて，マスムーブメント(土砂災害)のGISの解析が最初にスタートした地域でもある。したがって，こうした研究は筆者も含めて多くの論文や報告が発表された(岩橋ほか，2007；山岸ほか，2008；2015など)。筆者についても，崩壊については，GISですべて解析が終了したわけでもない。そこでとくに，豪雨と地震による崩壊と地形傾斜・地層傾斜の関係についての比較の

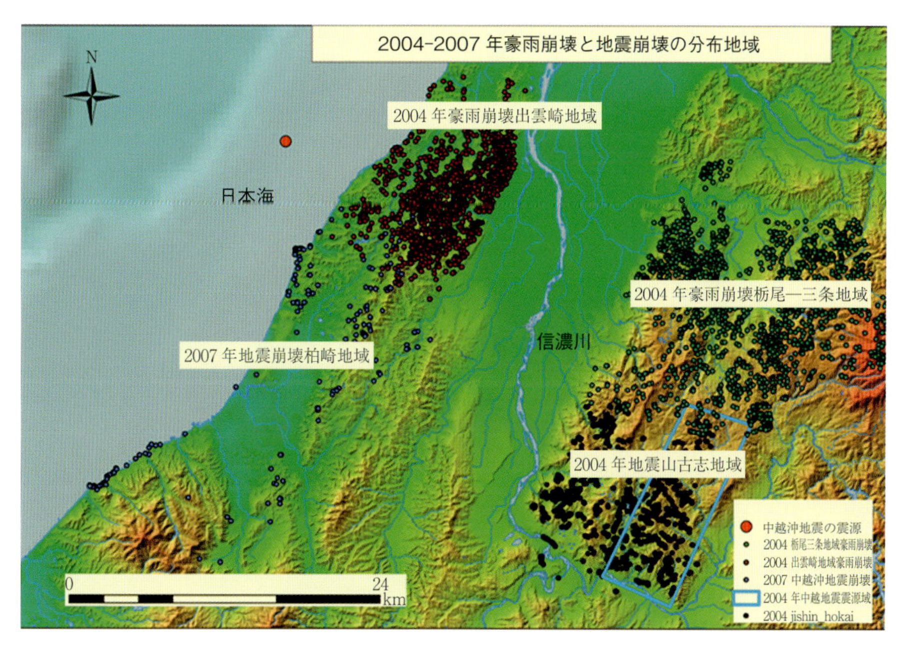

図1　2004年から2007年の新潟県中越地震の豪雨・地震による崩壊分布(表見返し位置図3.2a)

GIS 解析を試みた。

2　崩壊と地震による崩壊の GIS 解析の手法

この GIS 解析では，まず地形データとして，北海道地図 GIS MAP の 10 m_DEM を用意した。GIS ソフトは ArcGIS10.2 を使用したが，その Arc Tool Box 内の Spatial Analyst でサーフェス（surface）→傾斜（slope）機能を使い傾斜分布図（ラスター）を作成する。その後，同じ Spatial Analyst の抽出（extract）→マスク（mask）により，ラスターデータを作成して，10 度ごとに再分類する。そのデータを dbf に保存して EXCEL で出力すると 10 度ごとの傾斜ゾーンの崩壊数が得られる。5 万分の 1 地質図から走向傾斜のうち傾斜の数値を読み取り，それぞれの位置のポイントから，ArcGIS の Spatial Analyst で内挿→idw により地層傾斜分布図を作成した。その後，地形傾斜と崩壊の解析と同様に同じ Spatial Analyst の抽出→マスクで，同じくサーフェス→傾斜で求めたラスターデータを再分類（10 度ごとに）したものを dbf に保存して EXCEL で出力すると崩壊数が得られる。

3　2004 年 7 月の豪雨崩壊と同年 10 月の中越地震による崩壊の地形・地質の関係解析

2004 年豪雨崩壊と地形傾斜との関係については，すでに山岸ほか（2015）で出雲崎から栃尾の地域の解析を報告したので，今回は類似した地形・地質構造の栃尾地域の 2004 年 7 月の豪雨崩壊と 2004 年 10 月の地震による土砂災害のうち崩壊と分類されたものを前述の手法で計算した（図 2）。その結果を図 3 と 4 に示す。

栃尾地域での豪雨崩壊数と地形傾斜との関連を見ると，10-20 度くらいにピークがある（図 3）。一方，類似の地形・地質を有する山古志地域の地震崩壊数と地形傾斜との関係を見ると，より急な 20-30 度くらいにピークがある（図 4）。次に，地層傾斜と地震崩壊を山古志地域のデータで，検討した。地層傾斜データは小千谷地質図（図 5：柳沢ほか，1986）から走向傾斜の位置をポイントデータとして GIS に落とし，その傾斜度を読み取って属性テーブルに入力する。

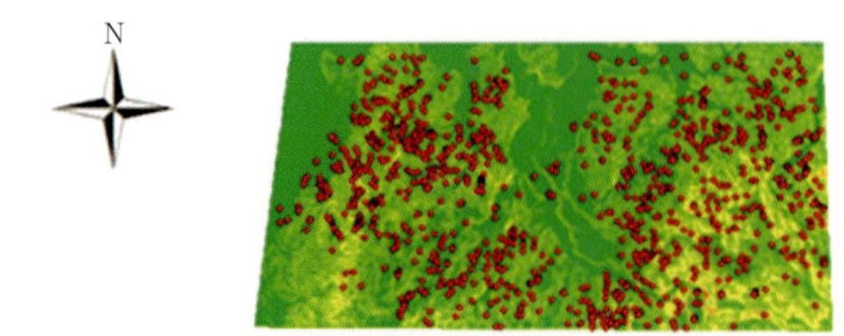

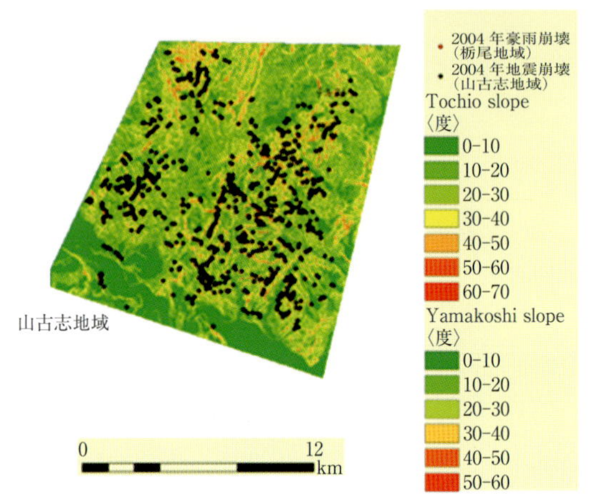

図 2　2004 年 7 月豪雨崩壊（栃尾地域）と同年 10 月地震崩壊（山古志地域）の分布と傾斜区分図

背景はいずれも斜面区分図。

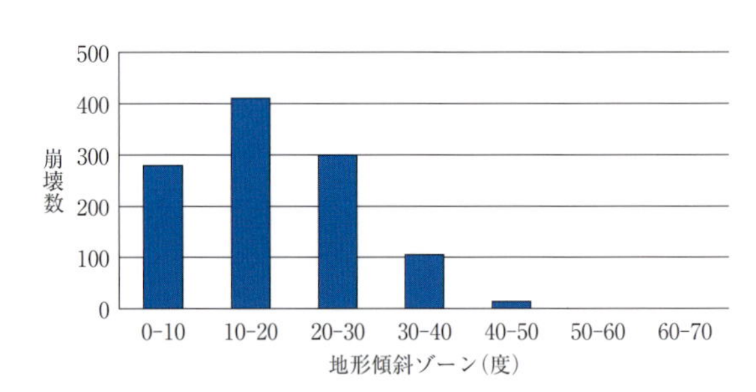

図 3　2004 年豪雨による崩壊数と地形傾斜との関係（栃尾）

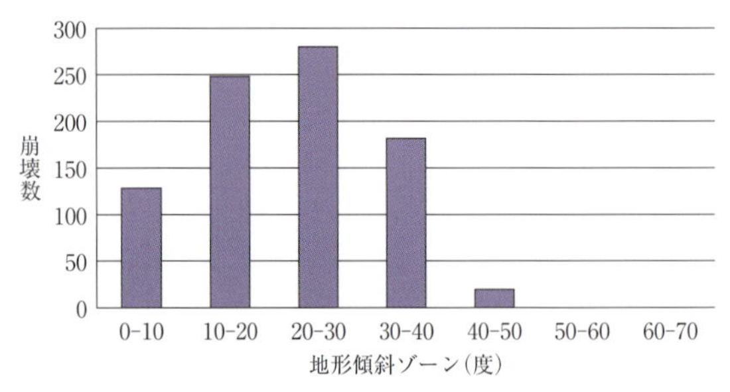

図 4　2004 年地震による崩壊数と地形傾斜との関係（山古志）

図5　5万分の1地質図「小千谷」と2004年崩壊分布

地形傾斜と同様に計算すると，地形傾斜と異なり，10-20度のゾーンにやや多くなり，地形の傾斜とは若干異なる(図6)。

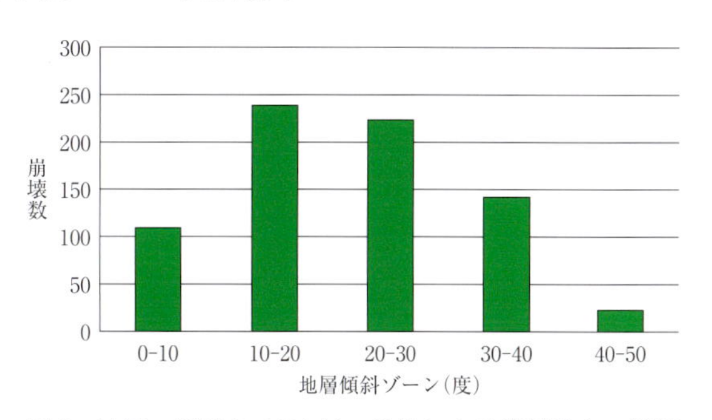

図6　地層の傾斜と2004年の地震による崩壊数との関連(山古志)

4　中越沖地震による崩壊の地形・地質の関係解析

2007年には柏崎地方を中心とする中越沖地震が発生して，とくに平野部では液状化などの被害が発生し，15名が犠牲となった。この地震は7月16日10時13分に，新潟県中越沖を震源とし，地震の規模はM6.8であった。震源近くでは震度5弱を観測した。この地震では，平野部では液状化災害，山地部では地すべりや崩壊などの斜面災害が発生した(図7)。

ここで，柏崎から出雲崎にかけての被害範囲でのGISデータでパスコ㈱から提供された“表層崩壊”とされたものをGISで解析すると，1)崩壊数と地形傾斜との関係では柏崎全体の計算結果は，図8のように10-20度の傾斜ゾーンにピークがある。

また，2)出雲崎丘陵(図9)の崩壊数と地層傾斜の関係のGIS解析では，5万分の1地質図「出雲崎」(小林ほか，1993)と「柏崎」(竹内ほか，1996)の地質図から走向傾斜のうち傾斜の数値を読み取り，以下は前述のとおりに実施した。その結果は図10のようになった。この場合は，20-30度と40-50度にピークが見られたが，表層崩壊は表層の土壌や軟弱

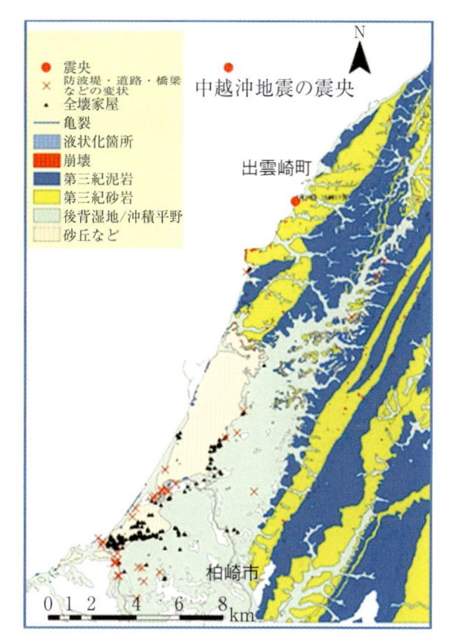

図7　2007年の中越沖地震被害と地質図(表見返し位置図3.2b)

被害データはパスコ㈱による。山岸(2008)から引用。

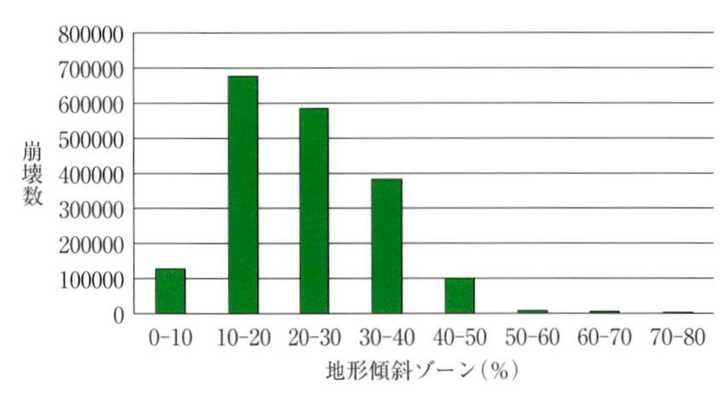

図8　中越沖地震影響範囲全体(柏崎)の崩壊数と地形傾斜との関係(2007年)

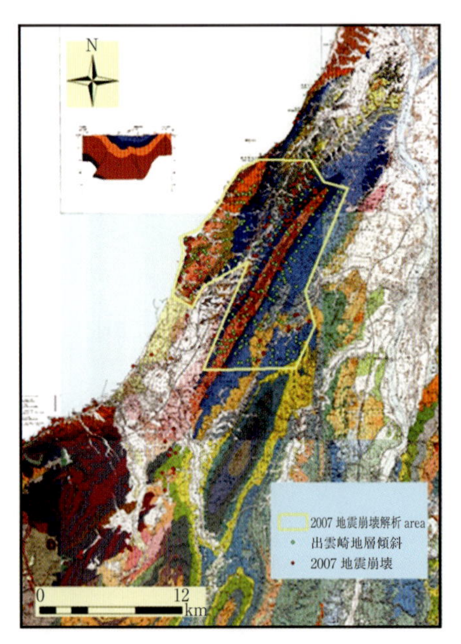

図9　5万分の1「出雲崎」地質図と2007年地震崩壊解析範囲(黄色のワク内)

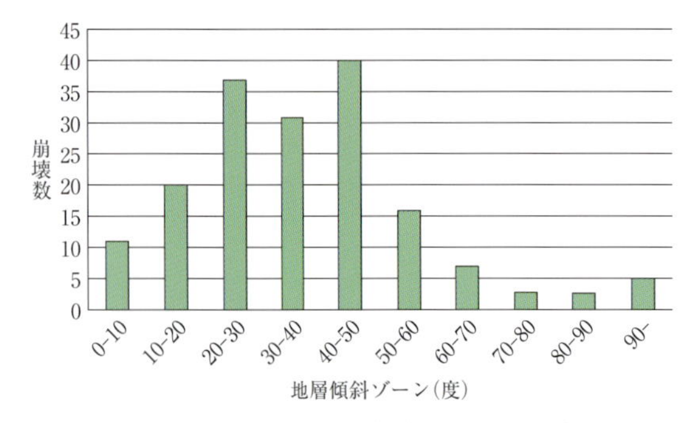

図10　図9の範囲で発生した崩壊数と地層傾斜との関係(出雲崎)

な風化土層がその上の植生とともに崩壊するので，岩盤の地層の傾斜とはあまり関係がないと考えられる。

5　考察と結論

新潟県中越地域では，2004年と2007年に豪雨と地震が立て続けに発生した。これらの地震や崩壊については，すでに岩橋ほか(2007)，山岸ほか(2008；2015)で，同様なGIS解析を実施して，議論している。本章では，2004年の崩壊地と地震の双方の影響を受けた新潟県旧山古志村と栃尾市のごく近接する地域での地震と豪雨による崩壊を検討すると，地震による崩壊は豪雨によるものより，10度くらい急な傾斜で発生していた。また，地質図の地層傾斜と崩壊数の関連を見ると，10-20度くらいの緩い地層傾斜の部分で発生していた。さらに，中越沖地震については，2004年の豪雨崩壊(山岸ほか，2015)や前述の地震崩壊と同様に緩い傾斜で発生し，地層傾斜との関連では20-50度と幅広い範囲で発生していた。いずれの結果を見ても，地震と豪雨を比べると，当然のことながら地震は豪雨より傾斜の急な箇所で発生し，地質条件(たとえば地層傾斜)とはあまり関係はなさそうである。

文　献

1) 岩橋純子・山岸宏光・神谷泉・佐藤浩(2007)：2004年7月新潟豪雨と10月新潟県中越地震による斜面崩壊の判別分析．日本地すべり学会誌，45：1-12.
2) 小林巖雄・立石雅昭・植村武(1993)：出雲崎地域の地質．地域地質研究報告(5万分の1地質図幅)，地質調査所，91 p．産総研地質図類データダウンロード https://gbank.gsj.jp/datastore/download.php
3) 竹内圭史・吉村尚久・加藤碵一(1996)：柿崎地域の地質．地域地質研究報告(5万分の1地質図幅)，地質調査所，48 p．地質図類データダウンロード https://gbank.gsj.jp/datastore/download.php
4) 山岸宏光(2008)：環境地質学—新潟大学の9年間の研究と教育．綴喜社，112 p.
5) 山岸宏光・斉藤正弥・岩橋純子(2008)：新潟県出雲崎地域における豪雨による斜面崩壊の特徴—GISによる2004年7月豪雨崩壊と過去の崩壊の比較．日本地すべり学会誌，45：57-63.
6) 山岸宏光・土志田正二・畑本雅彦(2015)：最近の豪雨崩壊および既往の地すべりにおける地形・地質要因のGIS解析．日本地すべり学会誌，52：12-22.

7）柳沢幸夫・小林巖雄・竹内圭史・立石雅昭・茅原一也・加藤碩一（1986）：小千谷地域の地質．地域地質研究報告（5万分の1地質図幅），地質調査所，177 p.

産業技術総合研究所地質調査総合センター地質図類データダウンロード https://gbank.gsj.jp/datastore/download.php

第3章　豪雨シミュレーションによる集中豪雨表層崩壊の解析—2003年北海道日高と2004年新潟を例に—

Chapter 3　Analyses of the heavy rainfall-induced shallow landslides by a simulation model—Examples from 2003 Hidaka, Hokkaido, and 2004 Niigata, Japan

山崎　文明・山岸　宏光・澤田　雅代
Fumiaki Yamazaki, Hiromitsu Yamagishi and Masayo Sawada

1　はじめに

斜面防災上の重要なテーマとして，気象現象にともなう斜面崩壊の予知および予測の解明がある。

2003年8月台風10号北海道豪雨，2004年7月新潟・福島，福井豪雨の自然災害は，Meso－β規模の集中豪雨がトリガーとなって膨大な箇所の斜面崩壊を発生させた。

本章では，実流域として2003年豪雨では沙流川・厚別川，2004年豪雨では刈谷田川の2地域3流域を対象として，山地崩壊の発生分布に一定の偏在性がある事象を明らかにし，その要因または原因が一豪雨期間における卓越風との高い相関性があることを豪雨シミュレーションによって検証したものである。

現在，斜面崩壊の予知および予測に関する研究は，ITのGIS管理解析機能などによって，素因および誘因についてのさまざまな地理空間情報の把握によって，流域の三次元数値モデル上で崩壊発生危険度とその発生箇所の予測の研究が進められている。具体的には，斜面安定に関わる地形，地質，水位，断層などのGISデータと三次元数値地形モデル上の斜面安定解析を自動化し広域に危険度評価をする方法，または，数量化理論を用いた降雨による斜面崩壊の要因分析と素因に関する多変量解析やファジィ理論などの最適化手法を用いた崩壊・未崩壊の判別などがある。さらには，メソ気象現象監視のウインドプロファイラやドップラーレーダーの領域データを用いた数値シミュレーションによる研究とともに，地形と風向による降雨分布の推定や山岳域における降雨分布の地形依存性の研究などがある。一方，近年多発する局地的な集中豪雨による斜面災害の傾向は地域的に拡散することなく特定地域に多発するなどのケースが多々見られる。すなわち，一雨規模の豪雨では，そのときの風向風速や短時間の雨量強度など気象条件，さらには斜面地形の傾斜度とその方向などの地形特性が直接的に影響するものと想定される。ここでMeso－β規模のMesoとはギリシャ語の接頭語で大中小のマクロ，メソ，ミクロのメソであり，Mesoは水平および時間スケールで細分され－βは20-100 kmで1時間～1日規模を表す。

メソ規模の気象はごく一部に突発的な災害に結びつく小スケールの激しい擾乱部分を持つ特性を有する。

本章は，頻発するゲリラ的気象現象の豪雨と強い風と風向に着目し，降雨シミュレーションに基づき流域規模の土砂災害発生の特性をGIS上で定量的に示したものである。本章では，2003年8月北海道日高地方豪雨による崩壊と2004年7月新潟県出雲崎地方豪雨による崩壊を取り上げる。

2　各流域の降雨状況

2.1　2003年8月北海道日高地方豪雨の概要

北海道では，2003年8月太平洋を北上してきた台風第10号(Etau)は北海道の中央南西部の日高地方に接近・上陸し，標高2,000 m級の山々が南北に連なる日高山脈の手前側で急速に発達。その一帯の沙流川流域および厚別川流域に対して暴風雨から時間降雨75 mm(旭雨量観測所)を超えた豪雨へと変化し，流域平均で324 mmもの記録的な集中豪雨をもたらした。その結果，約2万か所以上の斜面災害が発生し，膨大な量の土砂や流木などが流出し，下流に甚大な被害をもたらした(山岸ほか，2016：

図1　位置図

図1）。

2.2　2004 新潟・福島・福井豪雨の概要

新潟県では，2004 年 7 月本州付近を東西に横切って停滞していた梅雨前線が 13 日朝から昼頃にかけて中越地方から福島県会津地方において急速に活発化して，中越地方の信濃川水系五十嵐川，刈谷田川など外 2 河川の流域（図 1）に対して，ピーク日降水量 421 mm もの記録的豪雨をもたらした。さらにその後，前線は南下して北陸地方で再び活発化し，福井県から岐阜県の山間部においても時間雨量 96 mm の豪雨をもたらした。その結果，新潟豪雨では洪水による広域の被害に加え斜面崩壊などによる土砂災害が多数発生した。アジア航測㈱の写真判読によると 3,600 か所が確認され，そのうち刈谷田川流域では 1,200 か所に及んだ（山岸ほか，2008；2016）。

3　豪雨シミュレーション空間モデルの構築

3.1　風向を考慮した豪雨シミュレーション

本章で用いた豪雨シミュレーションモデルの落下雨滴は，流線上の 1 点（x，y，z）から微少時間（δt）を経過した場合の落下空間座標位置と変化量（図 2）を流体力学のナビエ・ストークス（Navier-Stokes）の運動方程式に基づいている。

ナビエ・ストークスの基本方程式

運動量　$$\frac{DV}{Dt}=\nu\Delta\boldsymbol{\upsilon}-\frac{1}{p}\mathrm{grad}P+F\cdots(1)$$

質量（非圧縮）　$$\nabla\cdot u=\frac{\partial ux}{\partial x}+\frac{\partial uy}{\partial y}+\frac{\partial uz}{\partial z}\cdots(2)$$

ここに u は速度，t は単位時間，ρ は密度，p は圧力を表す。

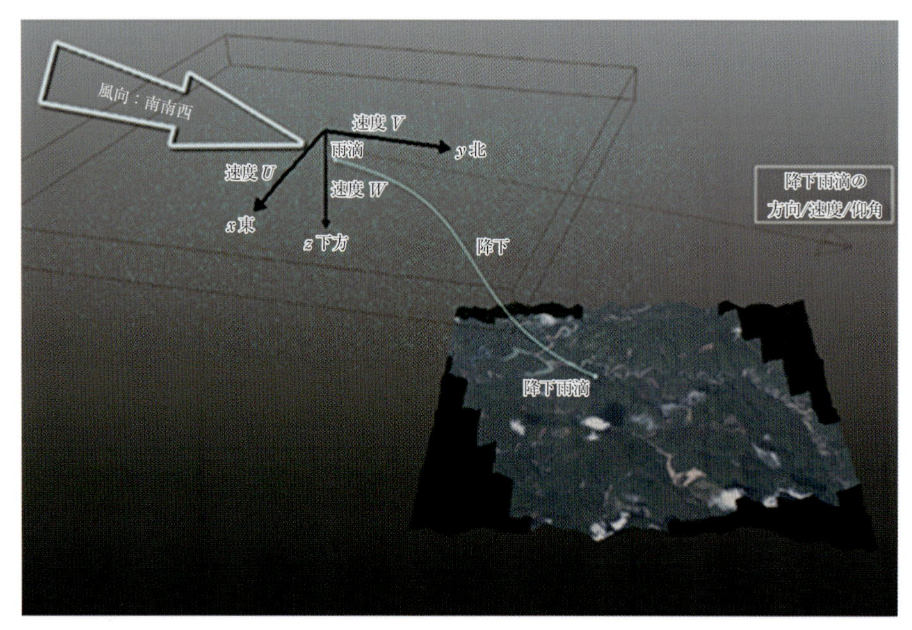

図2　三次元シミュレーションモデル

第1式はニュートンの運動量保存則に基づいた運動方程式 $F=ma$ の「力 F＝質量 $m\times$ 加速度 a」を「$a=F/m$」(加速度＝力÷質量)と変形し，降下の三次元ベクトル場に対してヘルムホルツの定理によりスカラー場 φ の勾配 $\Delta\varphi=\mathrm{grad}\varphi$ とベクトル場 A の回転 $\Delta\times A$ に分解表示したものである。その変形過程は，ニュートンの運動方程式をテーラー展開し，完全流体のオイラーの運動方程式に導き，それを基本式として各種の抵抗を考慮した非圧縮流体としてナビエ・ストークスの運動方程式に最終的に導いたものが第1式である。その詳細を次項に展開した。

その左辺の $D''v''/Dt$ は加速度で，右辺の第一項は移流項，第二項は圧力項，第三項は外力項である。移流とは雨滴の降下流線上の動きで，圧力は雨滴の非圧縮性条件を満たすように働く力，外力は雨滴に作用する風や重力などの外界からの干渉する力である。

外力として水滴には，鉛直下向きに重力(g)と上向きに空気の粘性による抵抗力(Re)が作用する。雨滴が直径0.2 mm以下のときの抵抗力は水滴の速度(v)に比例するが，1.4 mm以上に大きくなると雨滴の速度の2乗に比例して増大する。そのため4 mm以上になると水滴が歪んで球形でなくなり，9 mmを超えると分裂する。このように水滴の大きさによって挙動が異なるため，運動方程式もさらに複雑になる。

第2式は，ナビエ・ストークス方程式の非圧縮性条件を表している。シミュレーションの単位となる各単位立方体に「入ってくる流体」と「出ていく流体」のトータルは「ゼロになる」という条件を与えて，第1式と連立させて方程式を解き，圧力 p と速度 u を求める。これは各ボクセル単位で質量保存則が維持され，流体が圧縮されないという条件設定に相当する。

流体物理シミュレーション計算はすべてのボクセル単位で行う。対象領域を図3のように適当な解像度で仮想的に三次元に区切った空間領域に展開する。

その細かく適当な解像度で区切られた単位立方体をグリッドセル，またはボクセル(voxel)と呼ぶ。

4　雨滴落下運動理論

雨滴が地上まで落下する三次元軌跡を3次元の変数場であるナビエ・ストークス方程式で代表させ，

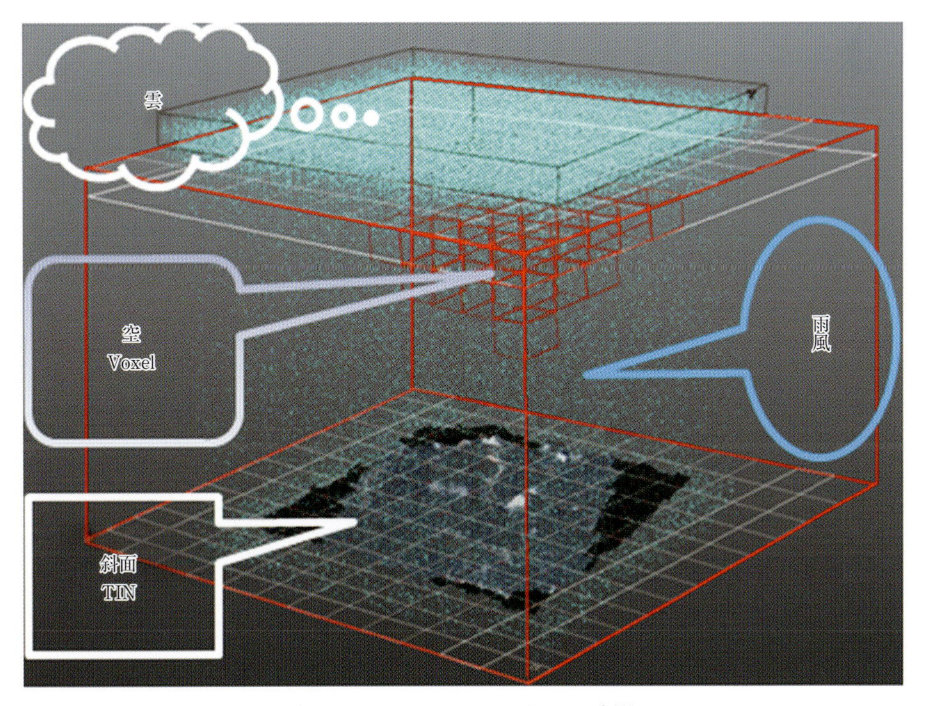

図3　降雨シミュレーションのボクセル空間モデル

ある1点から少し離れたところの運動位置を真値に近づけるためにテイラー展開により演算する。

落下中における微少水滴の速度成分は，場所と時間の関数，

$$u=u(x,\ y,\ z,\ t)$$
$$v=v(x,\ y,\ z,\ t)$$
$$w=w(x,\ y,\ z,\ t) \cdots\cdots\cdots\cdots (1)$$

で代表される。

δt 時間経過後の移動距離は，

$$\delta x=u(x,\ y,\ z,\ t)\delta t$$
$$\delta y=v(x,\ y,\ z,\ t)\delta t$$
$$\delta z=w(x,\ y,\ z,\ t)\delta t \cdots\cdots\cdots\cdots (2)$$

座標は，

$$x+\delta x \qquad y+\delta y \qquad z+\delta z \cdots\cdots\cdots\cdots\cdots\cdots (3)$$

(3)を(1)に代入すると，

$$u=u(x+\delta x,\ y+\delta y,\ z+\delta z,\ t+\delta t)$$
$$v=v(x+\delta x,\ y+\delta y,\ z+\delta z,\ t+\delta t)$$
$$w=w(x+\delta x,\ y+\delta y,\ z+\delta z,\ t+\delta t) \cdots (4)$$

微少時間経過後の速度の変化量を δu として，(4)を以下のように書き換える。

$$u(x,\ y,\ z,\ t)+\delta u$$
$$v(x,\ y,\ z,\ t)+\delta v$$
$$w(x,\ y,\ z,\ t)+\delta w \cdots\cdots\cdots\cdots (5)$$

この(5)式を各々テイラー展開し，影響が小さい高次項を無視し，(2)を代入する。

$$u(x,\ y,\ z,\ t)+\delta u=u(x,\ y,\ z,\ t)$$
$$+(\partial u/\partial xu\delta t+\ \partial u/\partial yv\delta t+\partial u/\partial zw\delta t+\ \partial u/\partial t\delta t)$$
$$v(x,\ y,\ z,\ t)+\delta u=v(x,\ y,\ z,\ t)$$
$$+(\partial v/\partial xu\delta t+\ \partial v/\partial yv\delta t+\partial u/\partial zw\delta t+\partial v/\partial t\delta t)$$
$$w(x,\ y,\ z,\ t)+\delta w=w(x,\ y,\ z,\ t)$$
$$+(\partial w/\partial xu\delta t+\partial w/\partial yv\delta t+\partial w/\partial zw\delta t+\partial w/\partial t\delta t)$$
$$\cdots\cdots\cdots\cdots\cdots\cdots\cdots\cdots\cdots\cdots\cdots\cdots\cdots\cdots\cdots (6)$$

$\lim \delta t \to 0$，$(\delta u/\delta t)$ として(6)を整理すると，

$$du/dt=(\partial u/\partial x)u+(\partial u/\partial y)v+(\partial u/\partial z)w$$
$$dv/dt=(\partial v/\partial x)u+(\partial v/\partial y)v+(\partial v/\partial z)w$$
$$dv/dt=(\partial w/\partial x)u+(\partial w/\partial y)v+(\partial w/\partial z)w \cdots (7)$$

上式(7)の左辺は時間加速度，右辺は「δt 時間経過後の移動時」の速度の変化率(場所的加速度)として求めることができる。

次に，3次元空間の圧力変化を求める上で，落下中の雨滴を微少な立方体と考える。

図2に示す立方体の質量は，$\rho\delta x\delta y\delta z$ である。各面に加わる単位重量あたりの力を

$F=\begin{pmatrix} Fx \\ Fy \\ Fz \end{pmatrix}$ とすると，

$$質量力=F\rho\delta x\delta y\delta z=\begin{pmatrix} Fx \\ Fy \\ Fz \end{pmatrix}\rho\delta x\delta y\delta z \cdots (8)$$

となる。

微少流体の中心を $(x,\ y,\ z)$ とすると，雨滴の微小な立方体に作用する圧力は

$$-(\partial P/\partial x)\delta x\delta y\delta z \cdots\cdots\cdots\cdots\cdots\cdots\cdots\cdots (9)$$
$$-(\partial P/\partial y)\delta x\delta y\delta z \cdots\cdots\cdots\cdots\cdots\cdots\cdots\cdots (10)$$
$$-(\partial P/\partial z)\delta x\delta y\delta z \cdots\cdots\cdots\cdots\cdots\cdots\cdots\cdots (11)$$

上式(9)～(11)をニュートンの第2法則に代入し，質量で除し，微分演算子 $D/Dt(=(\partial/\partial)xu+(\partial/\partial y)v+(\partial/\partial z)w+\partial/\partial t)$ を用いて書き換える。

$$Du/Dt=Fx-1/\rho(\partial p/\partial x)$$
$$Dv/Dt=Fy-1/\rho(\partial p/\partial y)$$
$$Dw/Dt=Fz-1/\rho(\partial p/\partial z)$$

$\mathrm{grad}=\begin{pmatrix} \frac{\partial}{\partial x} \\ \frac{\partial}{\partial y} \\ \frac{\partial}{\partial z} \end{pmatrix}$，ラプラシアン Δ で表示すると，

$$Du/Dt=F-1/\rho(\mathrm{grad}p)+1/3(\nu\mathrm{grad}\theta)+\nu\Delta\nu$$
$$\Delta=\nabla 2=\partial 2/\partial x2+\partial 2/\partial y2+\partial 2/\partial z2$$
$$\nabla=\partial/\partial x+\partial/\partial y+\partial/\partial z$$

雨滴は水で非圧縮流体である。したがって体積歪 $\theta=0$ として雨滴流下過程を予測するナビエ・ストークス運動方程式は，以下となる。

$$Du/Dt=F-1/\rho(\mathrm{grad}p)+\nu\Delta\nu \cdots\cdots\cdots (12)$$
$$\Delta=\nabla 2=\partial 2/\partial x2+\partial 2/\partial y2+\partial 2/\partial z2$$
$$\nabla=\partial/\partial x+\partial/\partial y+\partial/\partial z \cdots\cdots\cdots\cdots\cdots\cdots\cdots (13)$$

5　気象現象の可視化

本論では，流域の崩壊が頻発した一部 100 km^2 の範囲をその上空 2,000 m から雨を降らせ検証した(図2，3)。

降らせる領域は図3に示すように 20×20 km を 10 m ピッチの単位立方体に広くモデル化した。山地における風および大気の影響を考慮した降雨現象の可視化は，3D テクスチャ上で行い，その 3D テクスチャシーンが 3D のボクセル空間上でどのように変化するかをボクセルと同一配列のメモリー領域

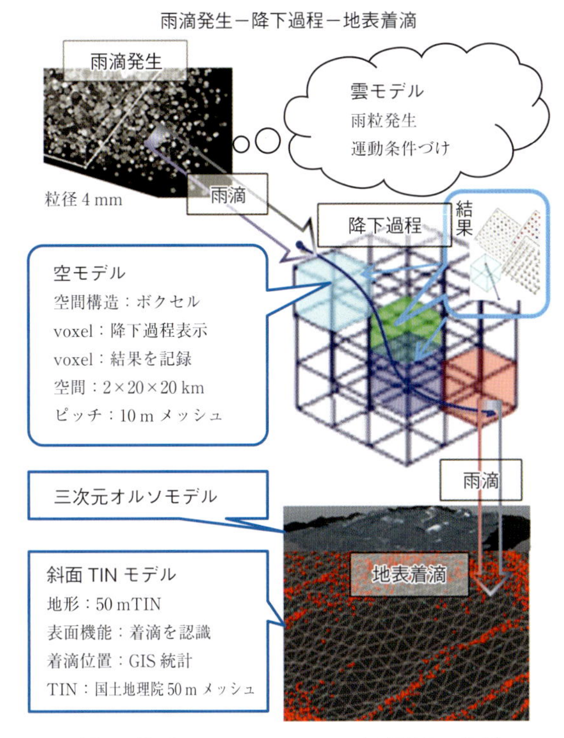

図4　降雨シミュレーションの各種機能の詳細

にジオメトリーとして先行処理して記録する。次に雨滴ジオメトリーの全生成を GPU の超マルチコアの並列処理能力と格段に高度化したジオメトリシェーダを用して可視化を行った(図 4)。

5.1　衝突雨滴の認識機能

地表面に落下した雨粒の衝突回数と位置の認識は，衝突の Event とその Position を認識する機能を連動させ，斜面地形の TIN ポリゴン上に三次元座標値で記録し赤色点で自動表示した(図 4)。全データは，GIS として処理するために全 TIN のナンバーを ID としてその下に記録した。

5.2　降雨シミュレーション解析

(1)　計算領域と計算条件

計算領域は，崩壊が多発し，時間雨量強度 46 mm を記録した沙流川流域の上流域 10 km×10 km である。その領域の最高標高は 1,305 m，最低標高は 245 m である(図 5。22 時の白枠の範囲)。

3D 地形モデルは，国土数値情報 50 m_DEM で作成した。風上側・風下側斜面の平均斜度は，15.9 度および 18.3 度で，風上側斜面勾配が，多少緩やかな地形を示している。崩壊発生分布は，風上側斜面に多発し，風下側は明らかに少ない現状を示している。

気象条件の初期値・境界値は，気象庁メソスケールモデル(MSM)による客観解析(GPV)のメソ客観解析値を使用した。計算は 2003 年 8 月 9 日 22 時の雨量強度 46 mm に相当する 8 月 9 日 21 時のメソ客観解析値を使用した。流域上空 2,970 m (700 hpa) 以上の大気の湿潤は 9 日 21 時から 10 日 3 時にかけて大きく変化しており(図 6)，その変化時に最大雨量 46 mm を記録した。

雨滴の落下高度は，10 日 3 時の気象庁データのメソ客観値による鉛直断面図(図 6)に基づき気温がマイナスからプラスに変化し，その結果雨粒に成長する上空の境界を 2.0 km (810 hpa) と設定した。

(2)　風向風速

計算領域の風況データは，地上部は観測所日高と仁世宇の 2 か所のデータを用い，その上空 10,000 m まではメソ客観解析値を用いた。標高 2,000 m の湿度 100% に達する上空の風向は西南西風速 13 m/s，標高 1,350 m の山頂の風向は，西南西風速 13 m/s，中腹の 900 m 付近の風速は西南西風速 11 m/s，その下 700 m 付近の風向は南西風速 9 m/s を示し，崩壊発生の標高 450 m 付近では，同じく西南西風速 7 m/s を記録していた。以上のデータからシミュレーション領域の風向風速は，2,000 m 上空から地上 450 m に対してほぼ一定方向の西南西の風が 13 m/s から 7 m/s と減衰しながら吹き下ろしていた状態にあり，その過程の大気層において大きな擾乱はなかったものと判断される。

一方，2 か所の地上観測所は，発生個所から 200-300 m 低く標高 280 m と 150 m の川沿いに位置しているため，風向が北から西南西に，北東へと変化している。理由は，2 地点の両側が山に挟まれた位置にあるため風速の低下とともに下流から上流に向かう海風などの吹き込など接地境界層での種々の要因が影響したものと想定される。

(3)　雨粒径と発生量

降下時の雨粒径は，マイクロレインレーダーなどによる観測値がないため，ピーク時の時間雨量強度 46 mm と客観データの山地地表 500 m の鉛直速度成分 700 cm/sec を着滴時の終端速度と見立てそれ

表1　モデル初期データ

	気象項目	観測データ
観測値	風向	気象庁メソ客観解析地
	風速	8月9日21時
	上空風速の減衰	気象庁メソ客観解析地
	湿度　気温	気象庁メソ客観解析地
	雨量	アメダス値を分布化
地形	地形データ	国土数値情報　50 m メッシュ

らを算出根拠とした。

降下雨滴は，終端速度 700 cm/sec から直径 1 mm 以上と判断できる。そのため雨滴には速度の 2 乗に比例する空気抵抗が作用する Newton の運動方程式から雨滴半径 r と終端速度 v の関係を $r=v2/(4.625)104$ と導き，直径を 2 mm とした。雨粒数は時間 64 mm 降雨の m^2 あたり体積から逆算した。

6　2003，2004 年豪雨による斜面災害の特徴

6.1　気象特性と崩壊分布の相関

豪雨中心の気象場の雨量強度と風向，風速，移動に着目し，かつ，流域の山地地形を大きな沢単位で斜面分割すなわちユニット化と方向づけを行い，崩壊位置を 8 方角に分類した（図 7，8）。

6.2　日高地方沙流川流域の 2003 崩壊地判読

流域 1,350 km^2 の沙流川の崩壊地計測には，地上分解能 8 m の SPOT-5 衛星のパンシャープン画像を用いた。画像は国土地理院の数値標高データ（50 m）を用いてオルソ化を行った。崩壊地は，オルソ画像上の畑や道路・のり面などの人口裸地を排除し

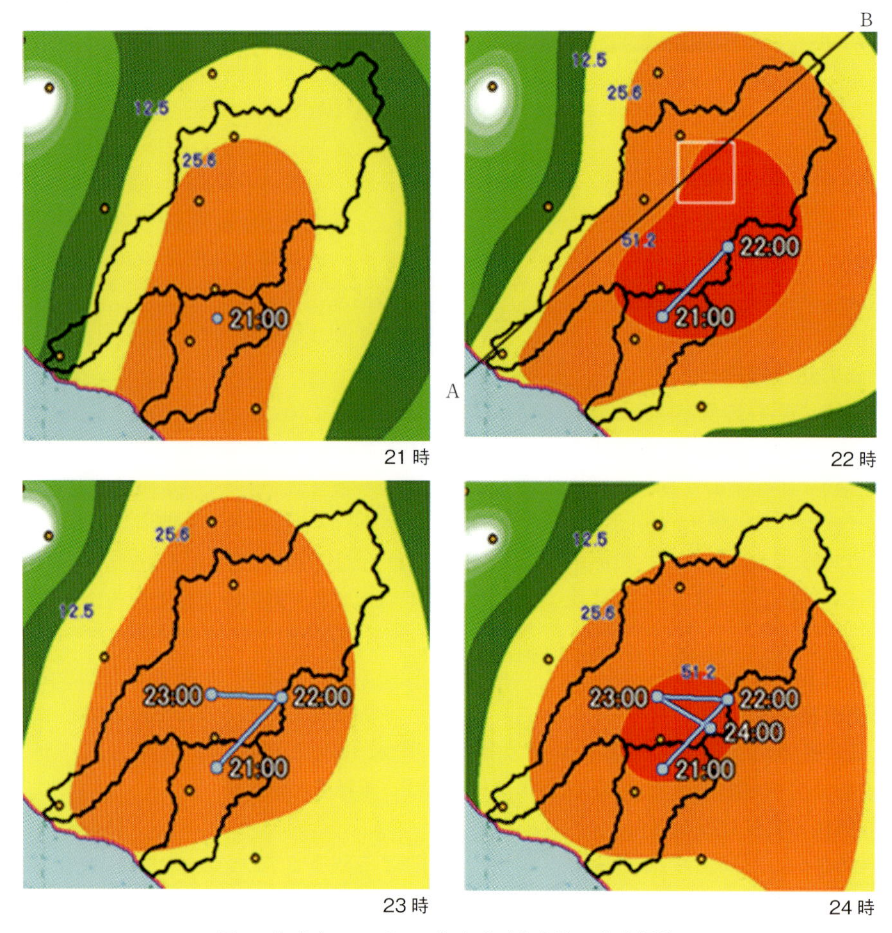

図5　気象庁アメダスの集中豪雨中心域の移動経路

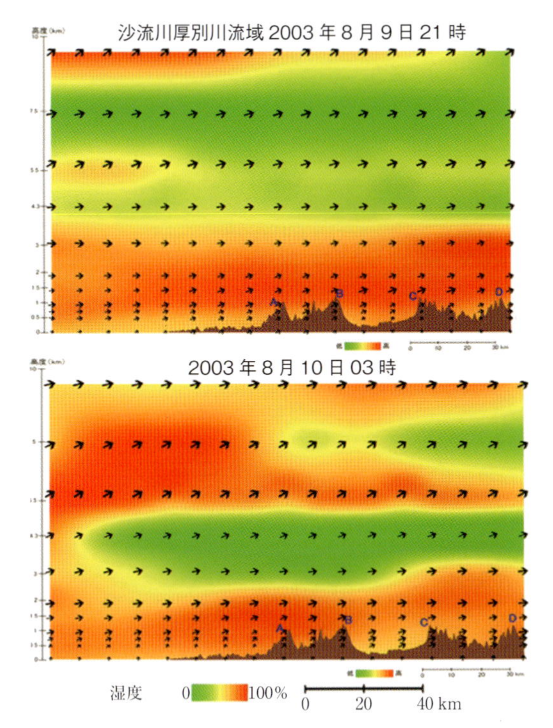

図6　気象庁メソ客観解析データによる上空の湿度分布

た後，カラーフィルタリング処理を行って崩壊地を自動抽出し，デジタル航空写真測量システムによるマッピングにより，形状と位置計測，GIS データ化を行った。また，その抽出崩壊地を，流域の8方角のダイヤグラム図上に重ね合わせ，崩壊地の方向などの集計結果をダイヤグラム化した(図9，10)。

6.3　日高地方厚別川流域の 2003 崩壊地判読

洪水直後の航空写真(撮影縮尺1万分の1)からメッシュ標高計測を行い，地上分解能 21 cm の高精度な航空写真オルソ画像を作成した。崩壊地の抽出と集計は沙流川流域と同様の方式で行った。

6.4　中越地方信濃川水系刈谷田川流域の 2004 崩壊地判読

筆者の一人である山岸らは，出雲崎から栃尾地域にかけて集中的に発生した 3,600 か所の表層崩壊や崩壊などについて調査を行っている(山岸ほか，2008)。本節では，その結果を踏まえ 2004 年豪雨の発生中心である栃尾地区の刈谷田川流域 239.8 km^2 に発生した崩壊について，発生方向と風向・雨量の関連から再分析を行った。

6.5　3 流域の分析結果とその特徴

沙流川 1,350 km^2，厚別川 290 km^2，刈谷田川 240 km^2 の流域斜面方向と面積，崩壊斜面方向と箇所数および面積の計測結果を表2に示す。

流域全体の箇所数，面積，方向の分布状況は，それぞれ図9，10の8方角のダイヤグラムに集計した。

その結果，ダイヤグラムを通して崩壊箇所・面積の明らかな偏りが3流域に共通して見られた。こうした現象は，発生する斜面崩壊位置に何らかの要因による指向性があるものと考えられた。その逆方向には崩壊発生が極端に低下する現象が示されている。具体的には図7の沙流川流域では，全体で 16,226 か所の約 17%にあたる 2,769 か所が西側に集中しており，その反対の北東側では，約 7.9%の 1,285 か所に留まっている。北東の東西近傍の北側および東側を合計しても 4,569 か所で全体の約 28%にあるのに対して，卓越方向の両近傍を合計した崩壊箇所は，7,715 か所で全体約半分の約 47%強にある。

同様に厚別川流域では，全体で 4,392 か所の約

表2　流域の斜面および崩壊地分布図

	方　位	北	北東	東	南東	南	南西	西	北西	合計
沙流川流域	崩壊地面積(km^2)	1.12	0.84	0.99	1.14	1.45	1.74	1.93	1.69	10.91
	崩壊地箇所(個数)	1,711	1,285	1,573	1,795	2,147	2,469	2,769	2,477	16,226
	斜面面積(km^2)	171.26	136.31	201.28	151.91	181.24	157.49	237.53	173.78	1,410.80
厚別川流域	崩壊地面積(km^2)	0.39	0.26	0.44	0.78	0.83	0.88	0.82	0.66	5.07
	崩壊地箇所(個数)	285	248	401	655	734	850	703	516	4,392
	斜面面積(km^2)	31.96	32.74	25.62	30.33	32.01	33.09	23.46	30.79	240.01
刈谷田川流域	崩壊地面積(km^2)	0.33	0.26	0.20	0.15	0.09	0.19	0.29	0.44	1.95
	崩壊地箇所(個数)	197	195	166	111	92	140	199	287	1,387
	斜面面積(km^2)	22.08	22.75	23.99	23.04	20.23	21.10	23.11	19.10	175.40

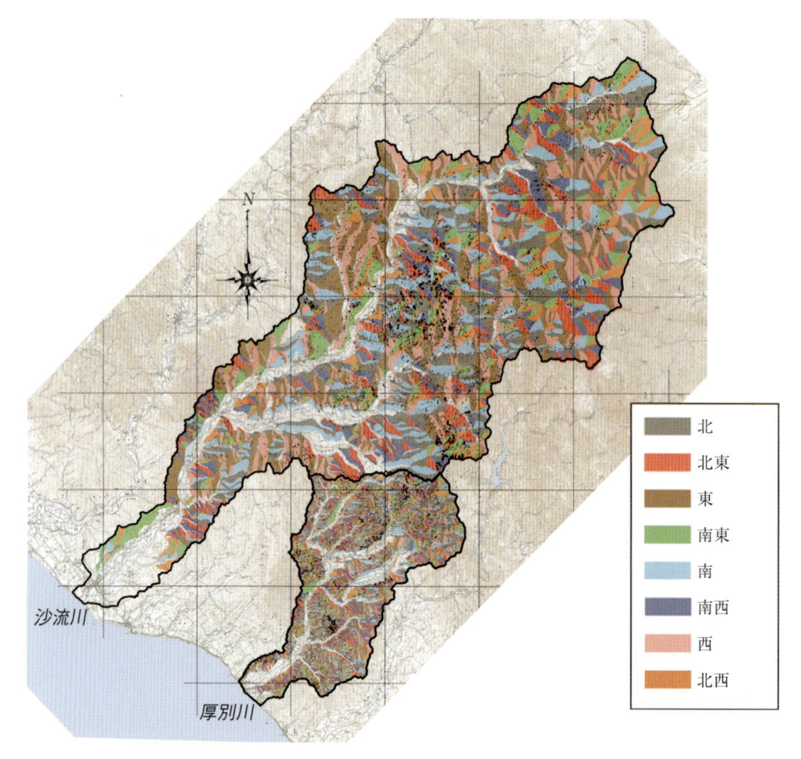

図7　沙流川流域，厚別川流域の崩壊地と斜面方向分割図（表見返し位置図3.3a）

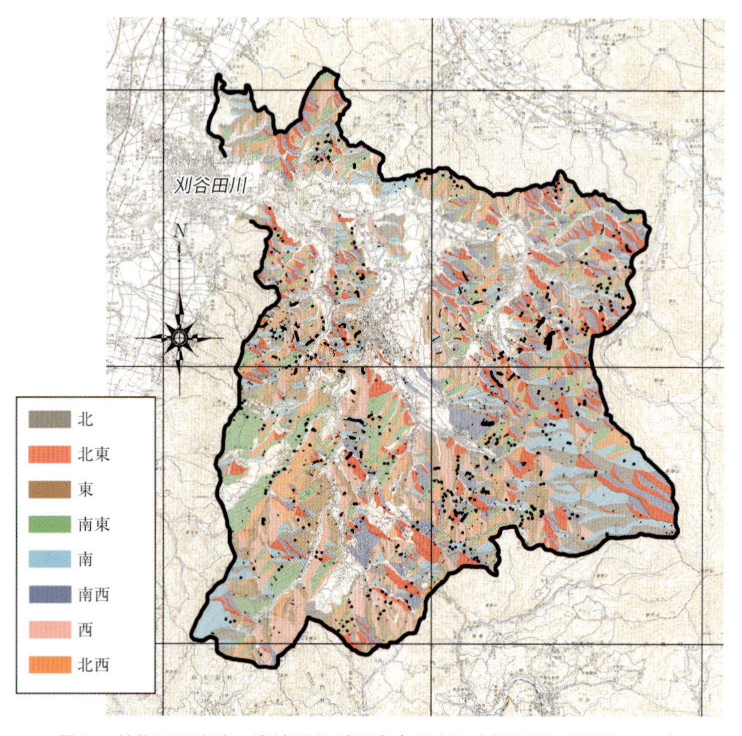

図8　刈谷田川流域の崩壊地と斜面方向分割図（表見返し位置図3.3b）

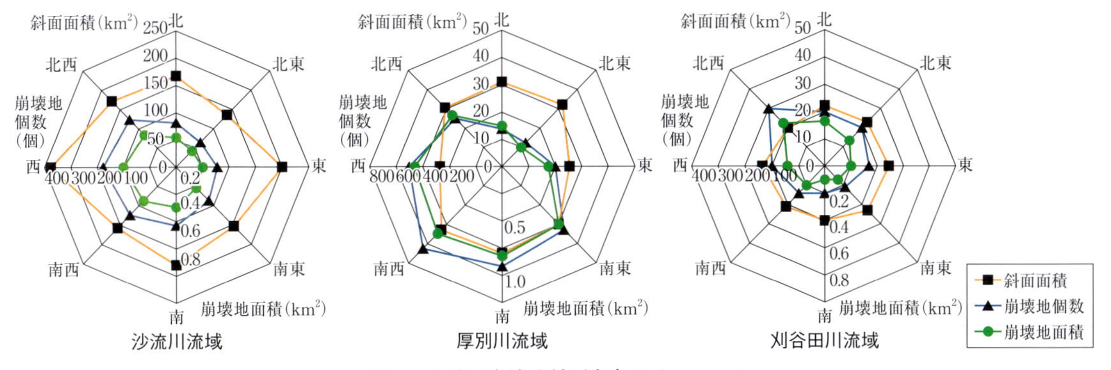

図9　流域別崩壊地斜面方向ダイヤグラム

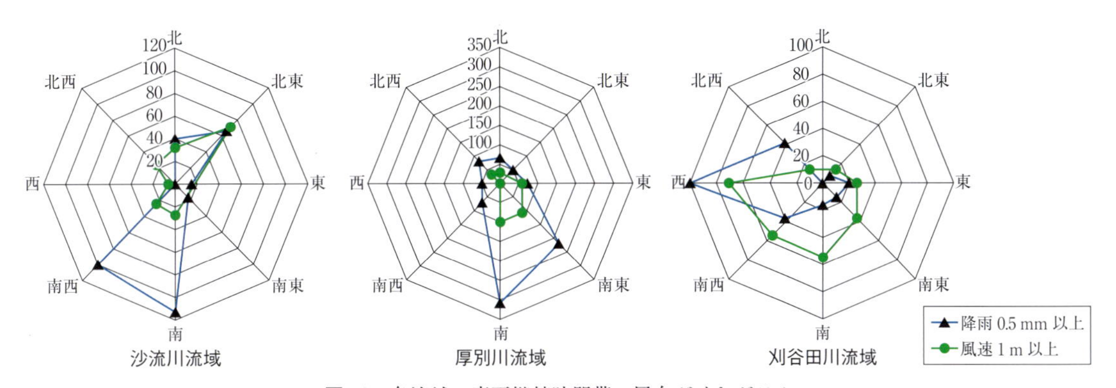

図10　各流域の豪雨継続時間帯の風向ダイヤグラム

19%にあたる850か所が南西に集中しており，その反対の北東側では，約5.6%の248か所に留まっている。北東の両近傍の北側および東側を合計しても934か所で全体の21.2%であるのに対して，卓越方向の両近傍を合計した崩壊箇所は，2,287か所で全体の約半分の52%強に達している。

一方，図8の刈谷田川流域では，全体で1,387か所の約21%にあたる287か所が北西に集中しており，その反対の南側では，約7%弱の92か所に留まっている。南東側の両近傍の南側および東側を合計しても369か所で全体の約27%であるのに対して，卓越方向の両近傍を合計した崩壊箇所は683か所で全体約半分の49%強にある。

つまりこれら流域においては，明らかに崩壊発生の偏在性が確認できた。しかもその反対側は，卓越量の1/2に減少する傾向が見られた。

6.6　3流域における崩壊の運動形態

3流域の崩壊の運動形態を地すべり，スライド，スランプの分類で再度航空写真を使用して実施した。運動形態を分析する基準は，座標位置，崩壊深さおよび縦横幅の平面形状，崩壊末端の変化状態を基準に判読した。その結果，3流域に共通した特性として地すべりは非常に少なく，それ以外のほとんどはスライドおよびスランプの表層崩壊タイプであった。

6.7　シミュレーションによる降雨―風―地形応答特性

崩壊発生箇所が方向的に遍在する主な要因として風の影響を考え，河川(沙流川)流域の100 km²(10 km×10 km，図11，図12)をモデルとして簡易的シミュレーションを実施した。

その過程と結果を可視化し，風上側，風下側の雨滴分布の衝突位置が地形上のどのような位置に集中するのかを座標分布として定量的に把握する方法を試みた(図13-15)。

雨滴は分水界の風上側と風下側では明らかにその分布密度に違いを示した(図14，15)。その分布を，分水界を分岐点として1 km×1 km 格子単位に集計すると(図16)，分水界直近の1 km 区間の比較では，約3倍の雨滴密度の相違が確認された。さらに，その外側の1 km 区間内では，1.5-2.0 倍にその密度比率は，減少する傾向にある。

つまり，風による影響を強く受ける豪雨によって標高 1,300 m 程度の山地地形においても，その風上側と風下側で雨滴分布の違いが明確に発生することが確認された。同じモデル領域の崩壊地分布は，雨滴密度分布の1 km 格子で比較すると図17に示すように，分水界を境とした西向きの風上側斜面と風下側斜面の直近においては約3-7倍の大きな違いが見られた。

以上から，メソスケールの気象現象の風は，降雨

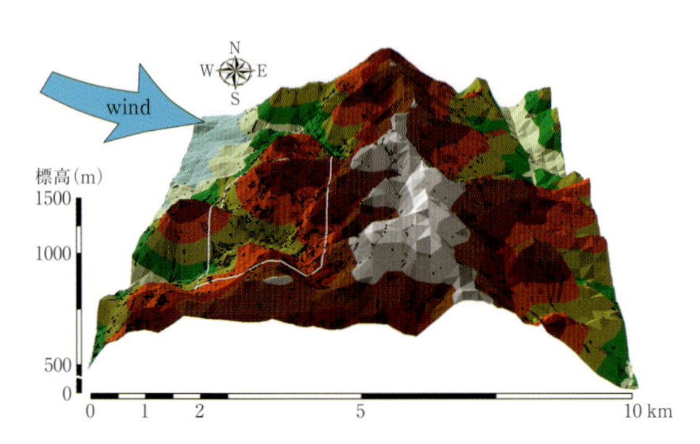

図11　沙流川流域のシミュレーション3Dモデル(50 m メッシュ)

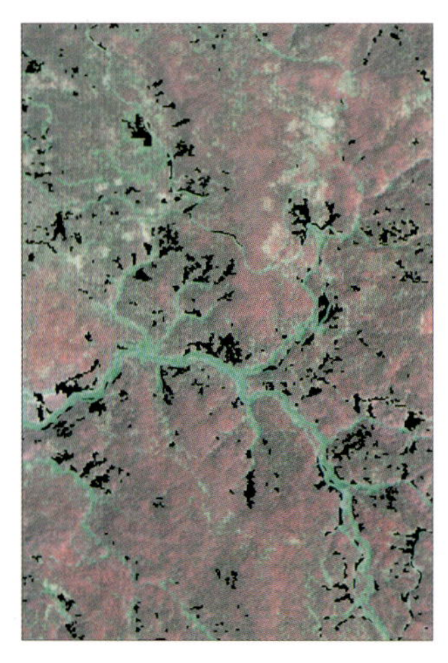

図12　3Dオルソ上の多発崩壊地分布(黒い部分)(図11の白枠の範囲)

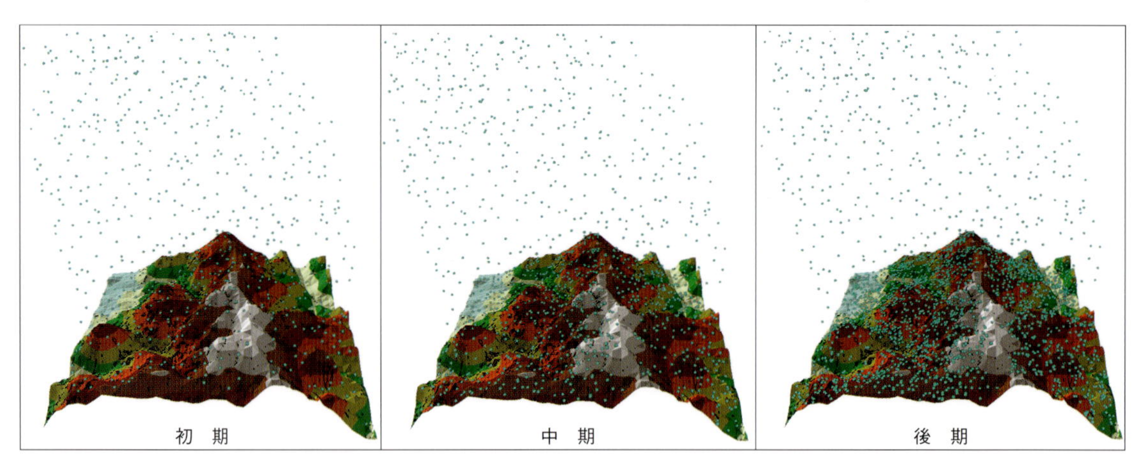

図13　豪雨シミュレーションにおける時系列な降下雨滴の密度

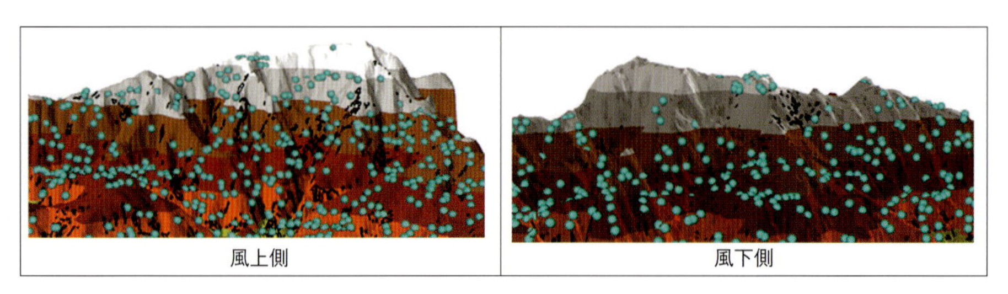

図14　風上・風下側の降下雨滴の密度比較

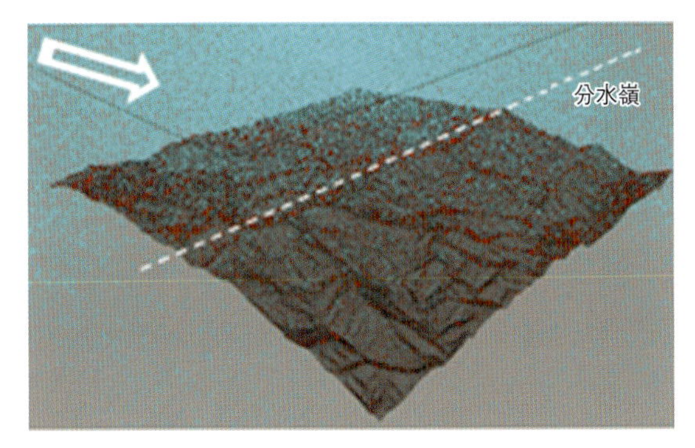

図15　動態可視化の降下雨滴―着滴分布(赤い部分)

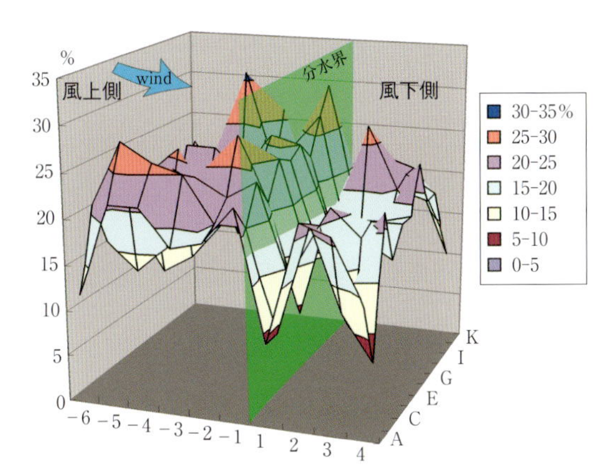

図16　km^{2}あたりの積算降雨分布

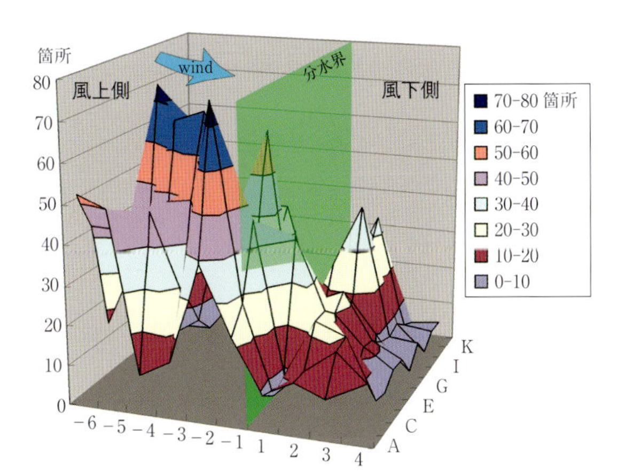

図17　km^{2}あたりの崩壊地発生分布

と山地地形と崩壊発生に強く関与しているものと判断された。したがって，今後は，風向風速をパラメータとした詳細な検討が必要と判断した。

一方，風上・風下における積算降雨量の比率に比べ崩壊発生箇所との格差が大きい特徴は，斜面上の地質や集水しやすい微地形構造が関係しているものと推定される。そのためメートル級メッシュの地形計測データを作成し，雨滴IDによる降雨衝突位置認識機能を活用して，それらの関係を明らかにする検討も有効であろう。

7　議論と結論

筆者らは，これらの豪雨によってもたらされた膨大な箇所の斜面崩壊を空中写真から詳細に判読した(北海道日高豪雨は㈱シン技術コンサルの分析(2003)，新潟豪雨崩壊はアジア航測㈱の判読図(2004)を使用した)。その結果，流域全体の斜面方向分布がほぼ均等にも関わらず，斜面崩壊が西，南西，北西方向に突出して発生し，その反対方角は極端に減少する事実を上記三流域に共通して見出した。

この偏在性について，一般的分析方法である数量化II類での分析法で検討したが，地形および地質因子では定量的相関において，明確にその因果関係を解明できなかった。

そこで，気象学の雨滴降下時に作用する重力風乱気流場の大気物理法則空間と地理学における三次元格子の地表空間とを一体としたモデルを構築し，その統合した空間において豪雨シミュレーションを行い，複雑地形の流域斜面における降雨分布は風向風速に大きく影響され，偏在する現象を再現した。

さらに，今回の気象現象においては山地斜面に衝突する雨滴は，地上風向よりも山頂上空の風向風速場が実現象と相関が高いことを示した。一方，実測風向と異なるケースでは発生箇所の相関が非常に低いものとなった。その結果，豪雨による的確な予知予測には，新たなファクターとして実測の風向風速を考慮した，実流域の三次元地形と気象データに基づくシミュレーションが有効であることを示した。

つまり，表層崩壊の発生のトリガーは，第一義的には降雨量には違いないが，実は累加総降雨量ではなく，風向で方向づけられた降雨の集中した斜面が，発生の時間的順位および多発箇所との相関が高いものであると判断することができる。

今後，各種の複雑地形での検証事例を重ねていくとともに，最新のレーダー観測技術の高度化によってもたらされた高い山地山脈の風上側に生じる停滞降水，あるいは地形性降水の諸数値も十分考慮した検証がさらに必要であろう。

文　献

1) 土木学会，水工学委員会(2004)：平成15年台風10号北海道豪雨災害調査団報告書 http://river.ceri.go.jp/contents/disaster/2004/disaster2597. html（2018年8月30日閲覧）
2) 橋本篤・大澤輝夫・安田孝志(2005)：複雑地形上でのメソ気象モデルMM5の風況計算精度と高解像度化の限界に関する検討．日本風工学会論文集，30(3)：65-74.
3) 三隅良平(2006)：平成16年7月新潟・福島豪雨及び福井豪雨における気象擾乱と降雨変動．防災科学技術研究所主要災害調査，40：9-32.
4) 村上泰啓・中津川誠・高田賢一(2004)：平成15年8月出水における額平川の崩壊地とその要因について．河川技術論文集，10：1-6.
5) 柴垣佳明・手柴充博・梅木泰子・橋口浩之・河野宜幸・緒方伸介(2005)：豪雨をもたらすメソ対流系の数値シミュレーション．大阪電気通信大学研究論集 自然科学編，40：81-86.
6) 鈴木善晴・宮田昇平・中北英一・池淵周一(2004)：山岳域における降雨－地形関係のメカニズムに関する数値実験的研究．水工学論文集，48：289-294.
7) 山岸宏光・遠藤裕司(1982)：崩壊発生形態素因 日高地域の山地災害及び治山計画調査報告書．北海道林務部治山課，116 p.
8) 山岸宏光・斉藤正弥・岩橋純子(2008)：新潟県出雲崎地域における豪雨による斜面崩壊の特徴— GISによる2004年7月豪雨崩壊と過去の崩壊の比較．日本地すべり学会誌，45：57-63.
9) 山岸宏光・土志田正二・畑本雅彦(2016)：最近の豪雨崩壊および既往の地すべりにおける地形・地質要因のGIS解析．日本地すべり学会誌，52：12-22.
10) 湯本道明(2006)：平成15年台風第10号Etauと発生した被害の概要．防災科学技術研究所主要災害調査，39：7-16.

第 4 章　2013 年北海道層雲峡岩盤崩壊の規模と運動過程

Chapter 4　Scale and movement process of 2013 Sounkyo rock failure

田近　淳・志村　一夫・三上　ゆかり
Jun Tajika, Kazuo Shimura and Yukari Mikami

1　まえがき

2013 年 9 月 8 日午後 4 時 30 分過ぎ，北海道中央部の大雪国道(一般国道 39 号)を通行した運転者から「白煙が上がっている」との通報が寄せられた。層雲峡胡蝶岩橋から約 200 m 上流の石狩川左岸の幅 90-120 m，高さ約 170 m の斜面で岩盤崩壊が発生したのである(胡蝶岩橋上流岩盤崩壊：図 1)。崩壊土砂量は 3 万 m^3 を超え，この地域では最大規模の崩壊であった。崩壊土砂はかろうじて国道まで到達せず，幸いに人的な被害はなかった。しかし，河道を埋めたため石狩川は排水不良となり，上流側約 200 m の範囲が堪水域となった。このため緊急に河道の開削が行われた。

大雪山周辺に分布する柱状節理の発達する溶結凝灰岩は，層雲峡や天人峡などの雄大な景観をもたらす一方で，規模の大きな岩盤崩壊を起こしやすい岩石でもある。この地域での岩盤崩壊災害としては，4 人の負傷者を出した 1980 年 10 月 16 日天人峡岩盤崩壊(以下，天人峡崩壊：山岸ほか，2000：崩壊量 20,000 m^3)や死者 3 名重軽傷者 6 名の惨事となった 1987 年 6 月 9 日層雲峡天城岩崩壊(勝井ほか，1988；土居・鈴木，1992：崩壊量 11,000 m^3)などがある。溶結凝灰岩の岩盤崩壊の発生メカニズムや運動様式は多様であることが知られており(根岸・中島，1993)，被害軽減を考える上では，個々の崩壊の運動過程の解明が重要とされている(たとえば，永田，2002)。

この報告では崩壊直後に撮影した空中写真と現地踏査結果から胡蝶岩橋上流岩盤崩壊の崩壊規模と運動過程を検討する。崩壊直後には落石が続いて踏査の際には崩壊源に近づくことはできず，河道閉塞を防ぐため崩壊土砂もすみやかに除去されたために，堆積域の状況も詳しく検討する時間がなかった。このため，解析にはデジタル撮影された空中写真が多用された。この報告ではとくに，簡易な画像の解析や，崩壊前後の地形データの差分による崩壊土量の検討などを取りまとめた。この崩壊の概要に関してはすでに報告しており(田近ほか，2015)，崩壊の前兆やトリガーに関する内容についてはそちらを参照されたい。

図 1　2013 年層雲峡胡蝶岩橋上流岩盤崩壊の位置(地理院地図を使用。表見返し位置図 3.4)

2 調 査 手 法

岩盤崩壊の運動過程の検討のため，初めに崩壊の発生域，移動域，そして堆積域を示す崩壊地の地形分類を行った。これをもとに，演繹的に運動の過程を推定した。崩壊地の地形分類にあたっては，デジタル撮影した空中写真の図化を行って，1千分の1基図を作成した。次に，空中写真の実体視を行い，それに基づき地形分類を行った。この際，崩壊源については，とくに「落ち残り」ブロックを表示することを目的に簡単な3D表示を行った。堆積域には，現地で岩塊や崩土による平面的に縞状の模様が観察されたが，その分布を把握するために，簡単な市販画像ソフトで色彩を強調してその範囲を検討し，その結果を地形分類に反映した。一方，崩壊規模については空中写真の図化から計測を行った。移動体の体積は，崩壊前のLPと今回得られた崩壊後の空中写真から得た標高データの差分から計算している。以下，これらの方法について説明する。

2.1　空中写真の実体視と3D表示

崩壊が発生して移動・堆積すると，その運動の過程は最終的に崩壊域の微地形として残される。それを読み取るのが空中写真判読である。判読ではとくに単写真から得る情報と2枚の重複した写真を実体視して立体的な判読をすることにより多くの情報を読み取ることができる(図2)。図2では，崩壊源域の上部を観察できる。この写真では，最も高いところが柱状節理のつくる赤い壁の発達した部分(崩壊源SA3)，その下の白色で塊状～厚板状に割れた岩盤部分(崩壊源SA2)，さらにその下は滑らかな斜面(崩壊源SA3)，からなっているのが観察される。

一方，最近では静止画像から撮影位置を推定し3次元の点群を算出し表示するSfM技術を応用したソフトウェアがよく利用されるようになっている。実体視には熟練した技術が必要な上に，空中写真撮影を応用した直線上に重複した写真の撮影(通常60%ラップ)が必要であったからである。今回の事例では，Agisoft PhotoScanを利用して3D画像を作成した(図3)。これを使うならば，弧を描くように撮られた斜め写真画像から3次元の地形モデルが作成され，3DPDFに出力することが可能である。これによって観察すると，崩壊源の状況がさまざまな角度から，拡大縮小しながらリアルに観察できる。なお，本論からやや外れるが，規模の大きな岩盤崩壊では，二次災害を防ぐために「落ち残り」の有無の確認が重要である。今回の場合，実体視によって左側崖に亀裂が開いているのが観察されたが，3DPDFでは立体的に確認することができるとともに，担当者の間で情報の共有が可能となった(3次元の点群データで作成された3DPDFは，付録のDVDに格納した)。

2.2　色彩の強調による堆積物分布の把握

この地域の溶結凝灰岩は，約4万年前のデイサイ

図2　2013年胡蝶岩橋上流岩盤崩壊の頭部

図3　3DPDFに出力された全体像（PDF動画はDVDに格納）

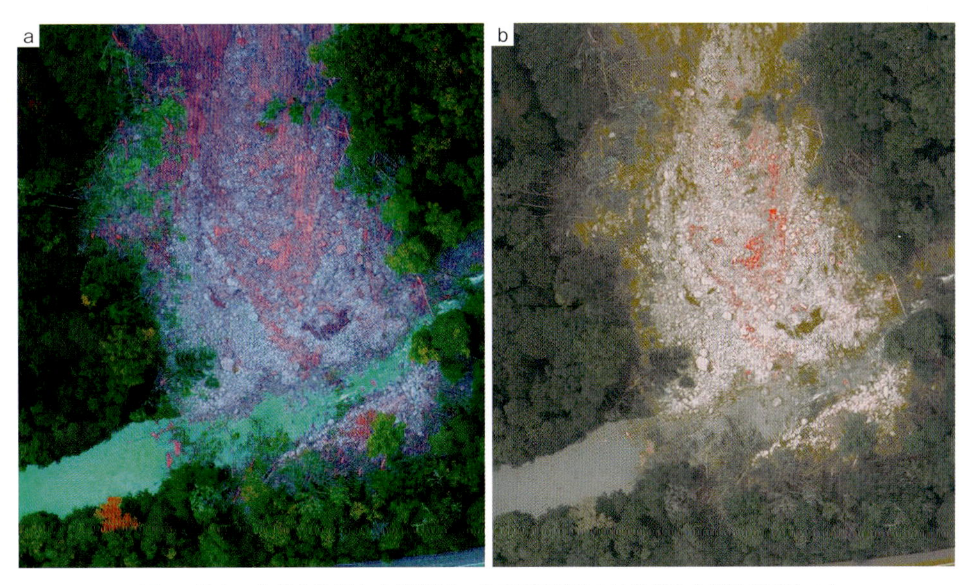

図4　特定の色彩を強調した堆積域の垂直写真（崩土は左側から順次堆積した）

ト質火砕流堆積物である層雲峡溶結凝灰岩（勝井ほか，1979）で，灰～灰白色の部分を主体とし，強く溶結した部分は淡いピンク色を呈する。現地の観察では移動堆積した岩塊・土砂のサイズや色彩を見ると分布に特徴があるようであった。しかしコントラストが不明瞭で全体像がわからない。その全体像を把握するために行ったのが，空中写真画像の色彩の強調である。Adobe Photoshopを使って，表土（褐色土・黒色土）の茶色系と溶結凝灰岩岩塊のピンク色の色調を試行錯誤の上で強調してみたのが図4である。

図4aは赤系統を強調してみたものであるが，ピンクと青紫が混在して表土とピンク系の溶結凝灰岩がうまく分離できない。それで表土と赤い溶結凝灰岩の色のみを抜き出して強調して作成したのが図4bであり，表土（黄土色）と赤い溶結凝灰岩（朱色）が分離されている。これらの画像を見ると，表土が堆積域の周縁部に分布し，さらに堆積物の内部にも

半月状や線状に分布しているのがわかる。また，溶結凝灰岩岩塊も線状に配列している。その配列状況から堆積域は複数の堆積ローブ(崩土堆)からなっており，中央北側のローブはやや不明瞭ながら移動方向に凸の半同心円形をしていることがわかった。

2.3　崩壊土砂量の計算

移動体の体積は，崩壊前のLPと今回得られた崩壊後の空中写真から得た標高データの差分から計算した。この計算のフローチャートを図5に示す。

1)既存の岩盤崩壊前の航空レーザ測量による5mの等高線データと崩壊後の空中写真による図化の5m等高線に図化単点を加えデータを作成した。2)次に崩壊前と後の等高線データをそれぞれTerra Scan内挿処理を行い，50cm間隔標高メッシュデータ(テキストデータ)を作成した。3)岩盤崩壊前後のメッシュデータをERDAS IMAGINEで標高ラスターデータに変換したものがそれぞれ図6aと図6bである。なお，崩壊前の等高線(図6a)では崩壊斜面下の旧河道が表現できていないなど，既存データがやや粗い影響を受けている。崩壊後の等高線(図6b)は微地形をよくとらえており，上述の岩屑や表土の分布とも調和的である。

崩壊前と崩壊後の標高ラスターデータに対して，ラスター演算にて，標高差分ラスターデータを作成して出力した(図7)。標高差分ラスターデータのピ

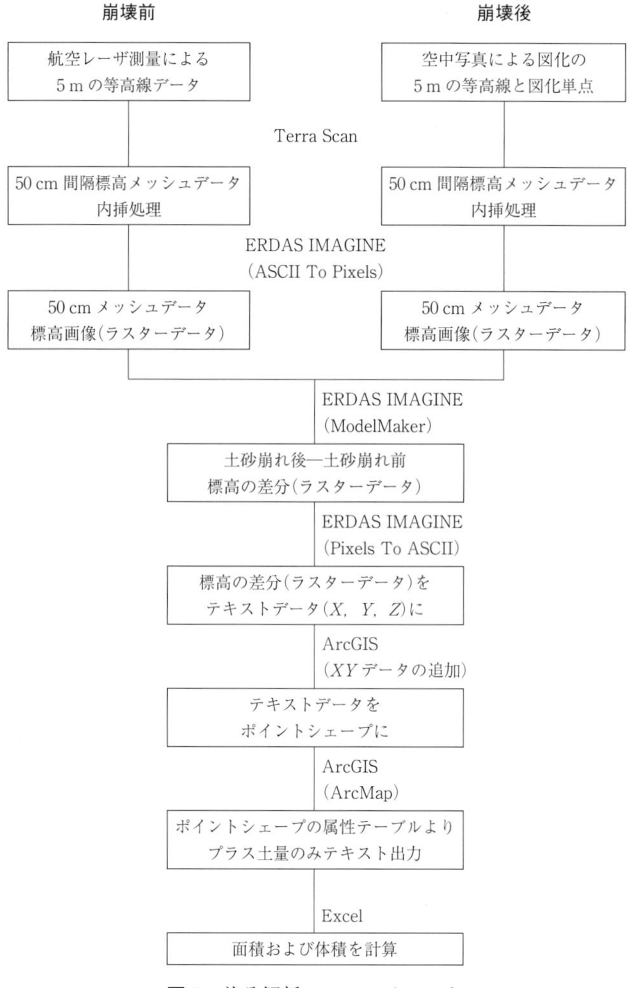

図5　差分解析のフローチャート

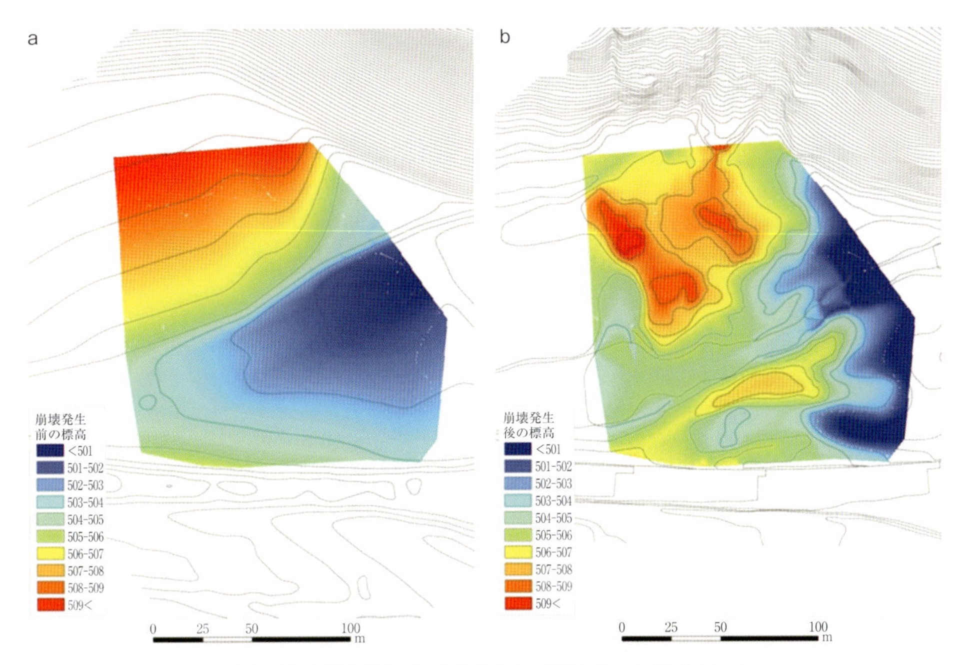

図6　崩壊発生前(a)と発生後(b)の標高データ(単位はm)

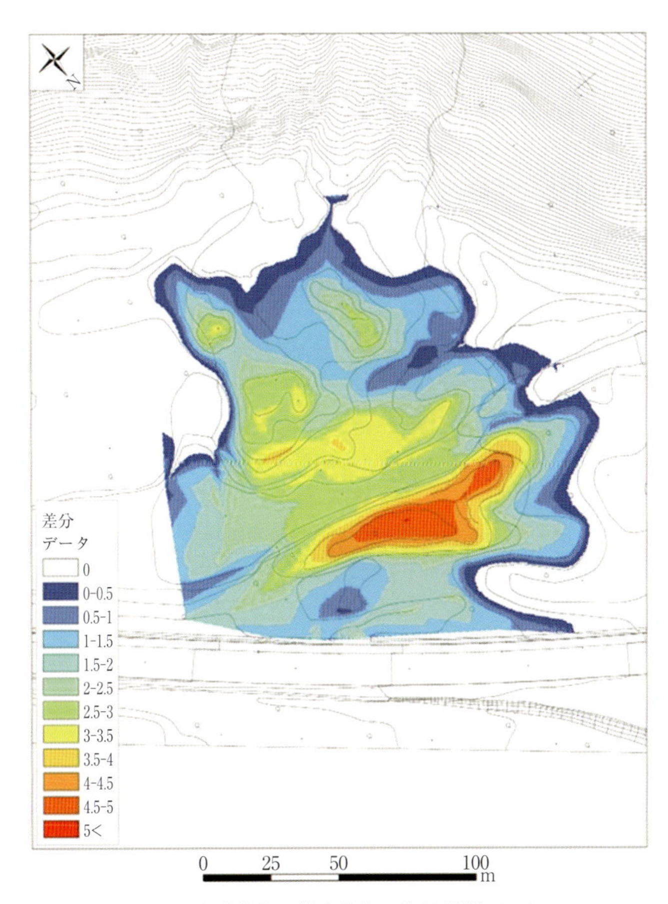

図7　崩壊前後の差分計算の結果(単位はm)

表1　差分計算で求めた増加した土砂量，調査面積，土砂の平均の高さ

土砂量(m³)	調査面積(m²)	平均の高さ増加(m)
33020.287	17083.5	1.933

クセル値がプラスの場合には，その箇所の標高値が増加しており，土砂堆積箇所であることがわかる。それらの箇所ピクセルデータをテキストデータ形式で抽出し，エクセルの表計算で土砂堆積箇所の面積および体積を計算した。その結果が表1である。なお，標高差分ラスターデータのピクセル値がマイナス箇所は，「土砂の増減量なし」として扱った。

3　検討結果と考察

3.1　崩壊の規模

空中写真から得られたデータから，崩壊源から移送堆積域までの崩壊の範囲は，幅が 90-120 m，崩壊最上部から堆積域先端までの奥行き(水平直線距離：L)が 375 m，その比高(H)は標高 695 m から 509 m までで 186 m であることがわかった。したがって見かけの等価摩擦係数(H/L)は 0.5 である。崩壊土砂量は「2.3　崩壊土砂量の計算」に示したように堆積域の地形変化から約 33,000 m^3 と見積もられた。なお，この値には，旧河道部分を埋めた土砂の量が反映されていないので，実際はこれよりやや大きい。一般的な斜面崩壊の規模(日本地すべり学会地すべりに関する地形地質用語委員会，2004)としては「中規模」ということになる。それでも，この値は層雲峡溶結凝灰岩の崩壊では最大の値である。

3.2　崩壊地の地形分類

空中写真判読，現地観察の結果を地形分類図に取りまとめた(図8)。崩壊地は，崩壊源(域)と崩壊物が主に移動・堆積した移動域・堆積域に区分される。

(1)　崩　壊　源

崩壊源(SA)は斜面上部の奥行き約 90 m の部分で層雲峡溶結凝灰岩(溶結部 SA3，弱溶結部 SA2，非溶結部 SA1)が斜面に露出した。溶結部と弱溶結部の境界はやや不規則である。最上部の溶結部は淡い赤色，弱溶結部が灰白色をしており，非溶結部がやや灰色が濃い。溶結部のむき出しになった垂直の崩壊面(節理面)には緑色のコケが生えており，崩壊前から開口していた可能性が大きい。右側崖側(崩壊の頂部から下に向かって右側，以下同様)の溶結部は節理面から分離しているように見えるが，左側は新しい白っぽい破断面が多く，左側が広い範囲で分離したように見える。溶結部がオーバーハングしていたような状況は見られない。斜面の傾斜は溶結部が概ね垂直で，弱～非溶結部が 44 度前後である。落ち残った左側崖の溶結部の付け根には非溶結部に向かって円弧状の開口亀裂が残されているのが確認された。つまり崩壊面は 90-44 度の凹形の縦断面となる。崩壊面の底部は崩壊土砂に覆われ見えていないが，傾斜変換点とほぼ一致することから，層雲峡溶結凝灰岩とその下位に分布する日高層群の境界付近と推定される。

(2)　移　動　域

崩壊源の下の山腹斜面は主に谷底平坦面に堆積した移動体が運搬された領域であり移動域(TA)と呼ぶ。移動域の傾斜は概ね上半部で 36 度，下半部で 38 度である。移動域の上部(TA1)は崩壊源から崩れ落ちた崩壊土砂が崖錐状に斜面を覆う。落下した土砂や表土・植生の一部は数列の低い岩屑リッジを形づくる。移動域下部(TA2)はやや急で，斜面の表土が削剥されている。この末端の斜面下は石狩川の旧河道(現在は分岐流路)であり，側刻によって崖錐斜面がやや急になっていたものと見られる。

移動域の中央下半部には，比高 45 m，幅 20 m の土砂の円弧すべり(DL4)が認められる。この円弧すべりの側崖には日高層群頁岩礫を含む過去の崖錐堆積物が露出したことから，この円弧すべりは，崩壊土砂が崖錐の上に載ったために発生した崖錐堆積物のすべり(debris slide)と考えられる。この DL4 堆積物は石狩川沿いの谷底平坦面のローブ状崩壊堆積物 DL3 の上に載っていること(図8，9)から，最終的な移動はローブの堆積後とみなされる。崖錐堆積物には，たくさんの湧水をともなうパイピングホールが観察され，崩壊時に崖錐堆積物は高含水の状態だったと見られる。なお，この湧水は初冬期にも認められており，年間を通して湧出しているものと判断される。

(3)　堆　積　域

崩れ落ちた土砂は谷底平坦面にローブ(lobe)状に広がり，幅 120 m 奥行き 130 m の範囲に堆積した

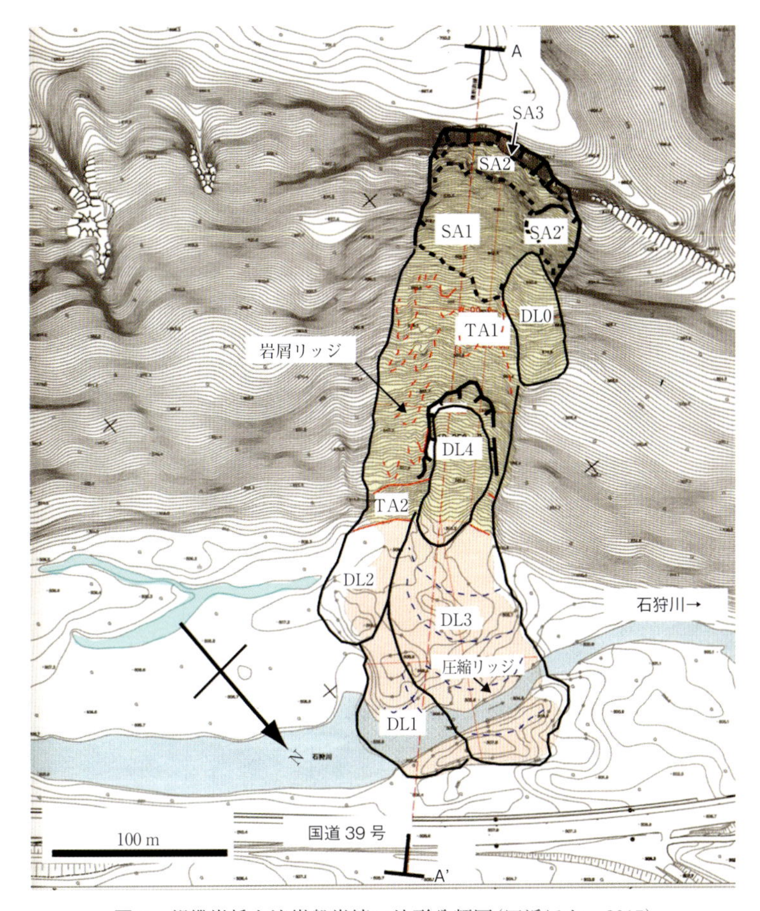

図 8　胡蝶岩橋上流岩盤崩壊の地形分類図（田近ほか，2015）

基図の等高線間隔は 1 m。SA1-3：崩壊源，TA1-2：移動域，DL0-4：堆積域。A-A'：断面（図 9）の位置。

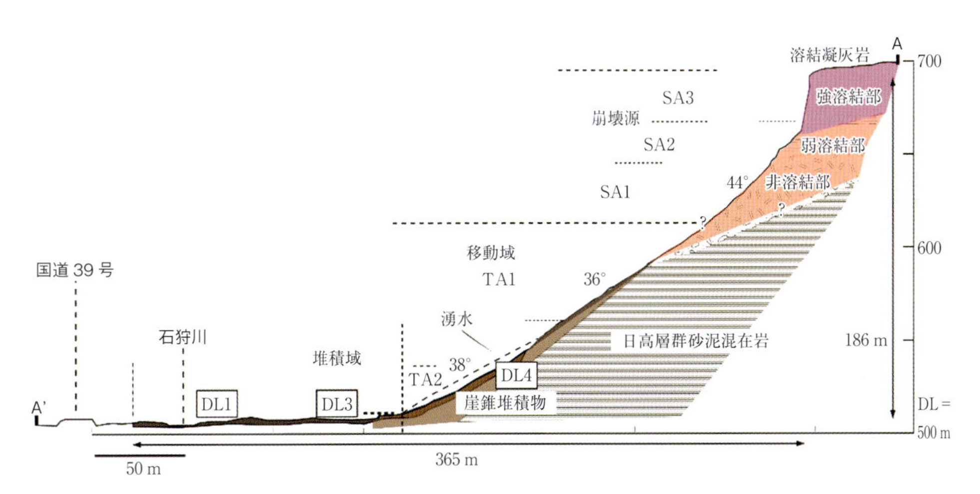

図 9　胡蝶岩橋上流岩盤崩壊の地質断面図（推定）（田近ほか，2015）

（図8：DL1，DL2およびDL3）。崩壊土砂の一部は，斜面上部の左側崖の側部にもこぼれ落ちた（DL0）。移動体は川を閉塞するまでには至らなかったが，対岸の石狩川右岸に達して立木の多くを斜面方向になぎ倒した。谷底に堆積した移動体は相互の被覆状態や構成物からDL1，DL2，およびDL3の各岩屑ローブ（debris lobe）に区分される。DL1からDL3へ順次堆積しており，最終的に上述の岩屑すべりDL4がそれを覆っている。

谷底に堆積したローブ（DL3）には，弧状のリッジ-トラフ（比高1-2 m）が半同心円状に並ぶ。この形態は，移動体が流動していたことを示す。堆積物は最大径7 mに達する凝灰岩の礫を主体とする。大部分はSA1，SA2に由来する灰白色の弱溶結～非溶結凝灰岩であるが，斜面上部のSA3由来の淡い赤色を帯びた溶結部も，主にDL3のリッジの部分に弱く配列しながら散在する（図4）。それに対して，DL1には溶結部分はほとんど見られない。

一方，リッジの前面やトラフの隙間からは，木片や有機物を含み表土起源と思われる堆積物と粉状の凝灰岩の粉砕物の混合物が見られる（図4）。これは崩壊物質が流下する際に，斜面下部で移動体下の表土・土層を巻き込んで形成したもので，岩屑なだれにおける基質相（Ui and Glicken，1986）のような役割を果たしたのかもしれない。崖錐堆積物の表層は崩壊前にも高含水状態だったと考えられ，これが流動に寄与した可能性も残る。

この他，堆積域の周辺の樹木の葉の表面には「しぶき」様の白色の泥水痕が観察された。石狩川に移動体が突入した際のしぶきかもしれない。通報者が目撃した白煙はこのようなしぶきあるいは崩壊にともなう粉じんであろう。

3.3　運動過程と防災上の留意点

上に述べた崩壊地の地形分類などから，運動過程を推定すると以下のとおりである。

最初に流下したDL1には，ほとんど強溶結部が含まれないことから，崩壊は溶結凝灰岩弱溶結～非溶結部付近で発生した。崩壊は逐次的に拡大して上部の強溶結部まで拡大した。崩壊面の形状から見て運動様式はすべり（slide）と考えられる。崩壊の開始が，水理的な不連続面でもある日高層群との境界面である可能性は大きいが，明確な証拠はない。

移動した岩塊は，等価摩擦係数による移動体速度の推定によれば29 m/sまたは38 m/sと「極めて速い（extremely rapid）」速度（Cruden and Varnes, 1996）で移動した（田近ほか，2015）。下流に凸の半同心円状の流動模様をそのまま残すように堆積していることは，おそらく全体としては粒子流（grain flow）による移動を示すと思われる。なお，含水した表土混合物の存在などから，これが流動に寄与した可能性も残る。

この岩盤崩壊を，地すべりに関する地形地質用語委員会（2004）に基づく分類によって記述すると崩壊源では岩盤のすべり（rockslide），移動域・堆積域では岩屑の流動（flow）であり，Cruden and Varnes（1996）のrockslide and avalancheに相当すると考えられる。加えて崩壊源から流下した移動体は崖錐堆積物の上に載り，その岩屑すべり（debris slide）を誘発した。

柱状節理が発達する溶結凝灰岩の急崖における斜面変動としては節理面が関係する，すべり（slide），崩落（fall），転倒（topple），座屈（buckling）が一般的である（根岸・中島，1993）。今回の斜面変動は，これまで見てきたように必ずしも柱状節理に規制されたものではない。この地域の岩盤崩壊には，天人峡崩壊のように溶結凝灰岩の堆積形態すなわち非溶結部/基底の形状が関係して発生するものがある（山岸ほか，2000）。今回の崩壊は溶結凝灰岩の岩盤崩壊としては天人峡崩壊に類似しており，九州の火砕流台地縁辺地帯でしばしば見られるキャップロック型の崩壊（下川ほか，2010；岩松，2018）に類似する。

なお，この崩壊から経験的に防災上の教訓を引き出すとすれば次の点であろう。ひとつは，その規模の大きさ，移動距離の大きさである。移動体先端は崩壊源の最上部から移動体先端までの高さの2倍まで到達している。このことは，保全対象の近傍の崖だけではなく，そこから離れた対岸の崖もこのような視点で見ておく必要があることを示している。もうひとつは，このような溶結凝灰岩の堆積形態に関係して発生した比較的規模の大きい岩盤崩壊では，事前に前兆として斜面の変状がありそうなことである。田近ほか（2015）によれば，この場所では1977年から2001年までの間に空中写真で判読できる規模の小崩壊が発生している。それから数十～十数年を経て今回の崩壊が発生したということになる。この一例しかないが，頻繁に起こることではないので参考にはなるであろう。つまり，このような規模の大きな岩盤崩壊をターゲットに監視するときには，ある程度の期間をおいてもいいと思われる。ただし忘れてはいけない。

4　ま　と　め

2013年9月8日に北海道層雲峡胡蝶岩橋上流の石狩川左岸谷壁斜面で発生した中規模岩盤崩壊について，デジタル空中写真を使った画像処理や，地形判読を行って地形判読図を作成，崩壊規模や運動様式を検討した。

1) デジタル撮影された空中写真データから規模を計測した。崩壊の幅は90-120 m，水平直線距離(L)が365 m，その比高(H)は186 mである。見かけの等価摩擦係数(H/L)は0.5。崩壊土砂量はGISを使った崩壊前後の標高データの差分計算により約33,000 m^3と見積もられた。
2) 空中写真の実体視と色の置き換えなどの画像処理により，崩壊地の地形分類図を作成し，崩壊源，移動域および堆積域に区分した。崩壊源は，強溶結部，弱溶結部，非溶結部に細分した。移動域は山腹の崖錐斜面で，その一部が円弧すべりを起こしている。堆積域は，複数の岩屑ローブからなっている。
3) 崩壊源と堆積域との対応関係などから，運動様式を推定した。この岩盤崩壊は溶結凝灰岩岩盤のすべり(rockslide)として発生し，移動域・堆積域では，岩屑の流動(flow)，すなわちrock slide and avalancheである。移動域では崖錐の岩屑すべり(debris slide)を誘発した。
4) この岩盤崩壊は層雲峡溶結凝灰岩で最大規模であり，到達距離も比高の2倍とこれまで経験した崩壊に比べて大きいことから，防災上，今後はこの規模の崩壊も留意すべきと考えられる。

文　献

1) Cruden, D. M. and Varnes, D. J. (1996): Lanslide type and process. In: Turner, A. K. and Schuster, R. L. (eds.), Landslides—Investigation and mitigation. *TRB, National Res. Council, Special Report*, 247: 36-75.

2) 土居繁雄・鈴木哲也(1992)：1987年6月北海道上川町層雲峡における天城岩の岩盤崩落の機構．北海道工業大学研究紀要，20：1-10.

3) 岩松暉(2018)：深層崩壊，自然災害概説，かだいおうち(Advanced course) http://eniac.sci.kagoshima-u.ac.jp/~oyo/advanced/disaster/deep_slide.html(参照日2018年8月27日)

4) 地すべりに関する地形地質用語委員会(2004)：地すべり—地形地質的認識と用語．日本地すべり学会，318 p.

5) 勝井義雄・加藤誠・河内晋平・和田恵治(1988)：層雲峡天城岩付近の地質，1987年北海道層雲峡溶結凝灰岩崩壊とその災害に関する調査研究．文部省科学研究費突発災害調査研究成報告書，B-62-1：9-16.

6) 勝井義雄・横山泉・伊藤太一(1979)：旭岳—火山地質・活動の現況および防災対策．北海道における火山に関する研究報告書第7編，北海道防災会議，42 p.

7) 国府谷盛明・松井公平・河内晋平・小林武彦(1966)：5万分の1地質図幅「大雪山」および同説明書．北海道開発局，47 p.

8) 永田秀尚(2002)：岩盤崩壊の機構と運動についてのレビュー．日本地すべり学会誌，31(1)：53-61.

9) 根岸正充・中島巌(1993)：層雲峡溶結凝灰岩の柱状節理におけるき裂進展とすべり破壊—寒冷地における岩盤斜面崩壊に関する研究(第1報)．応用地質，34(2)：47-57.

10) 下川悦郎・小山内信智・竹澤永純・地頭薗隆・寺本行芳・権田豊(2010)：鹿児島県南大隅町船石川で発生した土石流災害．砂防学会誌，63(3)：50-53.

11) 田近淳・石丸聡・渡邊達也・石川勲・志村一夫(2015)：溶結凝灰岩急崖の岩盤崩壊—2013年9月北海道層雲峡の例．日本地すべり学会誌，52(3)：34-39.

12) 上野将司・山岸宏光(2002)：我が国の岩盤崩壊の諸例とその地形地質学的検討—特に発生場と発生周期について．日本地すべり学会誌，31(9)：40-47.

13) Ui, T. and Glicken, H. (1986): Internal structural variations in a debris-avalanche deposit from ancestral Mount Shasta, California, U.S.A. *Bull. Volcanol.*, 48: 189-194.

14) 山岸宏光・志村一夫・山崎文明(2000)：空中写真によるマスムーブメント解析．北海道大学図書刊行会，232 p.

第4部　火山や火山噴火にともなうマスムーブメント解析

Part 4　Analyses of the mass movement associated with volcanoes and volcanic eruptions

山岸　宏光
Hiromitsu Yamagishi

一般的に，火山が噴火すると，火山灰・軽石・噴石の降下，火砕流の流動，溶岩の噴出・流動などが発生する。それは，そのマグマの性質，つまり，珪酸分の量や流動性(粘性)に左右される。このような火山からもたらされる噴出物は，空中・水中を問わず，マスとして運動するから，すべてマスムーブメントといえなくもない。陸上の火山噴出物はよく知られているが，水中でも水中溶岩流，水中軽石流，水中土石流が知られている(山岸，1994)。

本書では，上記のうち陸上火山の噴火にともなう噴石の降下，溶岩流，溶岩ドームの挙動などをデジタル空間技術によって判読・解析した例を紹介する。「第1章 2000年有珠山噴火にともなう山体変動のデジタル解析」では，2000年4月に有珠山の西側で噴火した際，その開始から終息までのデジタル画像(オルソ画像)から山頂とその周辺の断層活動の変遷をとらえ，同じくそれらの画像から作成したその経緯をデジタル解析したものである。「第2章 2000年有珠山噴火にともなう山麓変動のデジタル解析」では，有珠山の噴火の際は基本的には，粘性の高いマグマが上昇するので，山体全体は隆起することが知られているが，2000年噴火の際に山麓の一部がデジタルデータの分析によればある程度沈下したという報告である。「第3章 十勝岳の1988-1989年噴火後のオルソ画像判読と岩塊のGIS解析」では，2014年に撮影された十勝岳のオルソ画像を使って，北西斜面の古い溶岩流の判読，火口付近の崩壊，土石流，ガリー浸食などの判読を行い，1988-1989年噴出した岩塊の体積をGISで計算したものである。

文　献

山岸宏光(1994)：水中火山岩．北海道大学図書刊行会，195 p.

第1章　2000年有珠山噴火にともなう山体変動のデジタル解析

Chapter 1　Digital analyses of the volcano summit associated with 2000 Usu Volcano eruption, Hokkaido, Japan

山岸　宏光・山崎　文明・渡邊　司・森谷　友博
Hiromitsu Yamagishi, Fumiaki Yamazaki, Tsukasa Watanabe and Tomohiro Moriya

1　まえがき

2000年3月31日，北海道有珠山が23年ぶりに噴火した。北西山麓の西山の西方山麓からデイサイト質のマグマ水蒸気噴火を開始した。翌4月1日には，金比羅山西山腹斜面および西山麓からも同様な噴火を開始した。とくに西山西方の噴火にともない著しい地殻変動も進行した。その変動量は噴火開始からわずか2ヶ月間に最大50 mの垂直変位を記録した。有珠山の2000年噴火の地殻変動は，GPSや航空写真計測，地上の定点観測などによって，2次的，3次的変動量がさまざまな関係機関によって，時系列的に計測されている。この火山の噴火史は，火山地質図「有珠山」(曽屋ほか，2007)にまとめられているが，1977年の噴火まではその間隔は30年といわれてきたが，2000年の噴火では23年しか経っていなかったことから，マグマはすべて出し切ってしまっていないのではということも懸念されている。また，国土地理院でも，火山地形図として2000年以降の現況を表示している(図1)。

たまたま噴火前の3月28日に筆者の一人山岸が，22-23年前の噴火以来4年にわたり，有珠山の地形変動について調査していた(山岸ほか，1982など)こともあり，噴火は時間の問題との認識のもとに，筆者の一人山崎と相談し噴火前の空撮を行うべく準備を開始して，撮影に踏み切り，以下3月31日から8月14日まで計14回の垂直写真・斜め写真が㈱シン技術コンサルにより撮影された。3月31日午後2時半過ぎと4月3日午前10時過ぎには，山岸・山崎は北海道航空の撮影用セスナ機に実際乗り込み，空から調査を行った。このときの噴火のビデオは，山岸ほか(2000)の『空中写真によるマスムーブメント解析』(北海道大学図書刊行会)の付録のCD-ROMに収録されている。

2　1977-1981年の地殻変動による断層と2000年噴火による地殻変動の推移・比較

1977年の噴火以降の地殻変動による地形変化は主に山頂であったが，山腹や山麓においても，図2および表1のA：洞爺湖温泉町西縁断層，B：木の実団地断層，C：金比羅山断層群，D：北びょうぶ山断層のように，北西山腹から北西山麓にかけての当時の断層の再活動(方向は同じではないが)が認められた(山岸ほか，1982など)。しかし，2000年噴火では，Bの木の実団地断層の南西側に，新たな火口が開いてマグマ水蒸気爆発がした。Dの北びょうぶ山断層(北北西—南南東方向で，東落としで左横ズレ成分を有する断層：図3，4)にはやや斜交する北西—南東の断層がその当時からあったが，2000年噴火時の新断層により切られていた。また，Cの金比羅山断層群については，前回には噴火口も開かず断層は確認しやすかったが，2000年噴火時には火口が開いたこともあり，噴火の際に再活動したかは確認できなかったが，5月以降の写真では明瞭になった。なお，金比羅山のすでにあった火口は1910年のもので，すべて東西に走る正断層に囲まれた地溝内であったが，今回の噴火では，地溝の北西側の外にも開いたのが注目される。これらの断層群は，2000年噴火から，22-23年前の断層の再活動とそれを使った噴火口の開口といえるが，今回の噴火で最も大きな変動を起こしたのが，旧国道230号線沿いの西山山麓である。

2000年噴火直前の3月31日から5月25日までに図6に示すように多くの写真が撮影され，西山

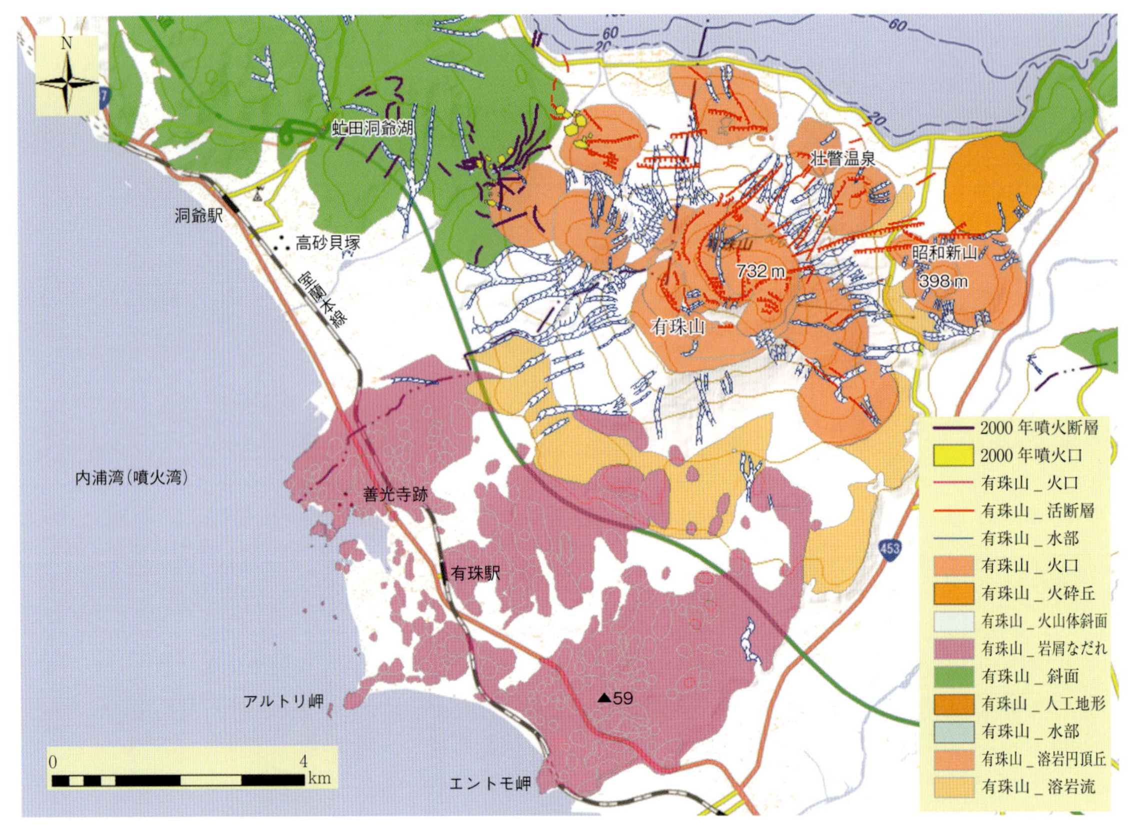

図1　有珠山2000年噴火以降の火山地形（表見返し位置図4.1）

国土地理院の火山地形分類図に有珠山北東部の2000年噴火による断層と火口を筆者が追加。背景は地理院地図を使用した。

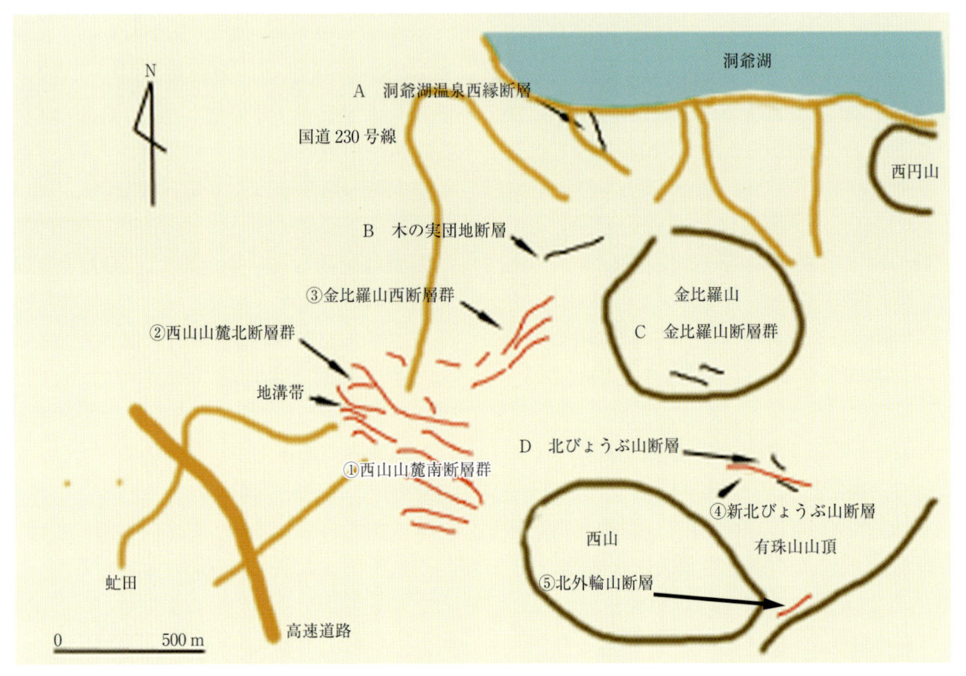

図2　有珠山の断層分布図（A～Dは1977～1980年に形成された断層，①～⑤は2000年噴火時に形成された断層）

表1　1977-1980年に形成された有珠山の主な断層

断層番号	断層名	断層の方向	断層の長さ	変位センス	変位量	特徴	形成時期
A	洞爺湖温泉西縁断層	N 30度 W	100 m	左横ズレ 縦ズレ(東落ち)	3 m 以上 30 cm 以上		1977年10月-1981年
B	木の実団地断層	E-W	200 m	縦ズレ(北落ち)	3 m 以上		1977年10月-1981年
C	金比羅山断層群	E-W	100 m	縦ズレ(北落ち)	3 m 以上		1976年以降
D	北びょうぶ山断層	N 30度 W	700 m	左横ズレ 縦ズレ(東落ち)	1-5 m 以上	右雁行配列の引っ張り割れ目WEW-ESE方向の南落ち断層をともなう	1980年5月以降

図3　有珠山2000年噴火前の北側外輪山外側斜面と断層

図4　図3の現地写真

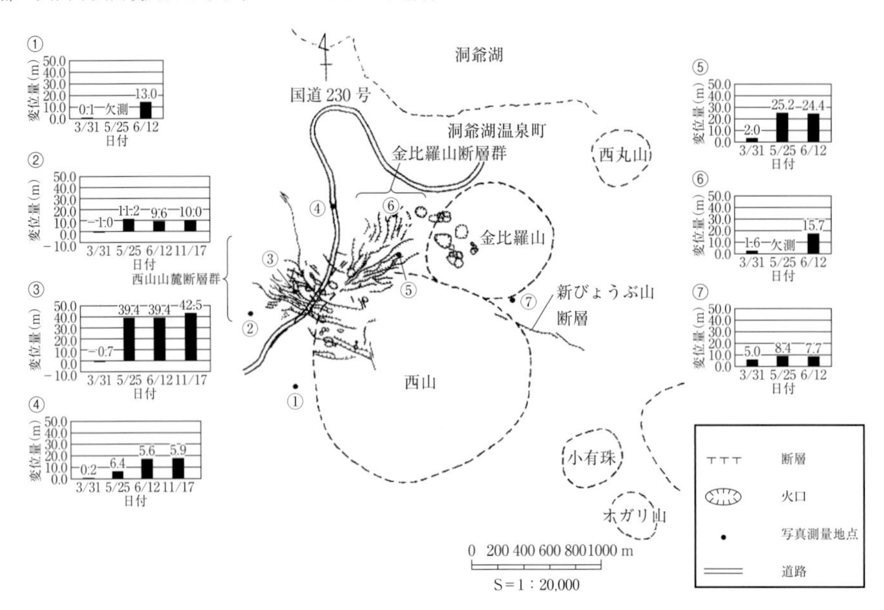

図5　2000年噴火時の山体変動地点とその変動量の経緯

山腹—山麓にかけての噴火活動と関連させた地殻変動の推移をとらえた(図5，DVD参照)。

・3月31日　9：00頃撮影(噴火前)
・3月31日　11：40頃撮影(　〃　)
・3月31日　14：30頃撮影(噴火後)
・4月3日　9：40頃撮影(　〃　)
・4月3日　10：50頃撮影(　〃　)
・4月18日　9：40頃撮影(　〃　)
・4月26日　12：57頃〜14：12頃撮影(　〃　)
・5月19日　13：52頃〜14：16頃撮影(　〃　)
・5月25日　11：35頃〜12：05頃撮影(　〃　)
・5月25日　15：05頃〜15：35頃撮影(　〃　)(モノクロ)
・6月12日　9：56頃〜10：22頃撮影(　〃　)
・6月16日　12：12頃〜12：54頃撮影(　〃　)
・7月10日　13：18頃〜13：47頃撮影(　〃　)
・8月14日　13：13頃〜13：39頃撮影(　〃　)

3　2000年有珠山噴火直前(2000年3月28日)，噴火(3月31日)から地殻変動終了まで(7月10日)の空中写真判読による推移

3月31日(8千分の1)

北びょうぶ山断層(北北西—南南東)は左横ズレで東落ち縦ズレ成分も有する。この断層は600 mくらい連続し，それを西北西—東南東の断層を切っていた(山岸ほか，1982)。この断層は今回より連続して西側の作業道路を切断していた。この断層も左横ズレであるが落ちは南落ちである(図6A)。

4月3日(1万分の1)

初期の西山噴火と断層群が旧国道230号線と町道を横切って形成され，最初の噴火口の北側で正断層と地溝ができ始めている。最初の火口から火山泥流が流出しているのがわかった(図6B)。

4月18日(2万分の1)

旧国道230号線と町道を横切る正断層群が一層発達するが，地溝の南側は階段状にミ型雁行状に配列し，地溝の北側ではほぼ1本の断層崖が連続する。町道側でミ型雁行の断層が2本確認されることから，全体として左横ズレ成分を有することを示唆している。地溝の北側の火口から噴火は継続し，また，その付近から金比羅山へ向かう数本の断層が連続して，金比羅山北西山麓と山腹に大きな火口が開き，その2つの火口が噴火を継続した。金比羅山南麓に北落ちの断層が見えるが，1977-1978年の際の断層の再活動であろう(図6C)。

5月19日(2万分の1)

旧国道230号線付近の新たな断層群がよく見える。西山火口の噴煙が上がっているのはやはり②の北側である(図6D)。

5月25日(2万分の1)

この写真は噴煙も弱くなり，全体が最もよく判読しやすい。これにより，図2に示すように，①西山山麓南断層群，②西山山麓北断層群，③金比羅山西断層群，④新北びょうぶ山断層，⑤北外輪山断層，B木の実団地断層，D北びょうぶ山断層などが確認できた。①と②の間に地溝ができ(西山山麓地溝帯)，②はミ型雁行の支断層をともなうことから，左横ズレ成分を有する。しかし，B，Dの断層は以前からのものである。⑤は有珠山山頂火口のリムに平行にその両側にできており，いわゆる二重山稜型で，この部分が単純に重力的に沈んだことを示している(図6E)。

6月12日(2万分の1)

この写真では，上記①と②の連続性が明瞭となり，また，②が①より倍近い長さとなったことがわかる。③の断層のセンスが東落ちであることが明瞭になり，さらに，これに斜交する断層ができている(図6F)。

7月10日(2万分の1)

①，②，⑤は判読できるが，噴煙は少なく植生のため，ほかはよくわからない(図6G)。しかし，この写真集(図6)は，噴火開始の4月初めから最終的な断層の経緯をまとめた総括的な画像である。

4　DEM計測による地殻変動の変位ベクトル図とモーフィング動画の作成

この作業は，航空写真から20 m_DEM(Digital Elevation Model)およびオルソ画像を作成し，図4に示すポイントの3次元変位量を求めた。判読に使用した航空写真は3月28日(噴火前)，3月31日(噴火直後：図6A)，4月3日(噴火から3日後：図6B)，4月18日(同18日後：図6C)，4月26日(同26日後)，5月19日(同46日後：図6D)，5月25日(同55日後：図6E)の最も活発な時期のものである。雲や噴煙に覆われている部分はDEMの計測が困難なため，それのない日のDEMを使用した。

これらの時期の計測結果は，図7の変動ベクトル図に示した。上記のベクトル図は点ごとの移動を示したものであるが，全体の動きをとらえるためにモーフィングによる方向の異なる3D動画を作成した。それらの例をそれぞれ図8a，bに示した。モーフィングとは，ひとつのオブジェクト(1時期のオルソ画像)の頂点(計測点)をアニメートし，ほかのオブジェクト(次時期のオルソ画像)の同一頂点(計測点)にマッチングさせ，その変遷過程を自動的に補間する3次元アニメーション技法である。なお，今回のモーフィングは，計測された全DEMおよび図5の各点を頂点として，それを次時期のオルソ画像の同一頂点にそれぞれマッチングさせた。

DEMおよび図5の各点を頂点として，それを次時期のオルソ画像の同一頂点にそれぞれマッチングさせた。そのモーフィング画像によって，たとえば，西山火口付近においては，最初山腹の変動が活発化し，その後引き続き旧国道230号を挟む北西部の隆起が活発化したなどの違いを明瞭にすることができた。なお，これらのモーフィング画像(動画アニメーション)はDVDに格納してある。

5　結論とまとめ

2000年の有珠山噴火の際，各時期に撮影された空中写真の判読により，山体の地殻変動による断層変位の推移をまとめた。結果として，山頂部から山麓にかけては，1977-1981の間に形成された断層の再活動であり，あまり変化はなかったが，旧国道230号線を含む北西部斜面でのマグマ水蒸気爆発にともなう断層や小火口の形成が新たな活動であった。同時に撮影されたオルソ画像により山体の変位量の推移を図7に示した。これらのデジタルデータは，来るべき次回の噴火の予測などに使えるであろう。しかし，「まえがき」でも述べたように，この2000年の噴火から16年経過しており，それ以後顕著なマグマ活動はないが，降雨などによる浸食はかなり進行していると思われる。したがって，今後の噴火の対策のひとつとして，噴火前までに現在の有珠山の現況をとらえるオルソ画像やLPデータなどのデジタルデータの取得が望まれる。

文　献

1) 曽屋龍典・勝井義雄・新井田清信・堺幾久子・東宮昭彦(2007)：有珠火山地質図(第2版)．地質調査総合センター(旧 地質調査所)．
2) 山岸宏光・守屋以智雄・松井公平(1982)：有珠山の地形変動と侵食，土砂移動．地球科学，36：307-320.
3) 山岸宏光・志村一夫・山崎文明(2000)：空中写真によるマスムーブメント解析(CD-ROM付)．北海道大

3月31日午前撮影

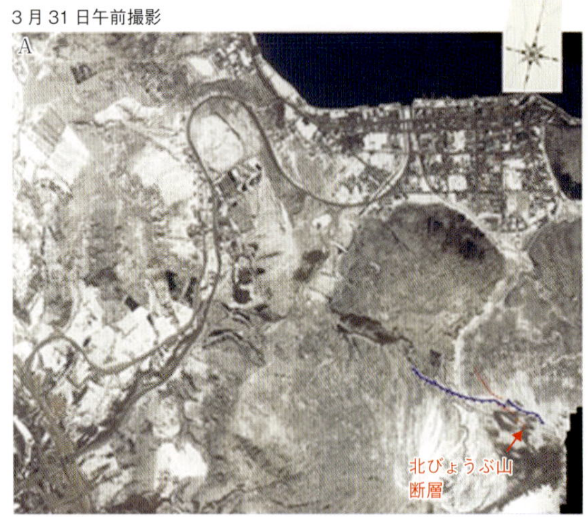

4月3日撮影

4月18日撮影

5月19日撮影

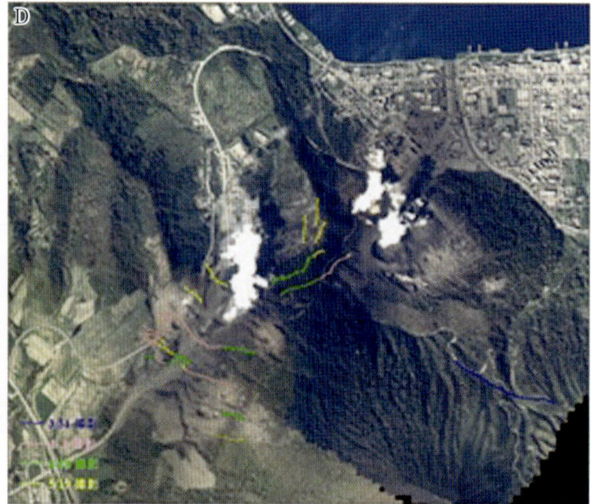

5月25日撮影

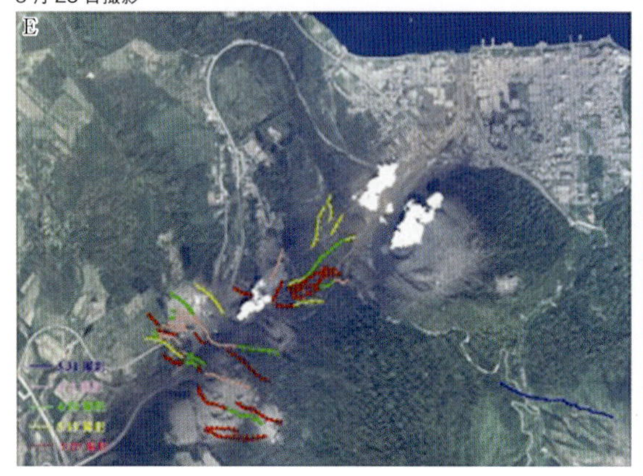

6月12日撮影

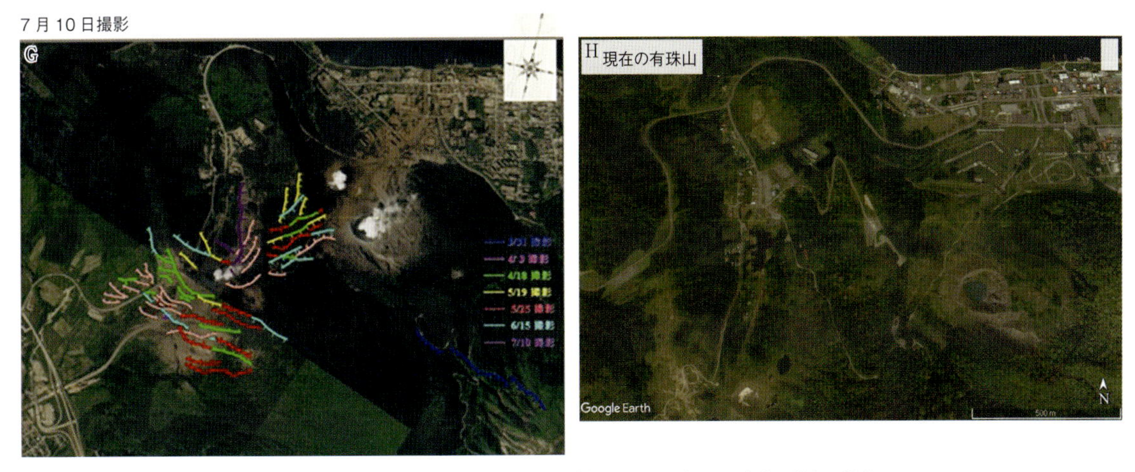

図6　有珠山2000年噴火直前から終了までの空中写真と断層の推移

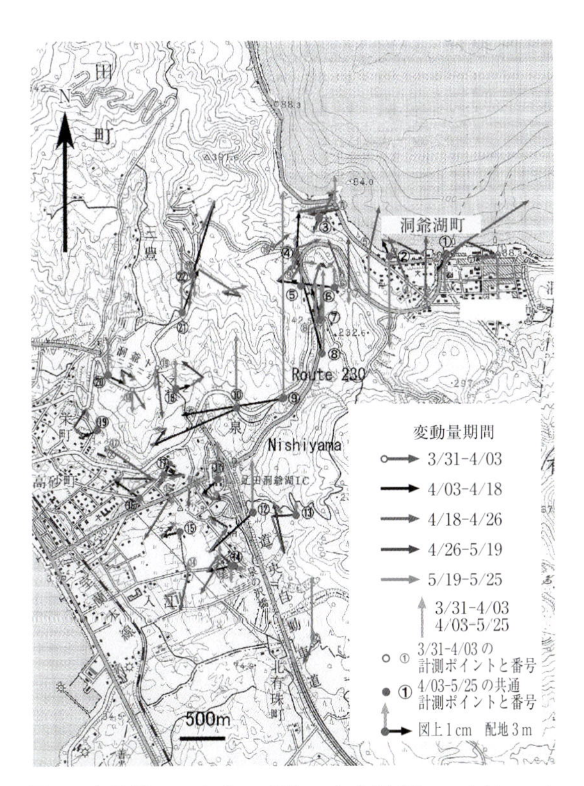

図7　変動量のベクトル変位の方向図(Yamagishi et al., 2004)

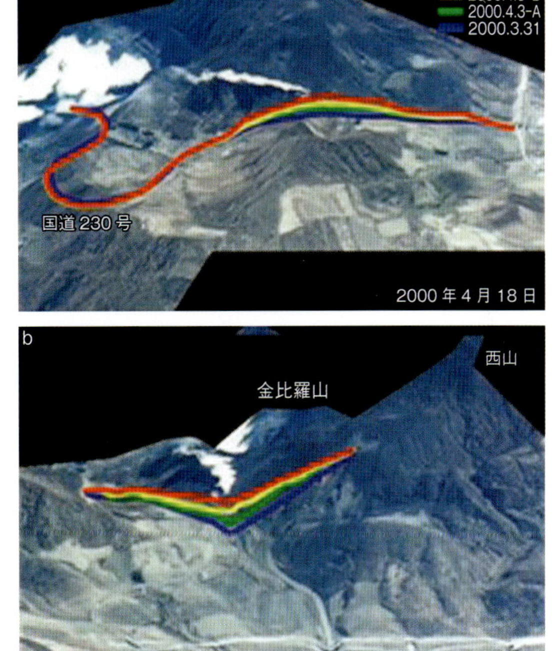

図8　有珠山南西側から見たモーフィング動画の初め(DVDに格納)

学図書刊行会，221 p.
4) Yamagishi, H., Watanabe, T., Koishikawa, T., Shimura, K., Yamazaki, F. and Moriya, T. (2000): Geomorphic movements associated with the eruptions of the Usu Volcano, Hokkaido, Japan—Faulting sequence analyzed through airphotographs. 有珠山2000年噴火と火山防災に関する総合的観測研究. 平成12年度科学研究費補助金(特別研究促進費)研究成果報告書，pp. 83-95.
5) Yamagishi, H., Watanabe, T. and Yamazaki, F. (2004): Sequence of faulting and deformation during the 2000 eruptions of the Usu Volcano, Hokkaido, Japan—Interpretation and image analyses of aerial photographs. *Geomorphology*, 57: 353-365.

第2章　2000年有珠山噴火にともなう山麓変動のデジタル解析

Chapter 2　Digital Analyses of volcano piedmont associated with 2000 Usu Volcano eruption, Hokkaido, Japan

志村　一夫・小石川　剛・小林　伸二
Kazuo Shimura, Gou Koishikawa and Shinji Kobayashi

1　まえがき

前章(第3部第1章)に有珠山2000年噴火の際の山体変動の概要が述べられていて，1977-1978年の活動(マグマの上昇とそれに引き続く山体の隆起)の傾向が見られた。2000年噴火では山麓にも下記に示すような地殻変動が確認された。従来の考えでは，火山体全体が隆起すれば，それにしたがって山麓も隆起すると信じられてきた。しかし，三松正夫の書籍(『昭和新山物語』1974)に，「昭和新山は，日々沈んでいき，最終的に3メートルの沈下が認められた」と記録されている。

筆者らは，有珠山の西南側山麓と洞爺湖温泉街(図1)において，噴火終息に向かう2000年6月から8月にかけて，デジタル技術を駆使し下水道の変動調査を実施した結果，沈降したことが明らかになった。本章はその概要である。

2　噴火前後のGISの利用

筆者らは，洞爺湖町(旧虻田町)のGISをサポートしている。洞爺湖町GISは，1994年にデータ整備が始まり1997年に運用開始された。データ整備年度に水道台帳整備や固定資産税の大幅な改正にともない課税客体(土地，建物)を正確に管理する図面

図1　山麓変動の調査位置(青で囲んだ地域)

整備が必要となり，地図の一元管理をはかる目的でGIS導入が始められた。整備されたシステムは，固定資産管理システム・水道管理システム・下水道管理システム・道路台帳管理システム・都市計画管理システムの5システムからなる。

2000年噴火の予知段階(3月27日)に町職員との協力体制づくりと，被災把握のため広域な空中写真の撮影などが事前に計画され，3月28日に第1回目の被災前の撮影実施，31日午前に第2回目の実施，31日午後に第3回目の噴火後の撮影が実施され，噴火直後の4月2日には被災市町村や研究者，関連行政に噴火前後の状況写真を配布することができた。

述べたように噴火前には，GISデータから噴火に備えた洞爺湖町(旧虻田町)のライフラインの施設図の製本が終了し，噴火後は下記の項目でGISが有効に活用された。

1) 避難住民の自宅状況確認，問い合わせによる場所の特定
2) 仮設住宅の候補地選定(GISによる町有地の特定)
3) 仮設庁舎(豊浦町)にGISシステムセットアップ
4) 入江地区避難解除の管理図作成(町内会区分図を入力し町内会や班単位で解除エリアを検討)
5) 泥流対策のため雨水管・街路排水系統図の出力
6) 道路補修対策のための出力図作成(延長134 kmほか国道・道道)
7) 下水道トンネル倒壊のため新設トンネル選定および地権者の集計
8) 国道230号の変更ルートの選定

3　GISとGPSを利用した地殻変動の観測法

噴火後，各種復旧作業が急務とされるなか，洞爺湖町の各地区ごとの図面が必要とされたため，国・北海道が各々の分野で重複を避けつつ作成した。地殻変動の影響を避け，噴火後の空中写真の不動点と思われる箇所を基準に作成したが，噴火前の洞爺湖町(旧虻田町)のGISデータと重ねてみると顕著なズレ(6 m程度)が確認された(図2)。

このズレがまさしく今回の噴火によるものか，または基準となる不動点に問題があるのかの確証を得るため，現地入域規制の最中ではあったが，町の協

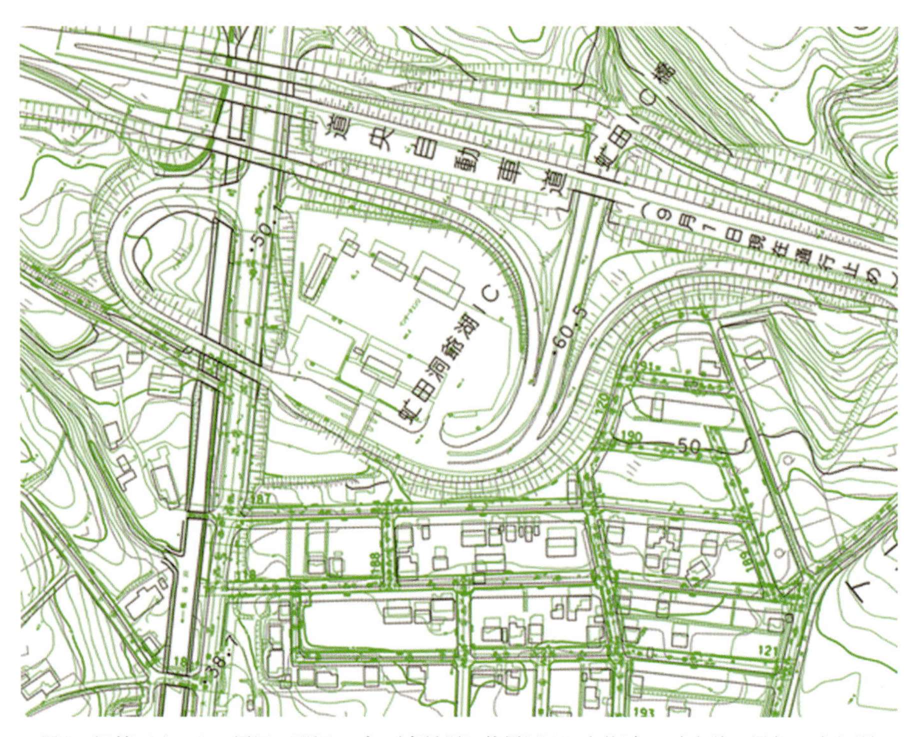

図2　旧虻田インター周辺の現況のズレ(表見返し位置図4.2 a)(緑色：噴火前，黒色：噴火後)

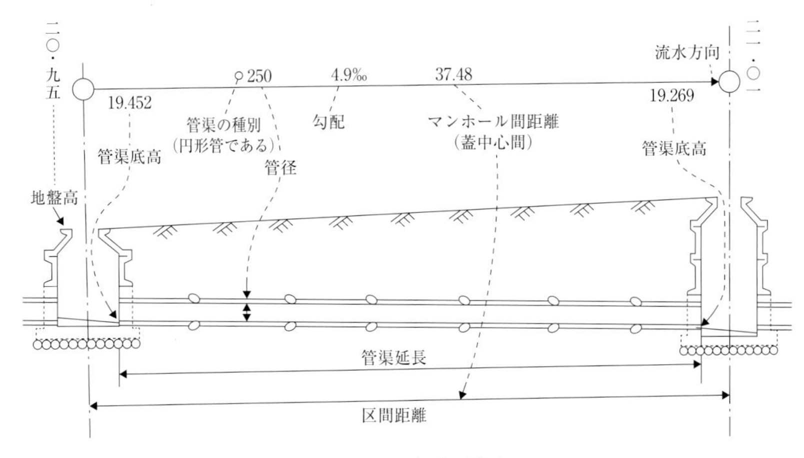

図3　下水道の構造

力を得てカテゴリII・III(カテゴリ区分：Iこの地域への入域に対して安全対策がとれないので，入域できない。II直前の変化を観測する体制と緊急避難体制を条件に，少人数，短時間の入域が可能。III噴煙などの監視体制と緊急避難体制を条件に，昼間の入域が可能)の入域許可とGISデータの使用許可を頂いた。そのデータは以下のものである。

使用データ　下水道管理システムのマンホールの位置情報

観測区域　入江地区・温泉町地区

観測日　6月13日，7月12日，8月24日

下水道のマンホールの位置情報を使用した理由は，町で運用されているデータのなかで最も精度が高い実測によって整備されたものであり，高さ情報を持ち3次元比較が可能であることと，降灰状況下でも比較的容易に探すことができることであった。

下水道の構造は，図3に示すようにマンホール間を管路でつなぎ，緩い勾配を設け，自然流下によって下水処理場まで付設されている。

下水道管理システムの位置情報は，マンホール蓋上の地盤高と管路の底の管低高が属性情報として管理され，管渠延長や勾配が記されている。各々のマンホールの位置と地盤高の観測は，豊浦町に位置する三角点を不動点としたGPSによるスタテック法(複数の観測点にGPS測量機を設置して，同時にGPS衛星からの信号を受信し基線解析により位置情報を求める)により観測地域に基準点を増設し，これらをもとにRTK法(固定局と移動局で同時にGPS衛星から信号を受信し，固定局で取得した信号を移動局に転送し，移動局側において即時に基線解析を行い，位置情報を求める)によって実施した。

4　観測結果

観測結果を図4，5に示す。それらによれば，旧虻田インター周辺では，最大6.4mの平面的な移動が見られ，隆起の最大は2.2mに達している(図4)。この太平洋側の変動は，火口から離れるほど一旦移動量が小さくなるがJR函館本線周辺で再び大きな高さの変動が確認される。このことを見ても鉄道レールが変形したことが，有珠火山防災教育副読本作成検討会(2004)の画像から確認できる。

一方，温泉市街の変動を見ると金比羅山火口から同心円を描くように，火口に近くなるにしたがって変動量が大きい。平面的な移動最大値が5.1m，隆起の最大値は2.2mを観測した(図5)。

今回の観測は，ほぼ1ヶ月の間隔をおいて観測を続けてきたが，同じポイントを3回観測した箇所の地盤高のみを比較すると，A点では6月が1.575m，7月が1.083m，8月では1.089m隆起を示している。

(単位：m)

	6月観測値	7月観測値	8月観測値
A地点	1.575	1.083	1.089
B地点	2.854	2.151	2.157
C地点	2.441	1.915	1.893

6月から7月の約1ヶ月で約50cmの沈下の動き示し，B点およびC点においても同様に約50-70

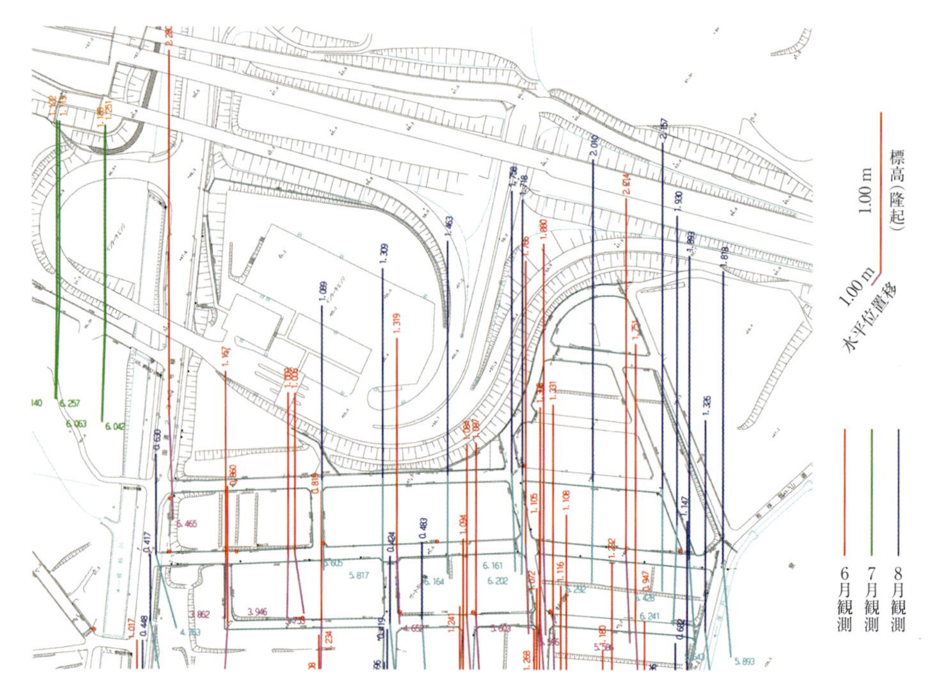

図4　旧虻田インター周辺の変動

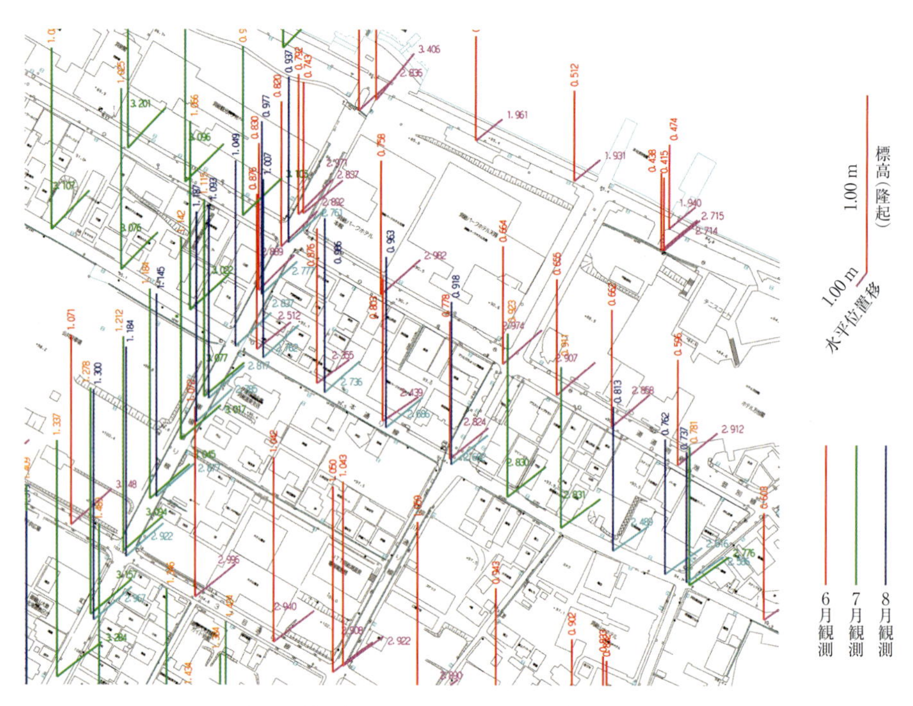

図5　温泉街周辺の変動(表見返し位置図4.2b)

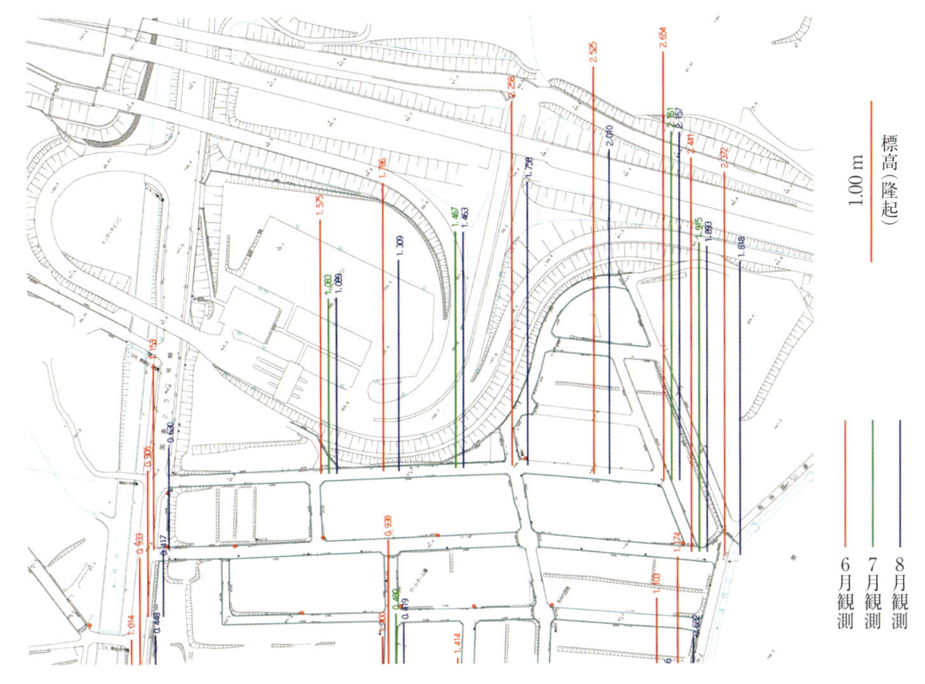

図6　旧虻田インター周辺の時系列的な標高変動

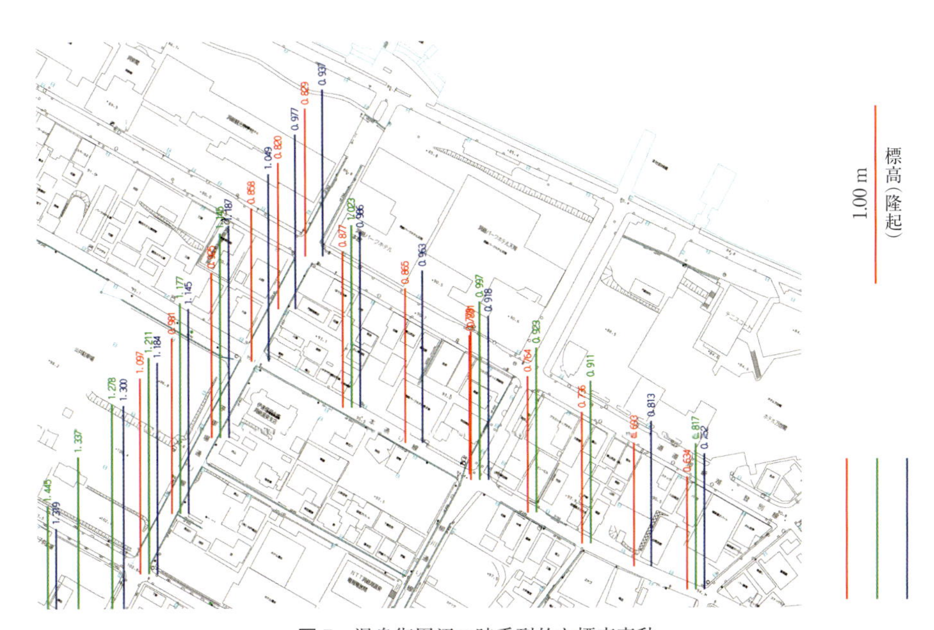

図7　温泉街周辺の時系列的な標高変動

cmの沈下を示している。また7月から8月の動きを見ると，観測値は数cmに過ぎず，観測誤差の範疇と思われ，ほぼこの時期に旧虻田インター周辺の変動が止まったものと推察される(前頁図6)。

一方，温泉市街周辺は7月に隆起のピークを示し8月から沈下傾向に移っていることがわかった。

(単位：m)

	6月観測値	7月観測値	8月観測値
A地点	1.097	1.211	1.184
B地点	0.877	1.023	0.986
C地点	0.634	0.817	0.762

6月から7月に20cm弱の隆起が確認され7月から8月に10cm弱の沈下が観測されたが，それ以降の観測が続けられなかったため停止時期が確認されなかった(図7)。

5　考察と結論

2000年有珠山の北側の洞爺湖温泉街と南側山麓の旧虻田インターという山麓の2地域での，活動末期の地盤変動を下水道の変位観測を実施した結果，いずれも沈降現象が確認された。さらにマンホールの隆起量を管低高(マンホール内の上下流の管路)の観測から，下流側へ流れる機能が失われ逆勾配を示す管渠が抽出され，海側より山側が低くなったこともわかった。

このようにデジタル技術を使って詳細に検討したデータから，三松(1974)が述べたように，昭和新山の活動が終息するときに沈下現象があったということが，有珠山山麓でも起こったことが証明された。噴火時の，噴出物の空中への放出がその一因かもしれない。

文　献

1) 小石川剛・小林伸二・志村一夫(2002)：GISとRTK-GPSを利用した有珠山周辺の地殻変動．日本写真測量学会北海道支部報，21：13-14.

2) 三松正夫(1974)：昭和新山物語．誠文堂新光社，256 p.

3) 村井俊二監修，スペシャリストの会編(2008)：実用者向け地理空間情報の流通と利用．日本測量協会，267 p.

4) 志村一夫(2009)：自治体における防災GISの構築．橋本雄一編著，地理空間情報の基本と活用，古今書院，pp. 88-95.

5) 有珠火山防災教育副読本作成検討会(2004)：火の山の奏，56 p.

第3章　十勝岳の1988-1989年噴火後のオルソ画像判読と岩塊のGIS解析

Chapter 3　Ortho photo interpretation and GIS analyses of the ejected blocks by the 1988-1989 eruptions of Tokachi-dake Volcano, Hokkaido, Japan

山岸　宏光・古本　秀明・奥野　祐介
Hiromitsu Yamagishi, Hideaki Furumoto and Yusuke Okuno

1　まえがき

十勝岳は，北海道の中央部に位置している溶岩ドーム，溶岩流などからなる複合火山である(図1，2)。

1988年12月24日から1989年2月3日まで計23回の噴火が繰り返されたが，ほとんどは夜半のことであり，昼間には見えなかった。十勝岳の噴火史(1962，1988年)から見れば，前の噴火から30年近く経過しており，いつ噴火してもおかしくない時期に入っている(表1)。また，2014年9月27日の御岳山の水蒸気爆発で，死者行方不明者63名という戦後のわが国では最大の被害を出したこともあり，十勝岳においても新たな対策がなされつつある。画像データも当時はアナログであり，一度噴火すると以前の状態は画像にしか残らないが，デジタルであれば正確な噴火前後の比較が容易になり，山体の微妙な変化もとらえられる。もちろん，噴火前の微妙な変化もSARS画像などでとらえることができるようになっており，予知にもつながる。そこで，十勝岳については，2015年9月に㈱シン技術コンサルが航空写真を撮影し，オルソ画像を作成した。

2　オルソ画像による判読

今回作成したオルソ画像では，崩壊地，ガリー浸食，土石流堆積物などが判読される(図2)が，さらに今回取り扱うグランド火口に主に落下した噴石も見える。崩壊地は比較的新しく，降雨による表層崩

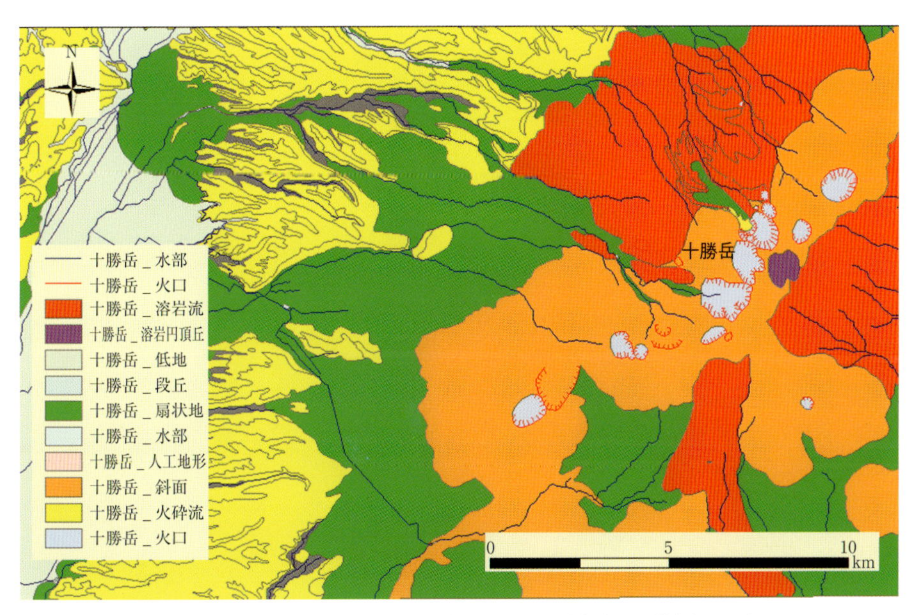

図1　十勝岳の火山地形分類図(国土地理院)(表見返し位置図4.3)

表1　十勝岳の噴火史(石塚ほか，2010)

	発生年月日	活動	火口	噴火様式	活動の概要	被害など
1857(安政四)年	6月14日(旧暦5月23日)	噴火？	不明		松浦武四郎が記述。	死者あり？
1887(明治20)年？	不明	噴火？	不明		大日方(1891)がアイヌからの伝聞を記述。	
1926(大正15)年	4月5日～5月22日	噴火，鳴動	中央火口		小噴火，鳴動をたびたび起こす。	
	5月22～23日	火山性地震			旭川測候所で数十回の微動観測。	
	5月24日　12：11	噴火	中央火口	水蒸気噴火？	噴火地点周辺は崩れ噴気孔が多数形成(硫黄採掘鉱夫談)，泥流が発生，望岳台付近を通過し白金温泉まで達す。	
	5月24日　16：17	噴火	中央火口	マグマ噴火	中央火口丘が崩壊。崩壊堆積物は火口から幅250 m，1 km遠方に達す。馬蹄形火口(450 m×300 m)が生じる。泥流は上富良野に25分余で到達。流下速度は約290-20 km/h。最大4 m径の火山弾降下。	死者123名，行方不明者21名，負傷者209名，全壊半壊372棟。
	9月8日	噴火	中央火口	水蒸気噴火	噴煙高度約4,600 m。	行方不明者2名。
	9月9日～1928年12月4日	噴火	中央火口	水蒸気噴火？	小噴火を繰り返す。	
1952(昭和27)年	8月17日？	噴火	昭和火口	水蒸気噴火？	新たな噴気孔(昭和火口)出現。1962年噴火に至る前兆現象。	
1954(昭和29)年	9月	噴火	昭和火口	水蒸気噴火？	小爆発。	
1956(昭和31)年	6月	噴火	昭和火口	水蒸気噴火？	小爆発。	
1958(昭和33)年	10月4日	噴火	昭和火口	水蒸気噴火？	小爆発。	
1959(昭和34)年	8月および11月	噴火	昭和火口	水蒸気噴火？	小爆発。泥流約100 m流下。噴気孔直径15 m。	
1961(昭和36)年	8月14日	噴火	？	水蒸気噴火？	ヌッカクシ火口(安政火口)で噴火？。ヌッカクシ富良野川が濁る。	
1962(昭和37)年	4月23日	広尾沖地震			M7.1。中央火口内で落石。地震後噴気活動が激しくなる。	
	5月31日～6月28日	火山性地震			十勝岳付近で有感地震が発生。	
	6月27～29日				中央火口の東側火口縁に長さ約10 mの亀裂が10数条でき噴気孔出現。	
	6月29日　22：15～22：45	噴火	62火口	水蒸気噴火	白煙とシュシューという音の後大きな爆発音。上下動，稲妻，黒色噴煙と火柱。南東方向50 km以上に降灰。	死者5名，負傷者11名，硫黄鉱山廃山。
	6月30日　2：45～13：30頃	噴火	62-0,1,2,3,4火口	マグマ噴火	噴煙柱高度12,000 m。東方に降灰。約650 km遠方のウルップ島南方沖でも降灰確認。噴出物の厚さは62火口縁の北側で最大20 m。	北海道東部一帯に降灰。
	6月30日～7月27日	噴火	62火口	水蒸気噴火	小噴火が断続的に起きる。噴火後も濃厚な火山ガス放出が続く。	火山ガス。
1985(昭和60)年	6月19日～6月20日	噴火	62-1火口	水蒸気噴火	高さ80-100 mの黒灰色噴煙。	
1988(昭和63)年	9月下旬～12月中旬	火山性地震			地震発生が徐々に増加。11月15日には有感地震多発。	
	12月13日	有色噴煙	62-2火口		噴煙量が増した灰白色噴煙を目視。同時に火山性微動。	
	12月16日　5：24～12月18日	噴火	62-2火口	水蒸気噴火	吹上温泉で震度3。南東方向約80 kmまで降灰。	
	12月19日～翌年3月5日	噴火	62-2火口	マグマ噴火	小規模な火砕流(最大1.2 km流下)と火砕サージ(最大1.1 km流下)の発生。東北東方向150 km(オホーツク海沿岸)まで降灰。	火口西側15 km以内の住民730名に避難命令。
2004(平成16)年	2月25～26日，4月19日	噴火	62-2火口	水蒸気噴火	有色噴煙。	

多田・津屋(1927)，勝井ほか(1963b)，石川ほか(1971)，札幌管区気象台(1971)，勝井ほか(1987)，勝井編(1989)，Katsui et al.(1990)から編集。

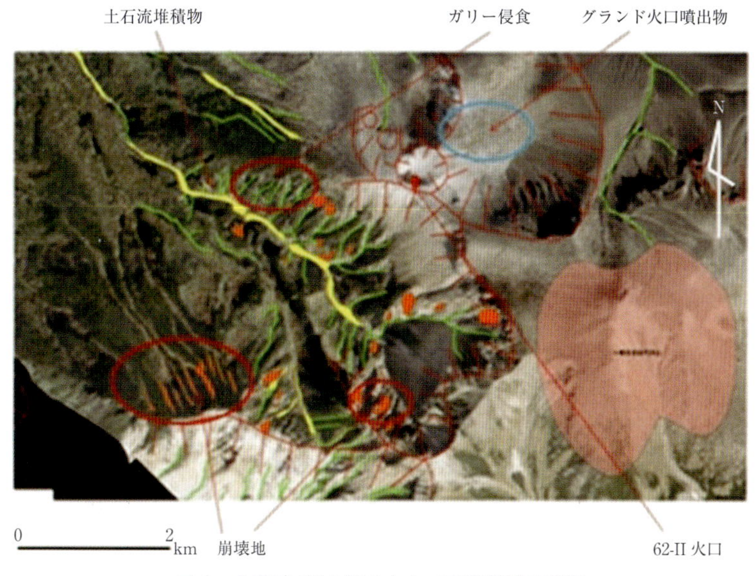

図2　十勝岳2014年のオルソ画像判読の概要

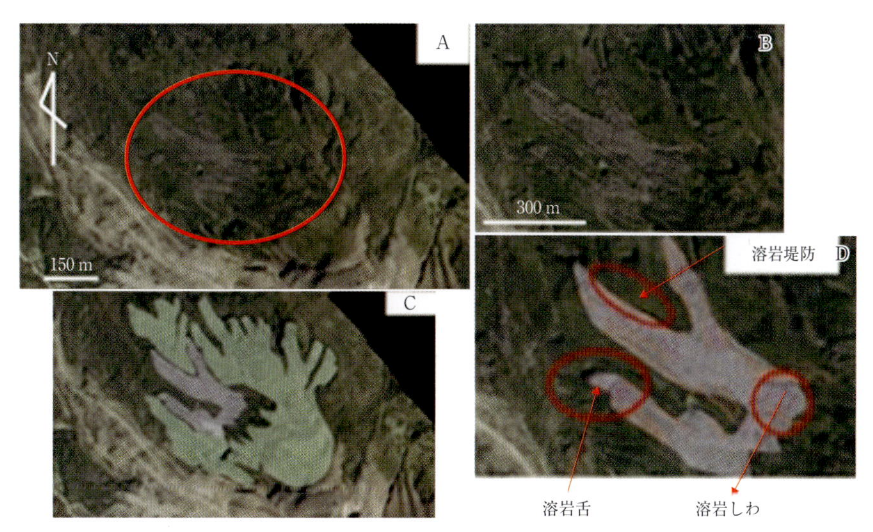

図3　十勝岳北西山麓の古い溶岩1)のオルソ画像判読

Aの円で囲んだ部分はBの写真。C，Dはその判読図。

壊である。さらにガリー侵食は火山特有のものであり，一部は崩壊と連動している。土石流堆積物は，崩壊地やガリーから供給されたものである。

今回撮影したオルソ画像の判読では，溶岩地形の末端が読み取れる（図3，4）。とくに，溶岩の末端の溶岩舌（lava tongue）と溶岩が流動するときにその側端にできる溶岩堤防（lava levee）などである。溶岩堤防ができるのは，溶岩が流れる（この場合はAA溶岩で速度は遅く人の歩行速度くらいであろう）ときに，外側は摩擦抵抗で遅くなり，中の部分はより速く流れるためである。

3　画像システムによる溶岩の判読

画像システムについての概要については，すでに第1部第1章で述べたため省略するが，本節では溶

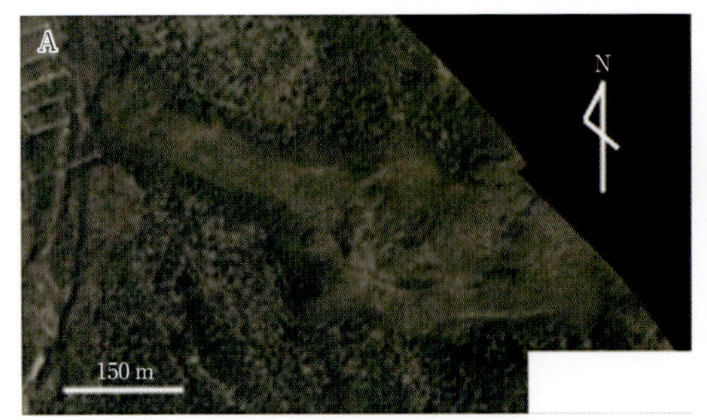

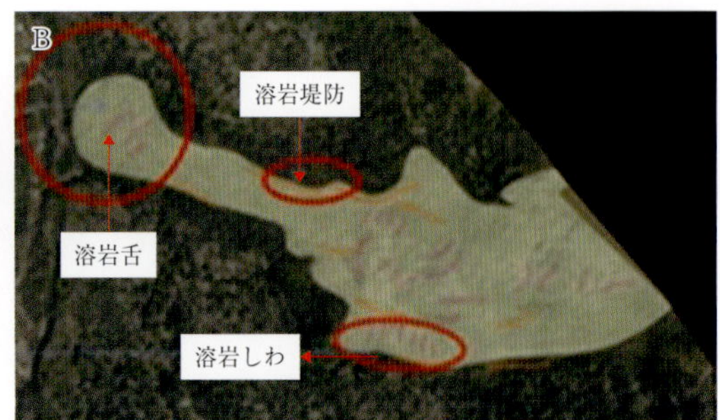

図 4　十勝岳北西山麓の古い溶岩 2)のオルソ画像判読

A がオルソ画像，B が判読結果を重ねたもの。

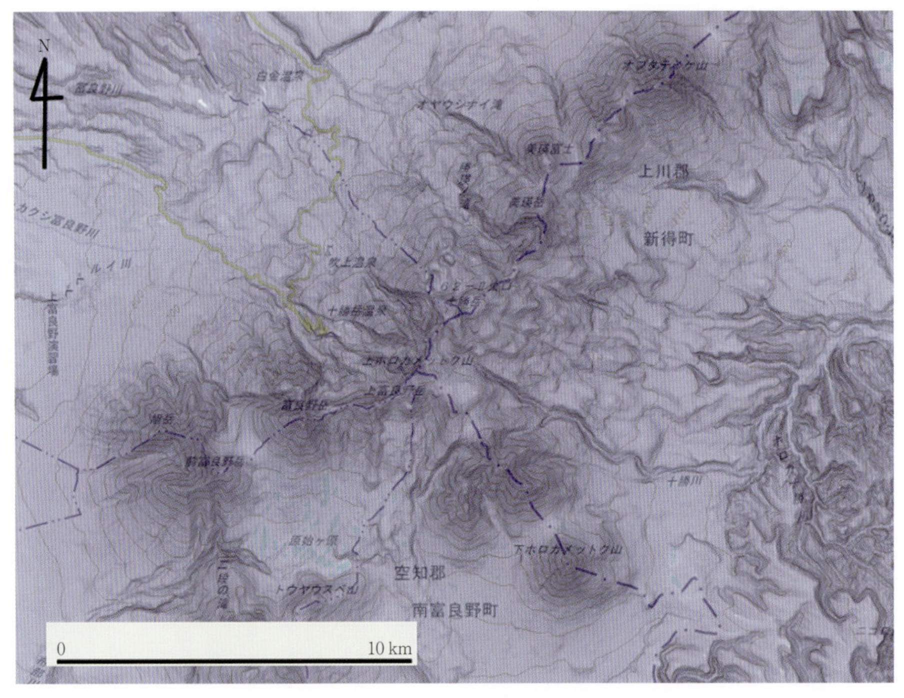

図 5　十勝岳の山体と溶岩流などを示す地貌図(CBZ)

㈱シン技術コンサルの web サイトから。地貌図と地理院地図の合成。

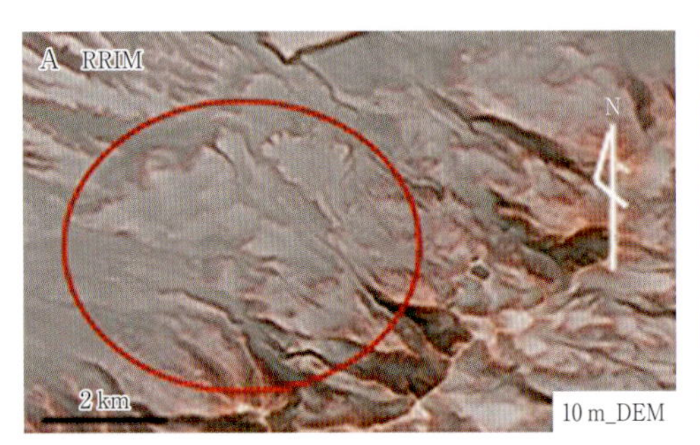

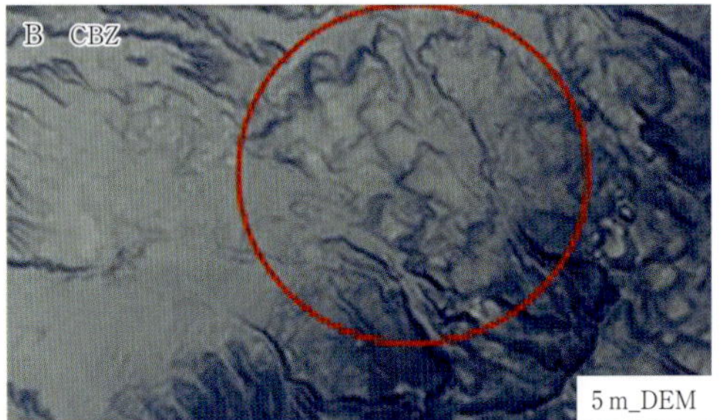

図 6　画像システムの見え方の比較

A が赤色立体画像(RRIM)，B が青地貌図(CBZ)。

岩地形の判読を行った。㈱シン技術コンサルによる地貌図では，十勝岳の火山地形がよく表現されている(図5)。この判読の際には，アジア航測㈱の赤色立体地図(以下，RRIM)と比較しつつ検討した。RRIMで見た場合，千葉(2006)のように火山地形のように凸地形に適しているように見えるが，RRIM(10 m_DEM)と図5の地貌図(以下，CBZ。5 m_DEM)とを比較すると，DEMの違いにもよるが円で囲んだ溶岩の形が前者では内側が平坦か，あるいは凹状に見えるが，後者では内側が盛り上がって見える(図6)。いずれも誇張されているが，両者の中間が妥当のようである。そのほかの部分でもそれぞれ異なって見える。

4　Ballistic blockのデジタル空間技術解析

4.1　噴出岩塊の形態と分類

1988-1989噴火は1988年12月16日の水蒸気噴火で始まり，19日には網走まで降灰が達するマグマ水蒸気噴火が，24日には小規模な火砕流と火砕サージが発生した。翌年1-2月にかけてもマグマ噴火がたびたび発生し，3月5日まで約3ヶ月間噴火が継続した(石塚ほか，2010)。そのマグマ噴火は巨大な岩塊(噴石)を吹き飛ばしたvulcanian eruptions(Yamagishi and Feebrey, 1994)と見られる。その多くの岩塊はグランド火口に散在しており，噴火終了後に現地を訪れた筆者の一人山岸はそれらをballsitic blockと総称して，タイプを，1) jointed block(ジョインテッドブロック)，2) plastic bomb(火山弾)，3) vesiculated blockの3つに区分した。1) jointed block(図7)とは火口で噴火直前まで上昇するマグマの先端に位置していて，急に冷却した冷却節理を有するもの(山岸，1998a)で，平滑な面で囲まれた多面体のブロックである。また，2) plastic bomb(火山弾)(図8)とは，従来からの火山弾に相当する(山岸，1998b)もので，火山噴火の際に溶岩の破片が空中に放出され，それが落下の途中で固化してできた直径64 mm以上の大きさのものである。この場合は火口で噴火直前まで“まだ熱い溶岩”のように塑性状態を保っていたもので，落下した直後においても再び流れ出したものもあった。3) vesiculated blockとは，落下したときにはすでに気泡が抜けて表面がガサガサの状態のものである。以下で扱う噴出岩塊は，多数を占める，1) jointed block

図7　グランド火口のジョインテッドブロック(jointed block)の諸形態
表面は平滑で，内側に向かって外形に垂直な急冷による節理が発達している(jointed blockの特徴)。

塑性状の火山弾が着地時の衝撃で胴切り状に割れ目が入っている

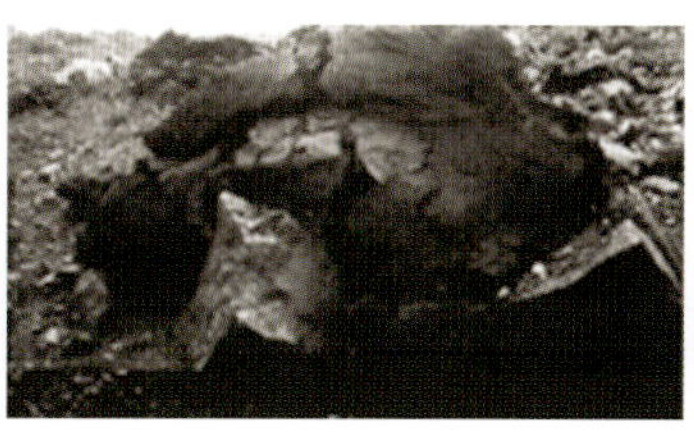

先に落下した噴石に落下した塑性状の火山弾が覆いかぶさっている

表面が発泡した状態の火山弾が衝撃で真っ二つに割れている

図8　グランド火口の火山弾(plastic bombs)の諸形態

と，2）plastic bomb である。

4.2　噴石の噴出距離と体積の GIS 解析

(1)　噴石の判読

本節では，デジタル空間技術を用いて，十勝岳グランド火口に点在する噴石のオルソ画像判読（図 9）と，噴石の体積や飛行到達距離の算出を試みる。まず噴石の判読であるが，1988-1989 年噴火による火山噴出物は，火山弾（bomb）タイプとジョインテッドブロック（jointed block）タイプとが多いことを述べたが，本項では GIS 上で，航空写真（オルソ画像）に写っている噴石を判読・区分する。

使用する航空写真は，㈱シン技術コンサルによって 2015 年 9 月 23 日に撮影されたものである。このオルソ画像を ArcGIS10.2（ESRI 社の GIS ソフト）に取り込み，画像上の噴石の GIS データ（Shape 形式）を作成する。そして，上述の特徴を踏まえてジョインテッドブロック，火山弾に分類する。図 9 はグランド火口上の噴石の GIS データである。なお，属性情報には種別（ジョインテッドブロック／火山弾）と番号を格納している。

(2)　噴石の体積算出

次に噴石の体積算出を試みる。まず，体積の算出に使用する 20 cm 間隔の数値表層モデル（Digital Surface Model：以下，DSM）を作成する。既存の航空レーザ計測データの使用も検討したが，点密度が 20-70 cm であり，小型の噴石形状の把握が困難であると考え，地上画素寸法 12 cm の航空写真から DSM を作成した。なお，DSM の作成には，Application Master（Trimble 社）を使用した。

次に，作成した DSM を用いて噴石の GIS データを補正する。図 10 のように，20 cm 間隔の DSM データから段彩図を作成し，段彩図の起伏を考慮して GIS データの補正を行う。

体積を算出するためには，2 次元の面積（20 cm 間隔の DSM：20 cm × 20 cm）に加え，高さの情報が必要である。高さの情報は，図 11 のように，噴石の範囲内においてフィルタリング処理を行い，処理前の DSM と処理後の DSM との差分を求めることで算出した。そして，噴石 GIS データ内に位置する 20 cm 間隔のポイントデータを生成し，各ポイントには体積値を格納する。

最後に，各噴石の体積を算出する。各噴石に含ま

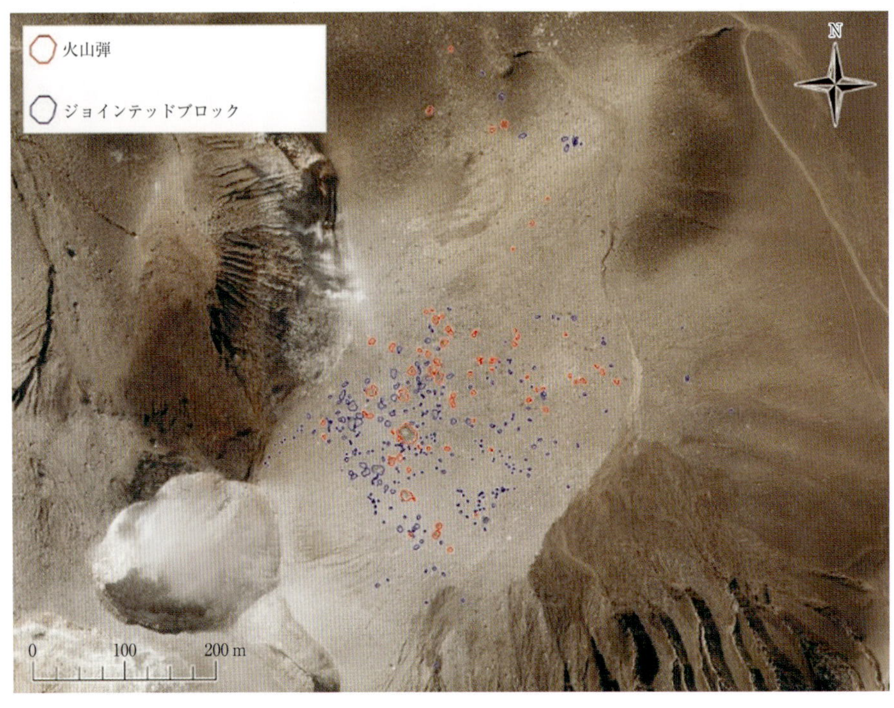

図 9　オルソ画像で見る噴石の分布と区分（GIS ポリゴン）

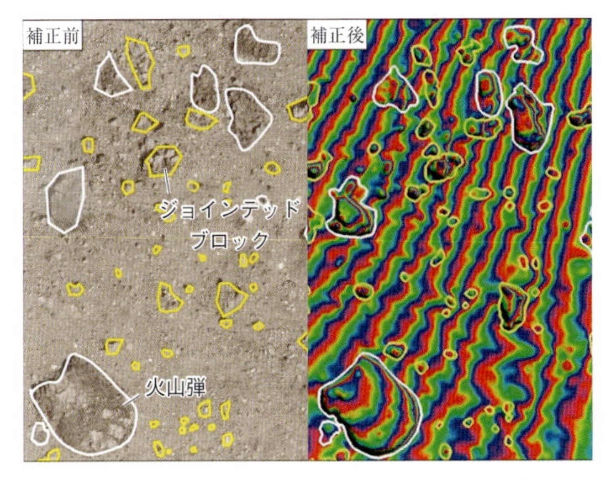

図10　DSMを用いた噴石GISデータの補正

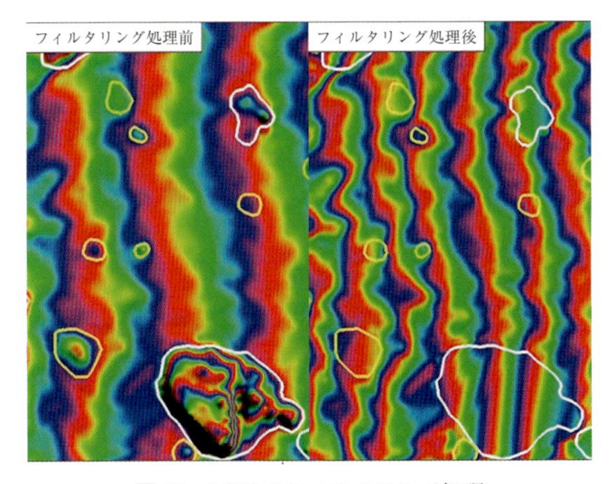

図11　DSMのフィルタリング処理

れるポイントデータを集計することで算出可能であるが，噴石の数が多く，手計算では時間を要する。そこで，GISを用いて効率化を図る。図12は，GISを用いた体積集計のイメージである。まず，ポイントデータに対し，重なり合う噴石データの種別（ジョインテッドブロック/火山弾），番号を付与する。これは，空間的な位置関係に基づく属性結合によって行った。

次にArcMapのディゾルブ機能を用い，同じ種別，番号を持つポイントデータをひとつのデータにまとめる。その際，オプション機能である「統計フィールド」を使用し，同じ番号を持つポイントデータの体積値を集計する。これにより，各噴石の体積が算出される。ここまでの処理により，各噴石の体積が算出された。

一方，噴石の飛行・到達距離は，噴出源である，

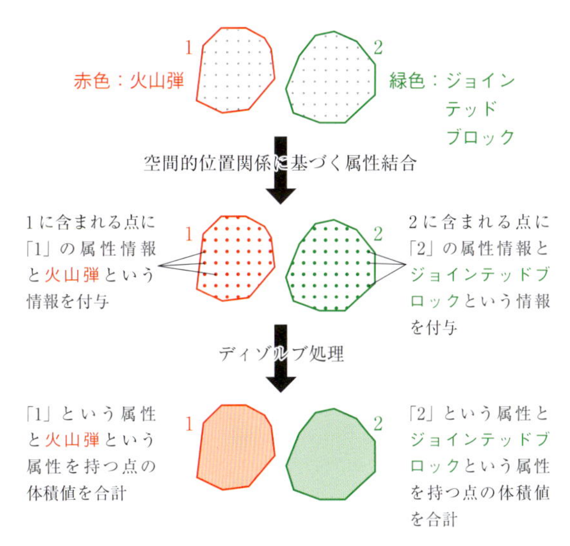

図12　各噴石の体積計算のイメージ

62-2火口の南側火口壁であることが知られているのでそこを中心点とする半径100mごとの円を描いて，それぞれGISのバッファー機能を使って計算した（図13）。体積が算出できれば，火口からの距離の関係などの分析へと発展できる。図14は火口からのすべてのタイプの噴石の大きさなどと到達距離の関係を，GISのバッファー機能とインターセクト機能で解析したもので，300-600mくらいに多いことがわかる。また，タイプごとに見ると，全体としてはジョインテッドブロックが多く判読され，280個以上であるが，火山弾は70個であった。

5　考察と結論

本章では，1）十勝岳山頂付近のオルソ画像判読，2）既存の溶岩流の画像システムによる判読，および3）1988-1989年の噴火時に噴出したグランド火口の巨大な岩塊を含む噴石それぞれの体積の算出を試みた。1）については，1988-1989年噴火以降の十勝岳の2015年9月時点の現況であり，今後のデジタル画像解析のベースとなる。2）については，最近のデジタル画像システムにより，普通の空中写真では判読できない詳細な溶岩流のフローユニットが判読され，火山地形の判読に有効であることを示すことができた。しかし，地貌図（CBZ）のような画像システムは，DEM（デジタル標高モデル）の解像度や，DTM（Digital Terrain Model：樹木の高さなどを

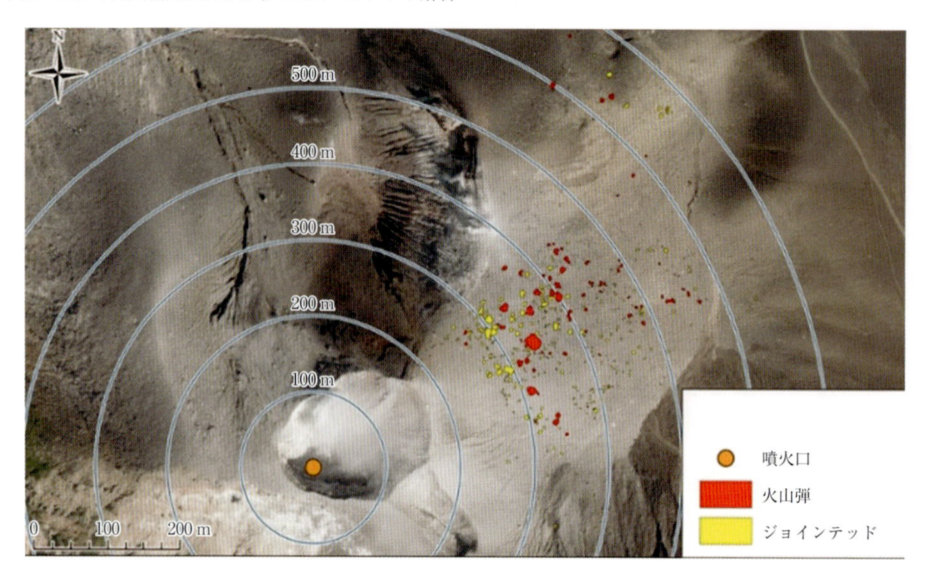

図13　62-2 グランド火口に落下した噴石の分布状況
火口から半径 100 m ごとの円内のバッファーで計算。

火口から 100 m ごとの噴石の個数，最小値，最大値，合計値，平均値など（ArcGIS10.2 による統計情報）

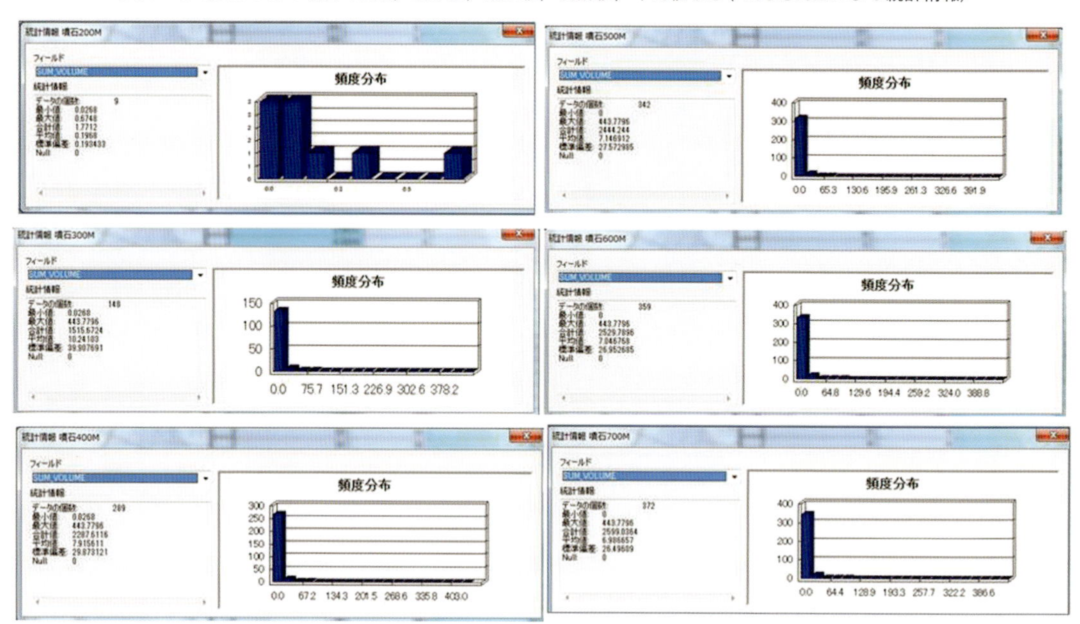

図14　バッファー機能で計算した到達距離ごとの噴石のデータ

差し引いた標高を示したもの)，DSM(樹木の高さなども表示された標高データ)などに依存している。3)については，ある程度大きな噴石のみ算出できたが，それらは同時に噴出した火山灰に埋まっているため，正しい値は算出できなかったこと，垂直写真を用いているため，影となっている部分は算出できないことなど，いくつかの課題が残っているが，Yamagishi and Feebrey(1994)で計測したアナログ写真と現地調査で得たデータよりは，噴火地点からのBuffer機能を使った噴石の体積と距離の関係を含めて，より精度の高いデータを得られたと考えられる。

最近では，さらに航空機や無人航空機(UAVあるいはドローン)により取得する斜め写真から生成されるSfM(Structure from Motion)という3次元データ生成技術なども進歩しており，それらの技術で補完することにより，精度の向上が見込まれる。今後，予想される十勝岳火山の噴火災害対策のためのデータのひとつになれば幸いである。

文　献

1) 千葉達朗編(2006)：活火山 活断層 赤色立体地図で見る日本の凸凹．技術評論社，135 p.

2) 石塚吉浩・中川光弘・藤原伸也(2010)：十勝岳火山地質図．地質総合センター．

3) 山岸宏光(1998a)：火山岩の形態(1)—ジョイン テッドブロック．地球科学，52：244-245.

4) 山岸宏光(1998b)：火山岩の形態(2)—パン皮状火山岩塊と火山弾．地球科学，52：417-418.

5) Yamagishi, H. and Feebrey, C. (1994): Ballistic ejecta from the 1988-1989 andesitic vulcanian eruptions of Tokachidake Volcano, Japan—Morphologies and genesis. *Jour. Volcanol. Geotherm. Res.*, 9: 269-278.

第5部　渓流におけるマスムーブメントのデジタル空間解析

Part 5　Digital Spatial Analyses of the mass movement along the valleys

山岸　宏光
Hiromitsu Yamagishi

山地や丘陵における渓流には，上流からの基盤や河床に由来する土砂が堆積している。その土砂は，豪雨のときなどに一気に下流に動き出し，土石流となって河床や渓谷を侵食して多大な被害をもたらす。

本書では，2016年台風にともなう豪雨により大きな災害となった北海道十勝川での例と古い活火山の渓谷である利尻島の例を挙げる。

第1章では，「2016年十勝川水系ペケレベツ川上流の土砂移動量解析」の事例を，第2章では，「火山性荒廃地におけるデジタル航空写真を用いた土砂移動量」の事例を紹介する。第1章では2016年の度重なる台風が襲った北海道十勝川流域の河川氾濫の際に，ひとつの支流であるペケレベツ川の上流域においてその発生源やその下流の新たな土砂生産量をデジタル空中写真やオルソ画像を活用したデジタル技術により算定したものを紹介する。

第2章は，北海道北端の離島利尻島の北東海岸のオチウシナイ川の渓谷で，雪渓下における移動可能土砂量，土石流発生前後における山腹の地盤高の経年変化を差分解析することによって，山腹の移動可能土砂量を計算したものである。

第1章　2016年十勝川水系ペケレベツ川上流の土砂移動量解析

Chapter 1　Analysis of sediment transport along the upper Pekerebetsu river, Tokachi River system, 2016 Hokkaido, Japan

澤田　雅代・宮崎　知与・上野　順也
Masayo Sawada, Tomoyoshi Miyazaki and Junya Ueno

1　ま え が き

ペケレベツ川は，北海道日高山脈に連なる標高1,359 m の山頂に源を発し，清水町中心市街地の南部を流下して佐幌川に合流する流域面積 46.6 km^2，流路延長 15.6 km の十勝川水系の河川である（図 1）。源頭部の基盤は，古第三紀～新第三紀の日高深成岩類の花崗閃緑岩および花崗岩で，標高 370 m（1 号砂防堰堤）より上流の流域の谷部は，層厚 5 m 程度の崖錐堆積物および山麓緩斜面堆積物で広く覆われている（北海道立地質研究所，2000）。これらは，周氷河性斜面堆積物とされており（山本，1989），明瞭な谷地形が発達していない。また，花崗岩類の表層部は風化が進行してマサ土化し，脆弱である。下流は白亜紀～古第三紀の日高層群（泥岩および砂岩，一部ホルンフェルス化）が分布しており（北海道立地質研究所，2000），現地の観察より渓床の右岸側には比高 10-20 m の 2，3 段の河岸段丘が形成されている。

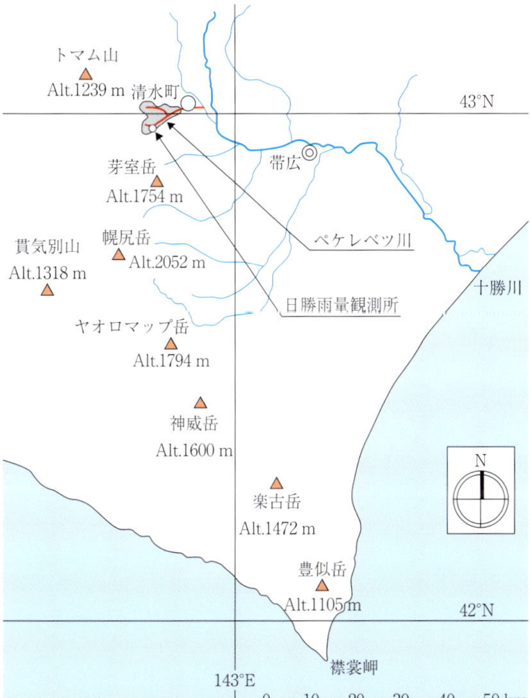

2016 年の台風 10 号は，8 月 21 日に四国の南海上で発生した後，勢力を拡大し 8 月 30 日に岩手県大船渡市付近に上陸し，8 月 31 日に日本海で温帯低気圧に変わった（図 2：気象庁，2017）。東北太平洋岸への台風上陸は 1951 年の統計開始以来，初めてであった。台風 10 号は北海道十勝地方の各地に集中豪雨をもたらし，ペケレベツ川上流の日勝雨量観測所（図 1）にて，総雨量 367 mm，最大時間雨量 46 mm の雨量を観測した。ペケレベツ川の流域内では，多数の斜面崩壊や土石流が発生し，土石流は流下途中に渓床，渓岸侵食で発生した土砂を巻き込みながら規模を拡大したため，大量の土砂と流木が下流の市街地区間に流出した。下流の清水町市街地区間では，移動土砂の堆積，砂礫堆の形成にともない流路が蛇行し，河岸決壊や洪水氾濫，流木による橋梁の閉塞などが発生した。さらに，渓床には今回の出水で流出したマサ土が大量に堆積（残留）している状態であり，今後の融雪期や中小出水によって土砂流出が生じることが指摘されている（小山内ほか，2017）。ここでは，ペケレベツ川で発生した土砂移動の実態について，崩壊地面積の計測や渓流地形区分，渓床横断図の図化などデジタル空中写真を用いて調査した事例を紹介する。

図 1　調査河川位置図（表見返し位置図 5.1）

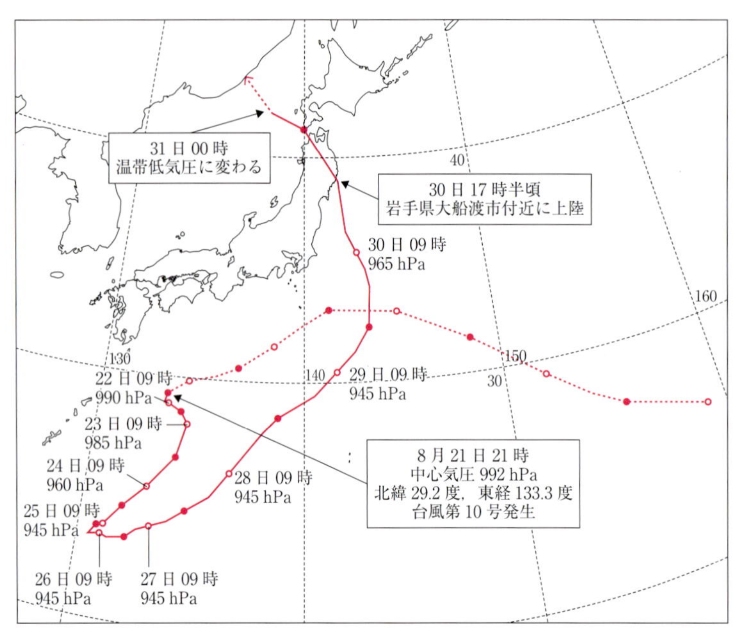

図 2　台風 10 号経路図（気象庁，2017 から転載）

経路上の○印は傍らに記した日の 9 時，●印は 21 時の位置を示す。また，経路の実線は台風，破線は熱帯低気圧または温帯低気圧の期間を示す。

2　流域内の地表変動の計測

調査対象区域は，河川区間の終点（砂防計画基準点）となる町道ペケレベツ橋の上流域（流域面積 31.8 km^2）とした（図 3）。土砂の発生規模，土砂の発生源と堆積土砂の分布などを把握するため，現地調査および空中写真解析により調査を行った。調査結果は，本流路を土石流の発生，発達区間（図 3，区間 F），土石流の流下，堆積区間（図 3，区間 E），掃流区間（図 3，区間 C），渓流保全工区間（図 3，区間 A）および既設砂防堰堤の堆砂域（図 3，区間 B，D）の 6 区間に区分し分析した。

ペケレベツ川における 2016 年の土砂移動では，渓床幅の拡幅が顕著であったことから，土砂移動にともなう渓流地形の変化を詳細に明らかにすること，渓流地形の変化をもたらした土砂の発生源を把握することを目的とした。崩壊発生箇所は広範囲にわたって分布していることから，流域全体の変動を把握するために，土砂移動発生直後の 2016 年 9 月 1-7 日にデジタル空中写真（使用カメラ：UltraCam Eagle）の撮影を行った。また，土砂移動にともなう地形の変化を詳細に明らかにするため，崩壊地分布に加え，侵食されずに残された段丘面，土砂氾濫痕跡，露岩，巨礫の分布などを判読した。デジタル空中写真を用いたことにより，撮影直後にも関わらず任意の場所の実体視が可能となる上に，容易な標高計測や渓床横断図の作成が可能となった。

2.1　山腹における発生土砂量

2016 年豪雨による崩壊面積は，2007 年，2012 年撮影空中写真（土砂移動前：NTT 空間情報㈱撮影）と 2016 年 9 月 1-7 日撮影空中写真（土砂移動後：㈱シン技術コンサル撮影）との比較により把握した。山腹の発生土砂量は発生場の違いにより，渓岸崩壊地と周氷河性斜面内の 0 次谷（1 次谷流域より 1 オーダー下の斜面内の凹地形あるいは集水域）の 2 つに分けて算出した（図 4，図 5）。

(1)　渓 岸 崩 壊

渓岸崩壊による発生土砂は，地質区分を考慮して選定した 30 か所で，崩壊土砂量と残土量を現地で計測して見積もった。この崩壊土砂量から残土量を差し引き崩壊発生土砂量とした。未踏査の崩壊地は，地質条件別に崩壊面積を空中写真判読により計測し，

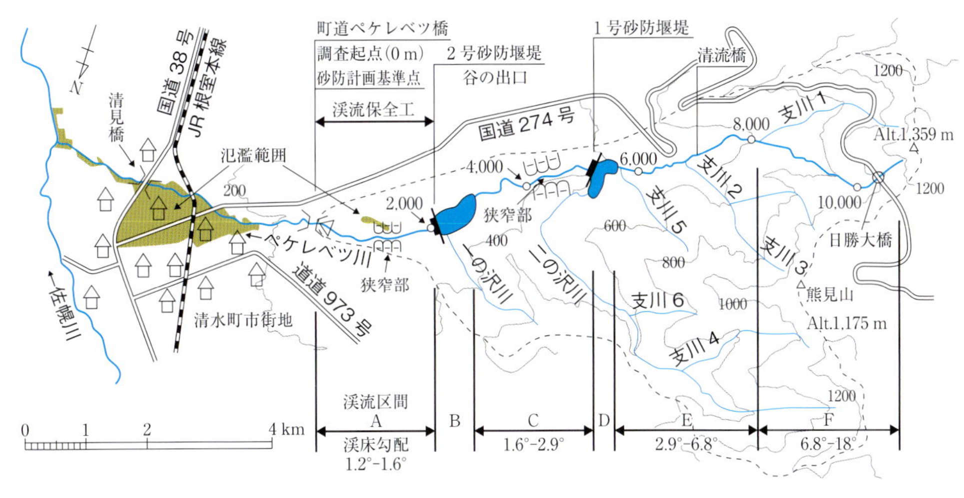

図3　調査流域図

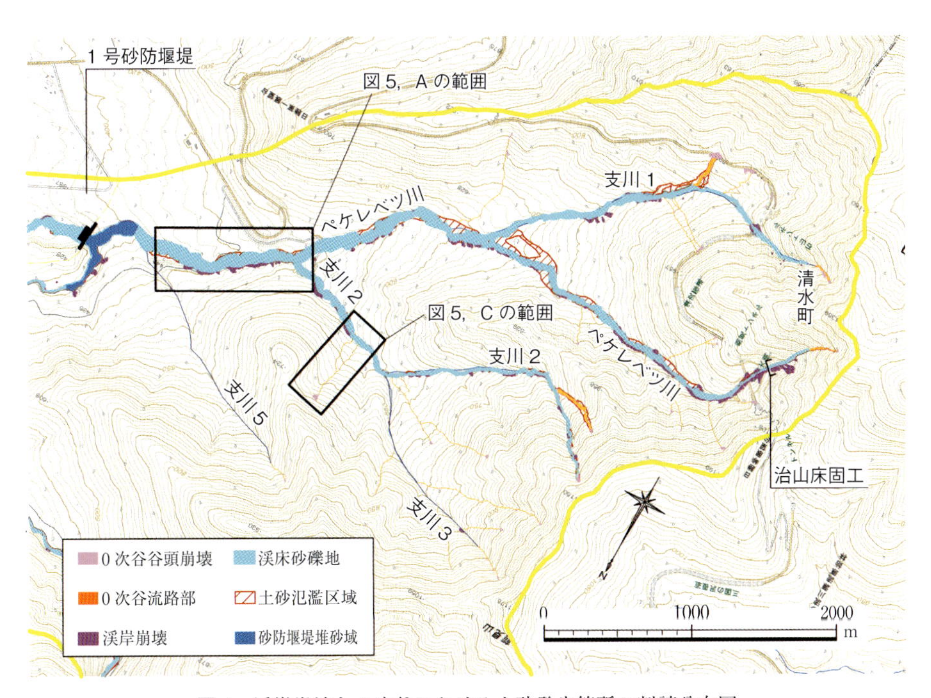

図4　渓岸崩壊と0次谷における土砂発生箇所の判読分布図

国土地理院の電子地形図2万5千分の1を使用している。

現地計測した30か所の崩壊地の崩壊斜面勾配，崩壊深，残土率の平均値により，崩壊発生土砂量を推定した。

現地調査済み

$$Q_{崩} = V_{崩} - V_{残} \cdots\cdots\cdots\cdots\cdots\cdots (1)$$

未踏査分

$$Q_{崩} = (1-\gamma)\cdot\frac{A_{崩}}{\cos\theta}\cdot h \cdots\cdots\cdots\cdots (2)$$

ここに，$Q_{崩}$：崩壊発生土砂量，$V_{崩}$：崩壊土砂量，$V_{残}$：崩壊残土量，γ：残土率，$A_{崩}$：崩壊面積，θ：平均斜面勾配，h：崩壊深。

(2)　周氷河性斜面内の0次谷

周氷河性斜面内の0次谷の発生土砂量は，谷頭崩壊と流路部の発生土砂量を足し合わせて算出した。谷頭崩壊の発生土砂量は上記の渓岸崩壊と同様に推定し，流路部の発生土砂量は，流末の侵食断面を現

A. 渓岸崩壊の発生

B. 渓岸崩壊

C. 0次谷からの土砂発生

D. 0次谷の谷出口

図5　渓岸崩壊と0次谷における土砂発生源の状況

地調査，谷頭崩壊の直下の断面を空中写真解析にて計測し，流路延長を掛け合わせて算出した。

$$Q_{0次}=V_{谷頭}-V_{流路} \cdots\cdots\cdots\cdots\cdots (3)$$

ここに，$Q_{0次}$：0次谷からの発生土砂量，$V_{谷頭}$：谷頭崩壊の発生土砂量，$V_{流路}$：流路部の発生土砂量。

2.2　渓床における発生土砂量

渓床からの発生土砂量を算出するにあたり，適切な横断観測の位置と間隔の設定や横断観測位置での土砂移動前後の地形を把握するため渓流地形を判読し，選定した横断位置における現地調査を行った。

(1)　渓流地形の判読

渓床変動の要因として，比高の低い段丘地形の存在に着目した。十勝平野中央部地域地質図(北海道立地質研究所，2000)によれば，渓流の背後には，第3段丘，第8段丘と2面の河岸段丘，および崖錐堆積物(周氷河性斜面堆積物)，基盤として，日高累層群(泥岩および砂岩)，花崗岩が分布している。渓流内の地形は，土砂移動後のデジタル空中写真の判読により，渓岸崩壊，比高5m以下の段丘地形，現流路を，土砂移動前の空中写真により，旧流路の法線形を判読した(図6，図7)。

(2)　渓床の土砂移動量調査

渓床の土砂移動量は，約500mごとの災害前後の横断形を比較して，平均断面法(流下方向に隣り合う2つの断面の平均浸食，堆積断面積にその区間距離を乗じること)により浸食土砂量と堆積土砂量を算出した。今回の土砂移動発生前の2007年，2012年の空中写真では，樹木が繁茂しており，新しい土砂移動の発生の痕跡を示す土砂堆積地がほとんど確認できないので，2016年8月以前には，大規模な土砂移動が発生していないと判断した。したがって，災害前の横断形は，国土地理院基盤地図情報からダウンロードした10m_DEMより横断図を作成し，現地調査(樹木，植生，残存する表土の痕跡などの調査)により地盤高や断面形を修正した。災害後の横断形は，2016年9月7日撮影のデジタル空中写真から簡易のデジタル図化機を用いて，横断測線上の地形変化点を結んだ線を実体視により作図し，CADデータに変換することにより横断図を作成した(図8)。

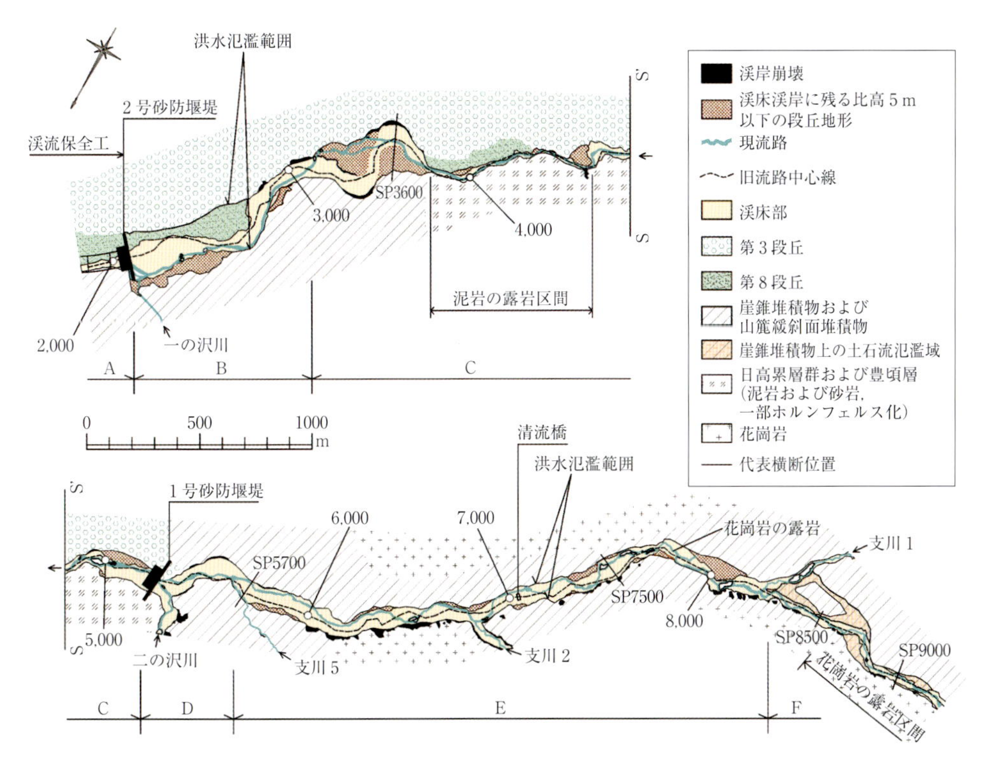

図6　渓流地形区分図

A. 町道清流橋付近の渓床幅拡幅（区間E）

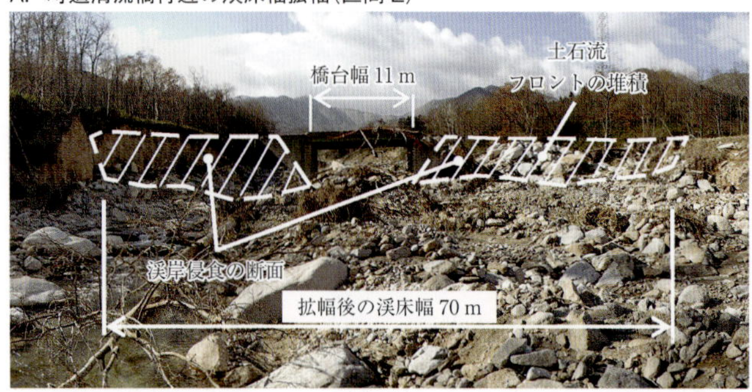

B. 崖錐堆積物の露頭（区間E）

C. 土砂堆積により埋没した段丘地形（区間C）

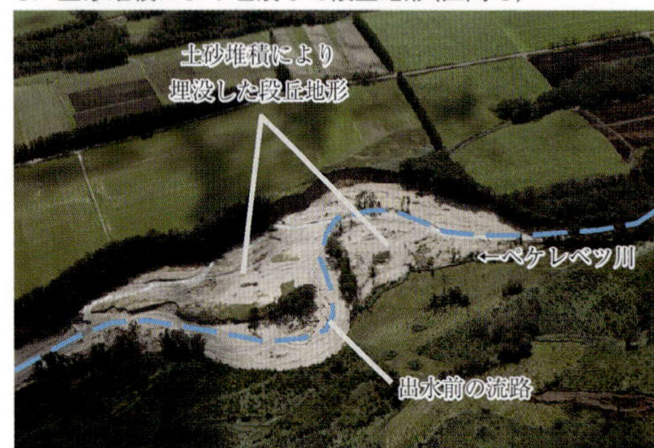

D. 侵食されずに残った段丘地形（区間E）

図7　渓流地形の変動状況

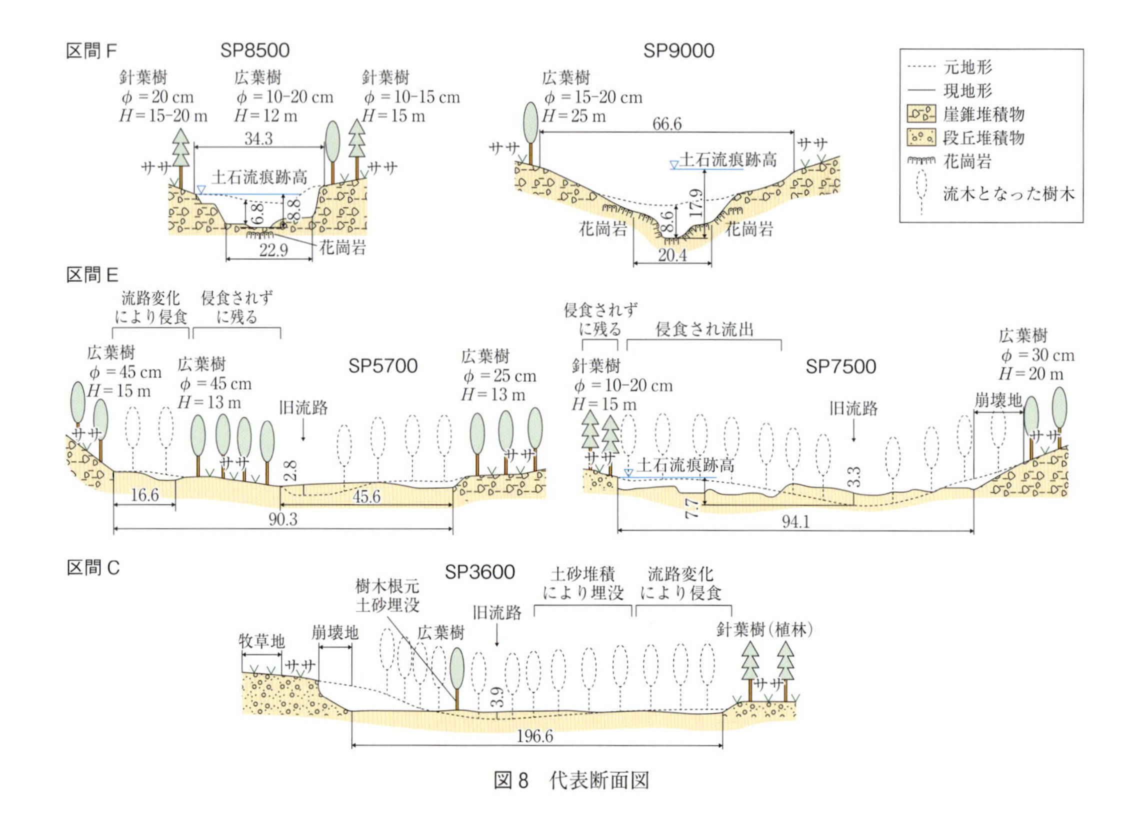

図8　代表断面図

3　発生土砂量の算出結果

上述の渓流地形の変化をもたらしたペケレベツ川流域内の発生源別の土砂量を算出した(表1，図9)。ペケレベツ川の結果は，渓岸崩壊と0次谷を合わせた山腹からの発生土砂量は373,400 m^3(27%)，渓床からの発生土砂量は1,029,400 m^3(73%)となり，土石流発生の起因となった山腹の発生土砂量と比較して，流下途中の渓床の発生土砂量が約2.8倍と大きかった。本支川の割合では，本川53%，支川47%で本川における発生割合がやや大きくなった。

4　土砂収支解析

渓流区間別の土砂収支計算によって流出土砂量も算出した(図10，表1)。土石流の停止位置付近となる1号砂防堰堤堆砂域上流(図3，区間E下流端)の流出土砂量は780,500 m^3，調査起点(図3，区間A下流端)は402,000 m^{3}である。2基の砂防堰堤に約630,000 m^{3}が堆砂したことから，砂防堰堤がなかった場合にはさらに多くの土砂が流出したと推定できる。ペケレベツ川の流出率(調査起点の流出土砂量Q_sを流域内の全供給土砂量Gで除した値Q_s/G)は0.31であり(表1上段)，2基の砂防堰堤がなかったと仮定すると，堆砂量がそのまますべて流出するため流出率は0.79と非常に高くなったことが推定できる(表1下段)。

5　考察と結論

デジタル空中写真を用いた調査・解析により，流域スケールで発生した土砂移動の発生源別土砂量が算出できた。今回の調査では土砂移動前の地形データとして国土地理院基盤地図情報からダウンロードした10 m_DEMを使用した。今後，土砂移動量の算出精度の向上のためには，航空レーザ測量などの精度の高い標高データの整備が必要と考えられる。また，デジタル空中写真の撮影などによる地形の変化の追跡データの蓄積(モニタリング調査)により，長期での土砂移動の実態把握が可能と思われる。

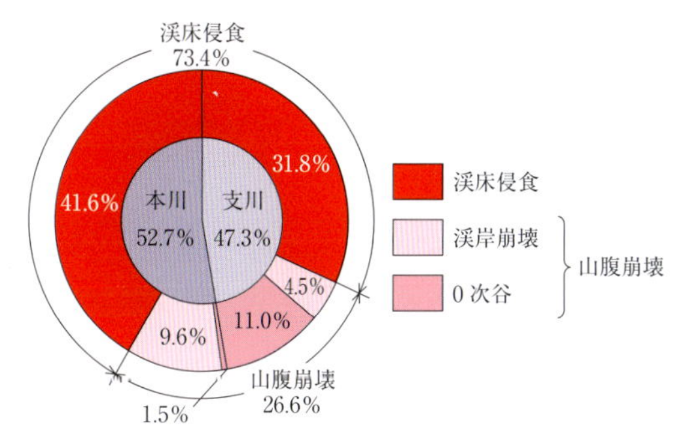

図9　発生源別の土砂量の割合

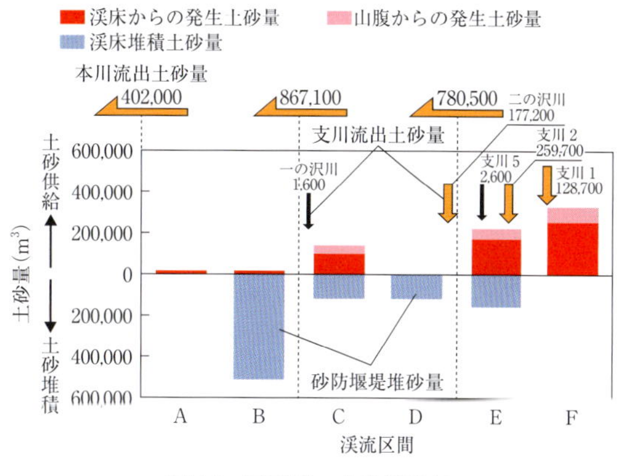

図10　区間別の土砂移動量

表1　土砂供給源別の発生土砂量，渓床堆積土砂量，流出土砂量

算出条件	山腹からの発生土砂量 G_h(m^3)	渓床からの発生土砂量 G_b(m^3)	支川流出土砂量 Q_{tr}(m^3)				供給土砂量 G(m^3) = $G_h+G_b+Q_{tr}$	渓床堆積土砂量 D(m^3)	流出土砂量 Q_s(m^3) = $G-D$	流出率 Q_s/G
			山腹からの発生土砂量 Gtr_h	渓床からの発生土砂量 Gtr_b	渓床堆積土砂量 Dtr	$Q_{tr}=Gtr_h+Gtr_b-Dtr$				
2016年8月土砂移動の観測値	157,000 (11.1%)	583,600 (41.6%)	216,400 (15.5%)	445,800 (31.8%)	92,400	569,800	1,310,400	908,400	402,000	0.31
堆砂を流出に加えた推定値	〃 (〃%)	〃 (〃%)	〃 (〃%)	〃 (〃%)	〃	〃	〃	281,100	1,029,300	0.79

文　献

1）北海道立地質研究所(2000)：十勝平野中央部地域地質図及び説明書，十勝支庁農業振興部発行.

2）気象庁(2017)：災害時気象報告—平成28年台風第7号・第9号・第10号・第11号及び前線による8月16日から8月31日にかけての大雨及び暴風等.

3）小山内信智・笠井美青・林真一郎・桂真也・古市剛久・伊倉万理・高坂宗昭・藤浪武史・水垣滋・阿部孝章・布川雅典・吉井厚志・紅葉克也・渡邊康玄・塩野康浩・宮崎知与・澤田雅代・早川智也・松岡暁・佐伯哲朗・稲葉千秋・永田直己・松岡直基・井上涼子(2017)：平成28年台風10号豪雨により北海道十勝地方で発生した土砂流出．砂防学会誌，69(6)：80-91.

4）山本憲志郎(1989)：完新世における日高山脈北部の周氷河性斜面堆積物の移動期．第四紀研究，28：139-157.

第2章　火山性荒廃地におけるデジタル航空写真を用いた土砂移動量—利尻島オチウシナイ川の事例—

Chapter 2　Debris transport analyses using digital air photos on volcanic devastated area—Example of Ochiushinai river on Rishiri Island, Hokkaido, Japan

上野　順也・宮崎　知与・布田　哲朗
Junya Ueno, Tomoyoshi Miyazaki and Tetsuro Futa

1　まえがき

オチウシナイ川は日本の最北に位置する利尻島を流れる渓流である(図1)。利尻島のほぼ中央に位置する利尻山(標高1,721 m)の山体に源を発して直接日本海に注いでいる。利尻島の地質については，松井ほか(1967)をはじめ，小林(1987)，石塚(1999)などにより，詳細に報告されている。石塚(1999)によると，利尻火山は成層火山と側火山に区分され，噴火活動は約二十万年前から数千年前まで継続されたとされている。なお，利尻火山は現在噴気などの活動が見られないが，2003年の基準に準じて活火山に定義された。石塚(1999)の火山地形図によると，オチウシナイ川は利尻山から放射状に形成された下刻の進んだ谷地形のひとつであり，過去に何度となく土石流が発生している土石流発生頻度の高い渓流である(上野ほか，2009)。土石流被害を防止するための砂防計画では，源頭部の火山性荒廃地から発生する土砂量を把握することが必須となる。しかし，発生土砂量は地形上源頭部の現地調査が困難なため，砂防えん堤の堆砂域における土砂量の観測により間接的に知ることができるだけであった。また，日本で最北部に位置していることから気候は寒冷であるため，ほかの地域では標高の高い山地などで育つ植物が利尻島では標高の低い場所で見られる。さらに，谷出口から上流の渓床には一年中融けない万年雪(雪渓)があり(河島ほか，2000)，地形(雪渓)の変化のみならず，雪渓の変化も考慮して土砂量を評価する必要があった。本章は砂防計画の検討のため，火山性荒廃地における土砂移動量をデジタル航空写真の解析により求めた事例である。

2　デジタル航空写真を用いた土砂量調査

2.1　調査の必要性

オチウシナイ川では源頭部発生土砂の流出抑制を主体として1961年に砂防事業が着手された。しかし，その後も繰り返し土石流が発生したため，砂防計画を修正しつつ土砂災害の防止に努めてきた。

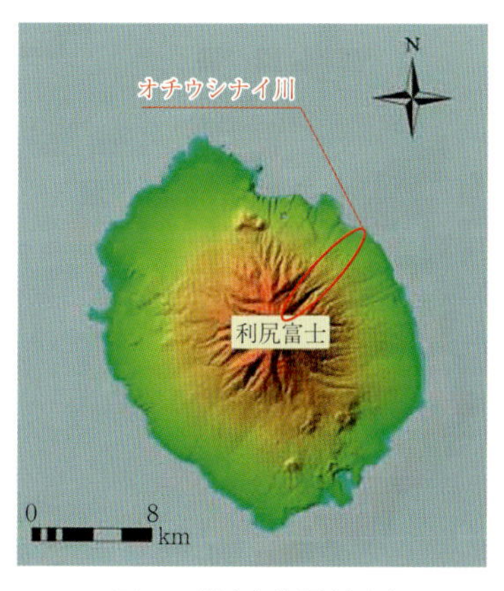

図1　利尻島位置(左)とオチウシナイ川源頭部の状況(右)(表見返し位置図5.2)

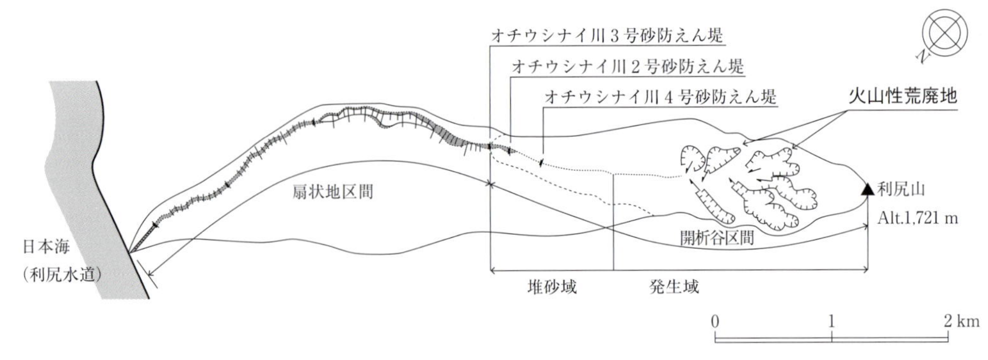

図2　オチウシナイ川流域位置図

これまでのオチウシナイ川砂防計画の課題のひとつとして，発生域(図2の火山性荒廃地のある区域)の移動可能な土砂量の推定方法が挙げられる。発生域では恒常的な落石のため現地調査が困難となっているため，これまでの砂防計画では1 km^{2}あたりの流出土砂量(全国土砂災害の調査から求めた経験値)を準用してきた。しかし，2006年以降，土石流発生頻度が増加し(上野ほか，2009)，当初の砂防計画の施設効果では安全度の面で不足する事態となった。

こうした土砂移動実態を踏まえた砂防計画を立案するため，発生域における移動可能な土砂量を把握することが必要となり，2006年以降デジタル航空写真を用いた土砂移動量解析の調査を開始した。

2.2　調査方法

(1)　計測手法

オチウシナイ川の発生域には雪渓が存在するものの，2007年度調査以降一部の雪渓が消失してV字谷化が顕著になった(図3)。また，発生域の山腹斜面は標高500 m以上であるが，標高1,100 m以上は植生限界のため樹木が少ない。

図3　V字谷化が顕著になった発生域の渓床

オチウシナイ川の流域特性を踏まえ，移動可能土砂量を適切に見積もるため，以下の点について考慮して調査方法を検討した。なお，土砂量調査にあたっては，これまでにレーザプロファイラデータによる方法も数多く提案(松岡ほか，2009)されているが，オチウシナイ川の発生域は植生限界によって植生が少ないことや，雪渓消失状況のほかに崩壊地の拡大や巨礫の移動など地表面の変化を判読することも必要となる。また，アナログ航空写真では谷地形に生じる陰影の除去に問題があったが，デジタル航空写真では陰影の影響を最小限に抑えることができる上に，高密度の標高データを取得することが可能である。よって，デジタル航空写真測量を活用した方法を適用した。

(2)　撮影範囲

オチウシナイ川の発生域は恒常的な落石によって現地調査が困難となっている上に，堆砂域では源頭部から流出した土砂により堆砂が進行している。よって，デジタル航空写真の撮影範囲は3号砂防えん堤上流域を対象とした。

(3)　撮影時期

山腹の積雪は渓床に比較して日照条件がよいことから，秋季までに融けてしまうことが多い。よって，山腹における積雪の影響を回避しつつ，山腹に堆積した土砂変動量の算定するため，2006-2012年にかけて毎年積雪が消失する9-10月にデジタル航空写真測量を実施する。

2.3 解析方法

(1) 渓床の移動可能土砂量

デジタル航空写真測量結果を用いて，渓床における雪渓消失状況を判読し，移動可能土砂が露出した雪渓消失地点の横断地形を計測した。また，渓床堆積物のおおよその厚さを見積もるため，同地点において渓床に堆積している最大礫径(2 軸)を計測する。これにより，移動可能土砂の断面積を推定し，渓流長を乗じて渓床の移動可能土砂量を算定した。

(2) 山腹の移動可能土砂量

デジタル航空写真測量結果を用いて，土石流発生前後の地盤高を計測し，地盤高の差分に集計単位面積($2\,\mathrm{m}\times2\,\mathrm{m}=4\,\mathrm{m}^2$)を乗じることによって土砂移動量を算定する。経年の土砂移動量の変化を分析して，山腹の移動可能土砂量を推定した。

2.4 調査解析の結果

(1) 渓床の移動可能土砂量

2006 年以降の調査で 2008 年調査では渓床における雪渓の消失が著しく，これまで雪渓に覆われていた渓床の地山が露出したので，渓床における横断地形と最大礫径(2 軸)を計測した(図 5)。移動可能土砂堆積面積は横断地形と最大礫径から $A=96\,\mathrm{m}^2$ と推定し，移動可能土砂量は流路延長に移動可能土砂堆積面積を乗じて算定した。

(2) 山腹の移動可能土砂量

2006-2012 年にかけて毎年実施した航空写真測量結果を用いて，土石流発生前後における山腹に堆積した地盤高の変動量を計測した。山腹における土砂変動量は地盤高の変動量にメッシュ面積を乗じることによって算定した。この結果，2007-2008 年にかけての浸食量が最大($125{,}000\,\mathrm{m}^3$)となることが明らかとなった(図 6)。

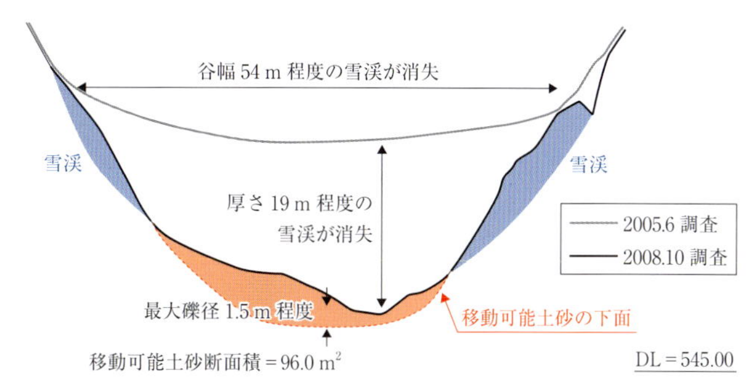

図 5　雪渓下に堆積している移動可能土砂量(SP4576)

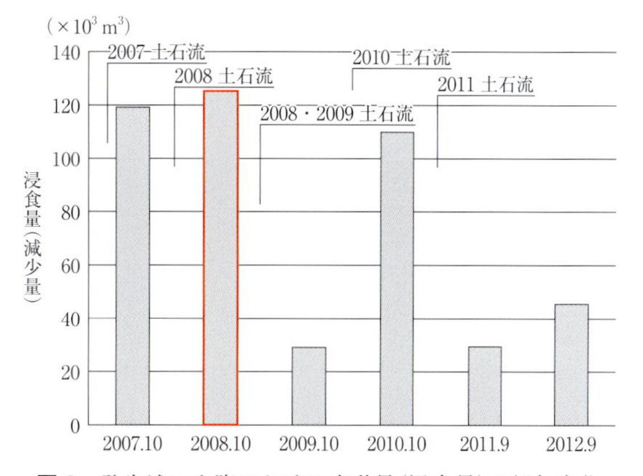

図 6　発生域の山腹における変動量(浸食量)の経年変化

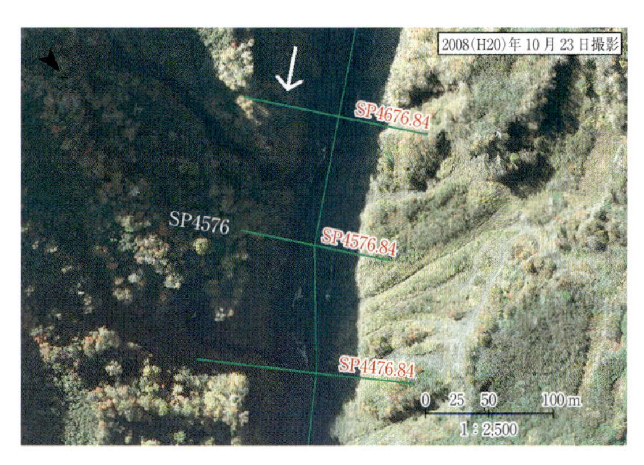

図 4　雪渓消失地点の状況(デジタル航空写真の拡大)

3 考察と結論

北海道利尻島オチウシナイ川における発生域上流の移動可能土砂量を把握するため，デジタル航空写真測量を活用した調査を実施した。その調査方法としては，1)雪渓消失地点における横断地形と最大礫径の計測，雪渓下における渓床の移動可能土砂の堆積断面の推定，2)土石流発生前後における山腹の地盤高の差分解析を行った。その結果，以下のとおり種々の条件下で移動土砂量を推計できたことから，デジタル航空写真の解析の有効性を確認できた。

1) 雪渓消失地点における横断地形などを計測することによって，雪渓下における移動可能土砂量を計算した。
2) 土石流発生前後における山腹の地盤高の経年変

図7　地盤高差分解析に用いた航空写真

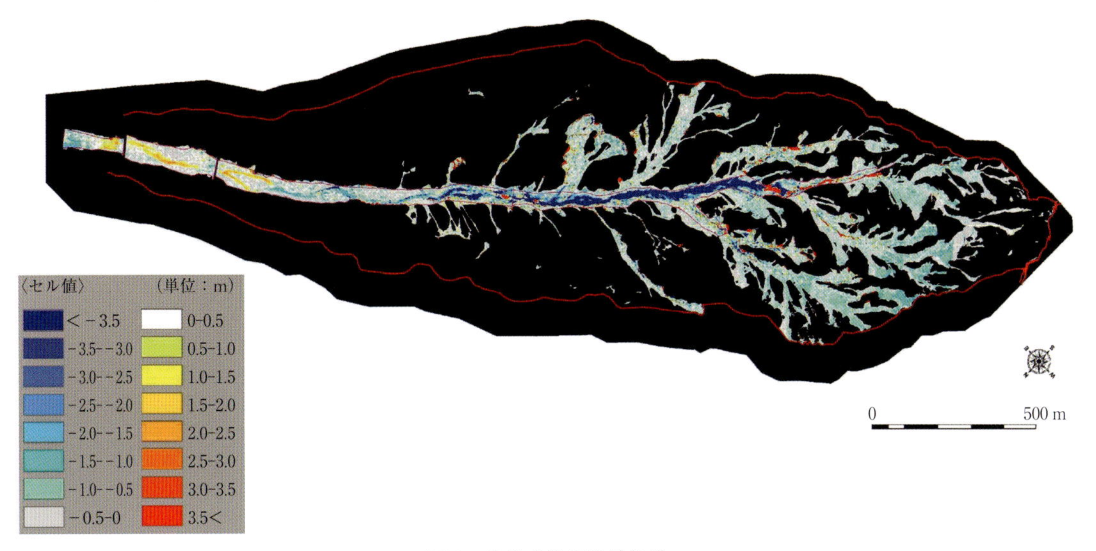

図8　地盤高差分解析結果

化を差分解析することによって，山腹の移動可能土砂量を計算した。

ところで，山腹の移動可能土砂が見直され，2016年4月の砂防基本計画策定指針改定以後はリモートセンシング技術を活用した調査の有効性が認められてきている。デジタル航空写真測量は，樹木の繁茂などにより地表面の判読が困難となる場合もあるが，今回の事例のように雪渓が存在する渓床や植生が少ない山腹における移動可能土砂量の推定が可能となった。現場の条件や調査目的によっては，デジタル航空写真測量は極めて有効であるといえる。

文　献

1) 石塚吉浩(1999)：北海道北部，利尻火山の形成史．火山，44：23-40.
2) 河島克久・納口恭明・遠藤徹・藤井俊茂(2000)：表層コア掘削による利尻山の多年性雪渓の雪氷学的調査．利尻研究，19：79-87.
3) 小林哲夫(1987)：利尻火山の地質．地質学雑誌，93：749-760.
4) 松井和典・一色直木・秦光男・山口昇一・吉井守正・小野晃司・佐藤博之・沢村孝之助(1967)：5万分の1地質図幅「利尻島」および同解説書．北海道開発庁，25 p.
5) 松岡暁・山越隆雄・田村圭司・長井義樹・丸山準・小竹利明・小川紀一郎・田方智(2009)：LiDARデータの差分処理による流域土砂動態把握の試み．砂防学会誌，62：60-65.
6) 上野順也・宮崎知与・布田哲朗・飯田譲・高嶋繁則(2009)：平成21年度砂防学会研究発表会概要集，pp. 344-345.

第6部　地域防災マップの作成

Part 6　Making area disaster prevention map

山岸　宏光
Hiromitsu Yamagishi

編者の一人山岸が，2008年から2013年まで，愛媛大学防災情報研究センターに在職中に，同センターの防災GIS部門を担当してきた。その間に同センターでは，『南海トラフ—巨大地震に備える』という書籍を出版した。その第7節（山岸，2012）で述べたように，四国地方のいくつかの災害因子となるデータのGIS化を試みてきた。「第1章 四国のGIS総合防災マップ」の提唱はその災害因子（活断層，地すべり，崩壊，ため池，地震津波）などをGISで解析・整理したものである。

最近の日本列島は，地球温暖化にともない豪雨が局所的に集中して，土砂災害や河川氾濫が頻発し，2016年熊本地震や2017年北部九州豪雨のように，直下型地震を受けた地域が豪雨にも襲われるという事態に直面している。当然，各自治体では災害危険度マップが作成されている。しかし，土砂災害（マスムーブメント災害）は豪雨でも地震（Yamagishi and Yamazaki, 2018）でも発生し，同時多発的に，あるいは相前後して発生することもある。したがって，多面的に同時多発的に発生する災害に対処するためには，総合的な防災マップが必要であり，そのひとつの例を第1章で示したものである。

文　献

1）愛媛大学防災情報研究センター（2012）：南海トラフ—巨大地震に備える．愛媛大学防災情報研究センター，195 p.
2）山岸宏光（2012）：南海トラフ—巨大地震のためのGISデータの可視化．南海トラフ—巨大地震に備える，愛媛大学防災情報研究センター，pp. 168-180.
3）Yamagishi, H. and Yamazaki, F. (2018): Landslides by the 2018 Hokkaido Iburi-Tobu earthquake on September 6. *Landslides*, 15: 2521-2524.

第1章　四国のGIS総合防災マップ

Chapter 1　Integrated GIS disaster prevention map of Shikoku Island, Japan

山岸　宏光
Hiromitsu Yamagishi

1　まえがき

2011年3月11日の東日本巨大災害は，2014年3月現在で16,000人以上の犠牲者と2,900人以上の行方不明者を出した未曾有の大災害であった。それ以来災害ハザードマップが各地で作られているが，そのほとんどはGIS技術によって作られている。2011年3月11日の東日本大震災では，津波被害の甚大さに比べて土砂災害は少なかった。このことは，陸からやや遠い海溝型地震であったことや，背後の地質地盤が中古生代の古く硬い岩盤であったことが指摘され，地すべり地形はほとんど分布していない地域であるためといわれている。しかし，四国から東海地方にかけての太平洋沿岸地域では，来たるべき南海トラフ巨大地震により，津波(図1)だけでなく，地すべり・崩壊・土石流などの土砂災害を同時に発生させる危惧がある。とくに，四国地方は急斜面が8割を占めていて，わが国でも最も多く，土砂災害が多発することが懸念される。

2　四国地方の災害因子

四国地方はわが国のなかで最も山地が多くを占めており，地すべり地形も3万か所以上を数えて，わが国全体の10%を占めている(バンダリほか，2018)。また，四国南西部は典型的なリアス式海岸であり，来たるべき南海トラフ巨大地震が四国を襲った場合については，最大津波の浸水予想高は34 mを超える海岸(高知県黒潮町)もあると想定されている。したがって，四国地方では津波のみならず地すべり・崩壊・土石流などのマスムーブメント災害が同時に発生することが心配される。そこで，これらすべてを網羅した総合的な危険度マップをGISで作成することが期待される。また四国地方の特殊性として，香川県，愛媛県を中心に3万か所に

図1　内閣府による南海トラフ巨大地震による津波の想定(Yahoo地図による)

達するとされるため池の決壊や土砂流失によるオーバーフローなども危惧される。こうしたことから，愛媛大学防災情報研究センターでは，2010年から南海・東南海地震研究部門と防災GIS研究会(座長山岸)を立ち上げ，さまざまなGIS防災情報の作成や，可視化技術の検討を行ってきた(山岸，2012)。愛媛県では，東日本大震災以前から防災データが準備され，陸上の震度分布，1854年の安政地震をもとに作られた津波到達時間，津波高などのデータも存在していたが未公表であった。その後，2013年6月には初めて土砂災害や津波浸水予想区域についてのハザードマップが愛媛県から公開されている(愛媛県庁洪水浸水想定区域図，http://www.pref.ehime.jp/h40600/suibou/kouzui-sinsuisouteikuikizu-itiran.html；2019年1月11日閲覧)。また，各市町ごとの防災マップ(https://www.pref.ehime.jp/h40700/5743/bousaimap.html；2019年1月11日閲覧)も公開されている。

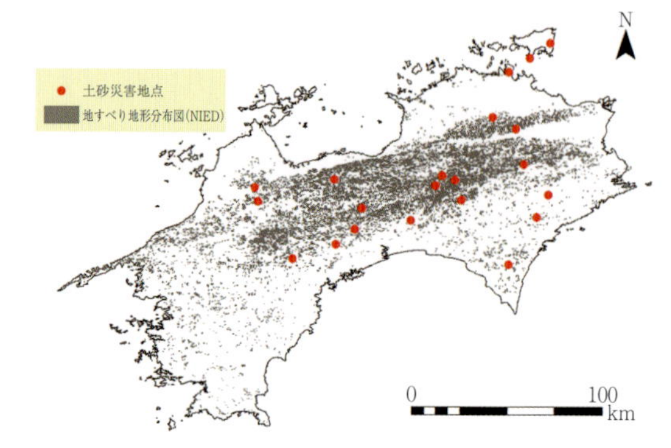

図2　四国の地すべり地形の分布と過去の土砂災害の分布(表見返し位置図6.1)

防災科研の地すべり地形分布図および四国山地砂防事務所(2004)より。

3　四国の土砂災害

四国では，徳島県から愛媛県にかけての地域は三波川帯と呼ばれる変成岩地帯で，わが国でも有数の地すべり地帯(図2)である。したがって，南海トラフ巨大地震が発生した場合，四国南西部の海岸では，東日本大震災と同様な津波被害が予想されるとともに，2004年10月23日の中越地震のように崩壊とともに地すべり災害が多発することも予測される。四国には35,000か所の地すべり地形(防災科学技術研究所(以下，防災科研)が存在し，その多くは述べた三波川帯と呼ばれる片理・断層が特徴的な岩相に集中している(防災科研のウェブサイト，地すべり地形分布図デジタルアーカイブ，http://dil-opac.bosai. go. jp/publication/nied_tech_note/landslidemap/index.html；2018年8月29日閲覧)。この地すべり地形をGISにより解析した事例は，バンダリほか(2018)に紹介しているので，ここでは省略する。

一方，2004年には新居浜で豪雨崩壊が発生した(図3)。つまり，2004年には9月から10月にかけて合計10個の台風が日本列島に上陸した。9月27日に台風21号の進路は西日本を通過し，9月29-30日に四国を通過した際，400 mmを超える降雨が記録された。それにより，愛媛県新居浜市周辺では多数の崩壊が発生し，1,700か所以上に達した(図4，5)。ArcGISを活用して，地理院の基盤地図情報の10 m_DEMを使って傾斜と崩壊数と面積率を計算すると，崩壊数では傾斜区分10-20度にピークがあった(図5：山岸ほか，2012)。さらに最近では，

図3　2004年9月の新居浜で発生した豪雨崩壊(防災科学研究所提供。実体視可能)

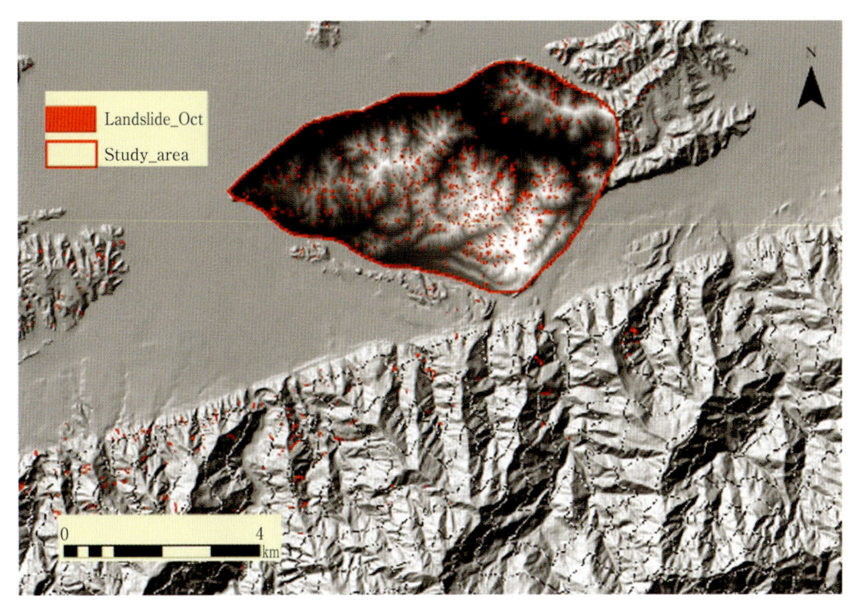

図4　2004年愛媛県新居浜崩壊の崩壊地と計算対象エリア(朝日航洋㈱提供)

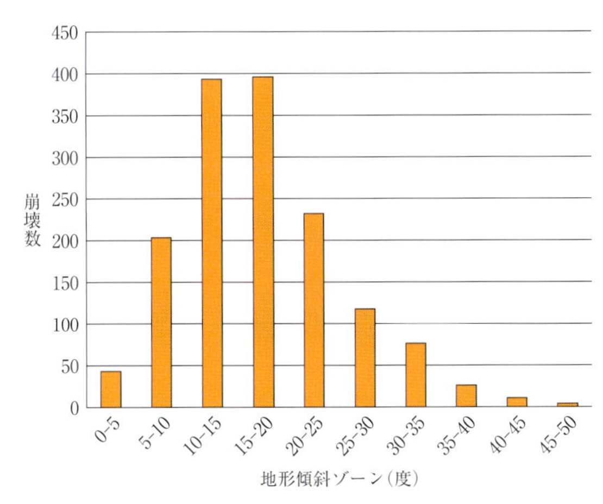

図5　2004年愛媛県新居浜崩壊の崩壊数と傾斜区分との関係

図6　2010年発生の平鍋崩壊

2018年7月の西日本豪雨災害には，宇和島市で，崩壊などで11名が犠牲となった(宇和島市ホームページ，https://www.furusato-tax.jp/saigai/detail/400；2018年8月29日閲覧)。

また2010年には，高知県東部の奈半利川上流で深層崩壊(笹原ほか，2011)が発生した。7月17-20日にかけて1,000 mmを超える豪雨が記録された際，奈半利川上流の平鍋ダム付近で発生した(図6)。上記の笹原らの研究では，国土交通省が撮影したLPデータ(1 m_DEM)から，崩壊前後の微地形の比較をELSA MAP(国際航業㈱)を使って解析した。それによると，崩壊前には緩いクリープ地形が判読され，その豪雨がトリガーとなって崩壊したと述べている。

4　四国八十八ヶ所と地すべり地形・活断層

四国地方では，お遍路さんで有名な八十八ヶ所の仏教寺院が存在している。それぞれの位置情報を示したお遍路八十八ヶ所寺一覧(図7：お遍路八十八ヶ所寺一覧(Google Map)，https://www.google.com/maps/d/viewer?ie=UTF&msa=0&mid=1nx

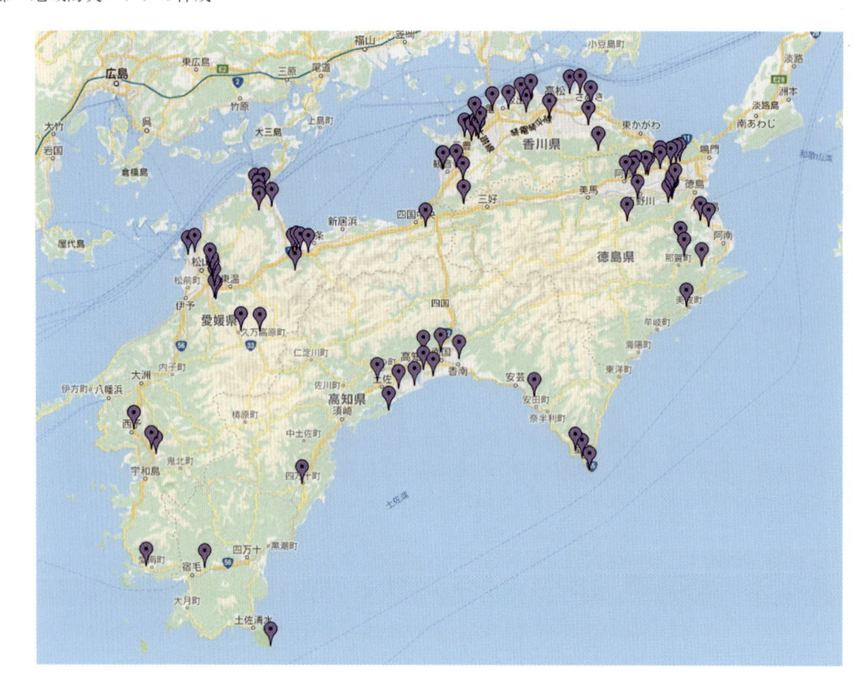

図７　四国のお遍路八十八ヶ所寺一覧（©Google Map）

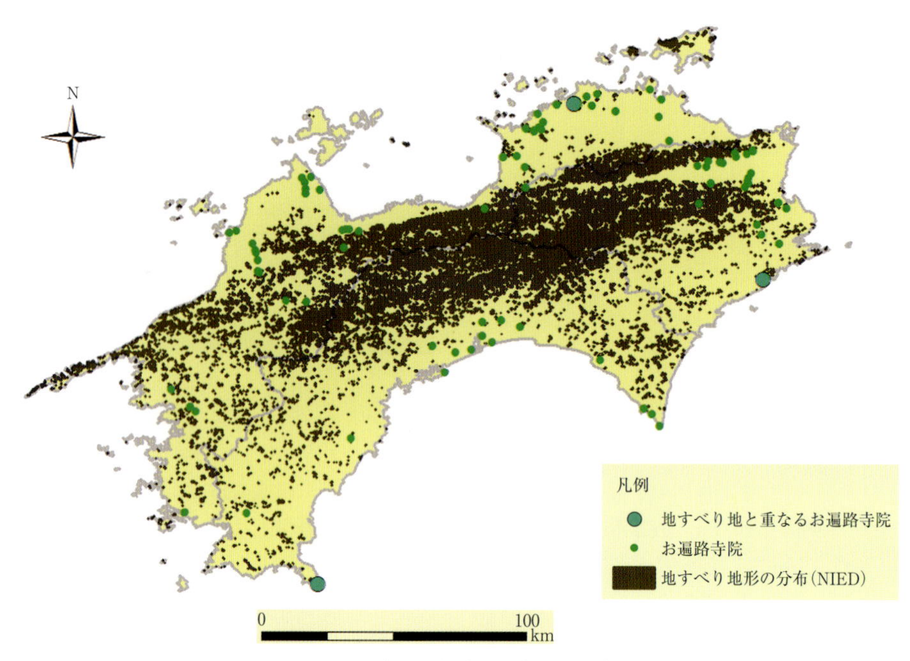

図８　地すべりと重なる寺院の分布

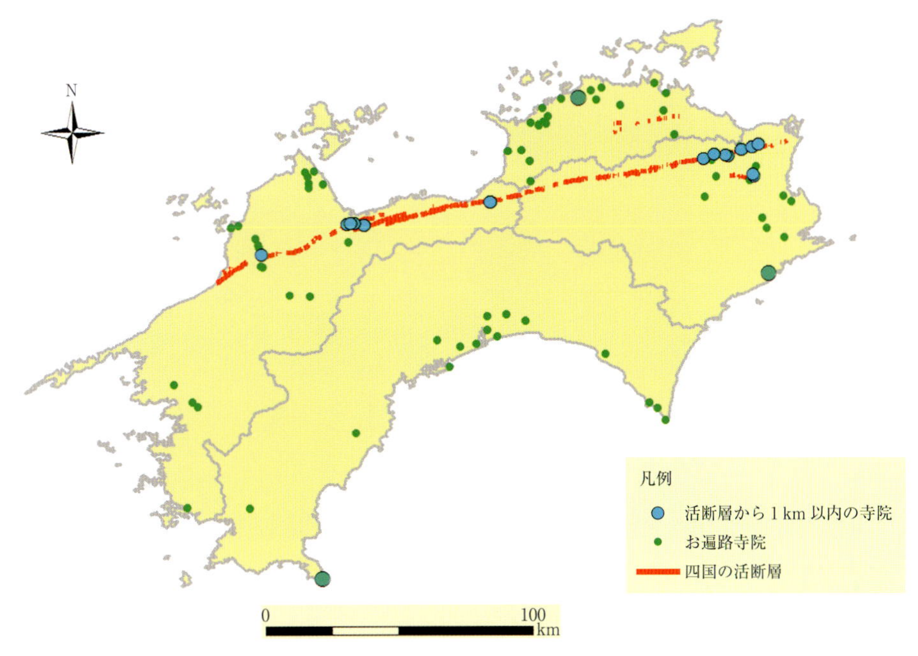

図9　四国の中央構造線（活断層）と八十八ヶ所寺（活断層から1km以内）

XvA3fGWgDasOjUScvlyRydBkQ&ll=33.54690165757819%2C133.56276400000002&z=8；2019年1月11日閲覧）を使用して，NIEDの地すべり地形データベースと寺院との関係をインターセクト（intersect）機能を使用して調べてみた。それによると88の寺院のうち，地すべり地形の上に載っている寺院は香川県で1か所，徳島県で1か所，高知県で1か所であった（図8）。

また四国地方では，1854年の安政地震のように，南海トラフに起因する海溝型地震のほかに，瀬戸内海や宇和海などの地震をはじめ，わが国では第一級の活断層である中央構造線が走っている（図9）。これらの内陸直下型の地震も無視できず，その評価も重要である。そこで，中央構造線の活断層（中田・今泉，2002）とお遍路寺院の関係をArcGIS10.0のジオプロセシング（geoprocessing）のバッファー（buffer）機能を使って調べてみると，図9のように活断層から1km以内の寺が，徳島県で9寺院，愛媛県で6寺院であった。

5　総合防災マップ

愛媛県では，2011年3月11日の東日本大震災の前から，1854年の安政地震をモデルとした津波到達海岸での波高や内陸の震度，地表加速度，液状化率など，いずれも500mメッシュの粗いデータではあるが，すでに作成されていた。また，地すべりや崩落危険度マップ，土石流危険度域マップなども同様であった。しかし，津波到達波高データなどはGISで作られたものでなかったため，愛媛大学では，愛媛県庁などの作業機関と協議しつつGIS化してきた（山岸，2012）。巨大地震の発生は述べたように海岸のみならず，低地での液状化災害，丘陵や山地での土砂災害などが同時に発生する。したがって避難所や避難道路の安全性についても，津波だけでなく土砂災害への対応など総合的に評価する必要がある。またこれらのデータを誰でも見えるようにするには，一般的なプラットフォームが必要である。今回はGoogle EarthとApache（webサーバソフト）などを活用して津波浸水想定・土砂災害（地すべり・崩落・土石流）危険度を同時に表現するソフトを試験的に作成した（図10）。

東日本大震災が発生した三陸海岸と違い，四国の南西部海岸は三波川帯という地質帯に地すべりが集中する特徴がある（図11）。つまり，破砕帯と呼ばれる割れ目の多いクシャクシャの岩盤に特徴がある

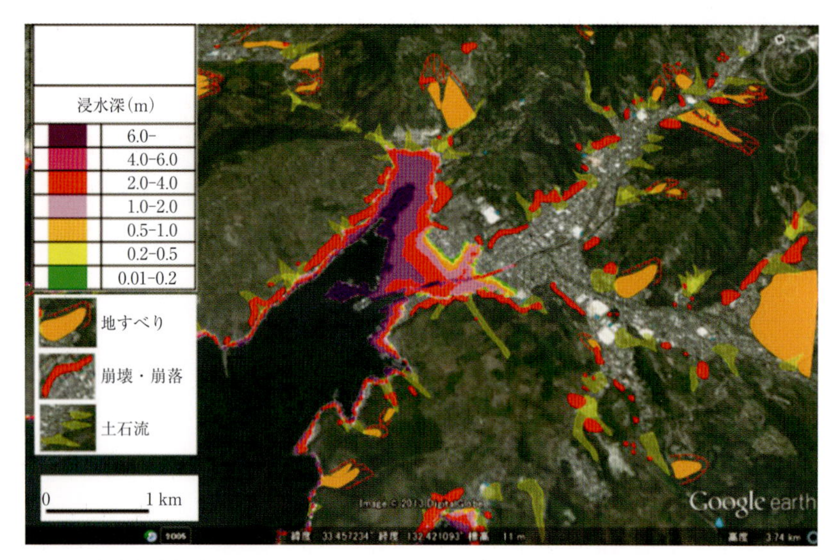

図10　津波浸水想定域，地すべり・崩落・土石流危険域を含む総合防災マップ(Google Earth)の一例(和田壮平による)

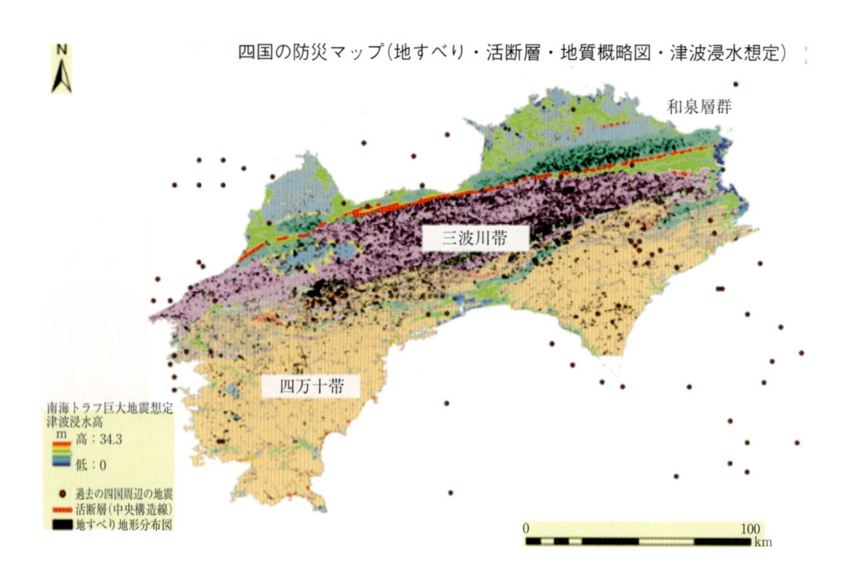

図11　四国の地質図(地質総合センター)，活断層(東京大学出版会)，過去の地震分布，津波想定(内閣府)，地すべり・崩落・急傾斜地を含む総合防災マップの一例

ので，上記のように南海トラフ巨大地震の発生の際には，津波のみならず崩壊や土石流災害などが同時多発的に発生することは確実である。2004年10月の中越地震などの中山間地を襲った直下型地震では，既存地すべり地での土砂災害発生危険度はほかと比べて異常に高かったという研究がある(野呂ほか，2011)。とくに中越地震での地すべり発生は，既存地すべり地内が50%に達したと報告されている。したがって，南海トラフ巨大地震のソフト対策として，津波のみならず，地すべり・崩壊・土石流などの土砂災害を対象に含めたハザードマップ，つまり総合防災マップ(図11など)を確立することが望まれる。

6　四国のため池の地形的分布

2018年7月の西日本豪雨災害では，広島県のため池の越流で子供が犠牲になったという報道があり，ため池の点検が報道された。近年の都市化によってため池近くまで住宅地が進出し，ため池の決壊や土砂流入による越流などによる災害も危惧されていたが，現実のものとなっている。たとえば，愛媛県東温市の丘陵部にも多数のため池が存在している(図12)ように，四国では香川県や愛媛県には多数のため池が分布する。

そこで，まず地形図でその分布や地形的位置関係などを把握して，災害要因である傾斜や活断層，地すべりなどとの関係を探ることを試みた。ため池の抽出には，地理院の基盤地図情報(2万5千分の1レベル)から水部ポリゴンを抽出し，さらに，段彩図からENVY 5を使って，教師つきで読み取って集計データとした。その結果，四国全体では，ため池(ダムなの貯水池を含む)は18,335か所が読み取

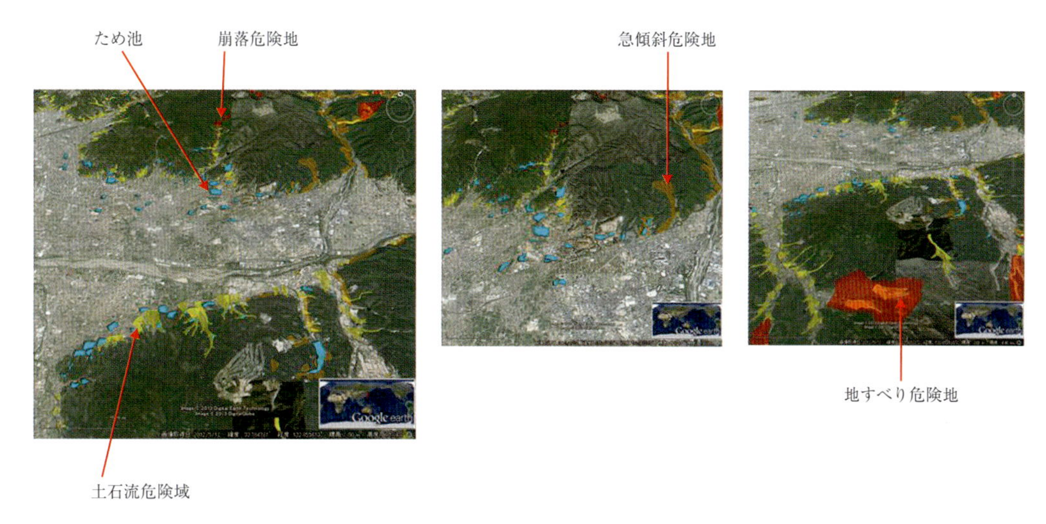

図12　ため池と土砂災害発生予測分布との関連(愛媛県東温市)(Google Earth)

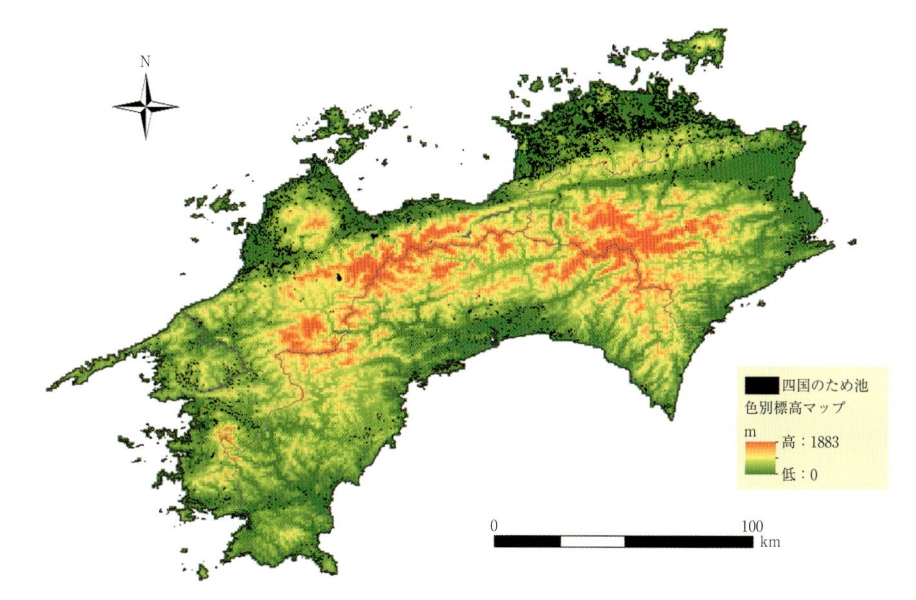

図13　四国のため池・貯水池の分布

れた(図 13)。各県別の数は香川県が最も多く13,287 か所，ついで愛媛県が 7,207 か所，高知県が 1,737 か所，徳島県が 1,574 か所であった(図 14)。また，地理院基盤地図情報から 10 m_DEM(デジタル標高モデル)をダウンロードして標高との関係を見ると(図 15)，10 m_DEM の標高をため池 feature でマスク(抽出)し，それを 50 m ごとに再分類(reclassify)した(ArcGIS 10.2)結果，標高 10–50 m に大部分が分布し，最高標高は 450 m であった。また地形傾斜との関係を見るために，まず 10 m_DEM から Arc Tool Box の Spatial Analyst でサーフェス(surface)→傾斜(slope)で傾斜分布図を作る。同様に，そのラスターをため池 feature でマスクして地形傾斜 10 度ごとに再分類すると，ため池の多くは傾斜の緩い場所につくられていて，0–10 度に 16,000 か所存在しているが，60–70 度の傾斜ゾーンにも存在していることがわかる(図 16)。

ただし，ため池 feature は，ため池ポリゴンの中心をポイントに変換して実施したので，ため池の真ん中の標高を示している。また愛媛県を例に，ため池と活断層や地すべり・崩壊などとの関連を GIS で検討した。ため池とこうした災害危険要因をインターセクトで重ねてみると，多くは標高の低い箇所にあるため，地すべりや土石流の影響を受けやすいものは少ないが，愛媛県では急傾斜地がそばにあるため池は 60 か所あり，地すべりが交差するため池は 121 か所ある。また，活断層である中央構造線から 30 m 以内のため池も数は多くはないが存在する(図 17)。とくにやや高い標高のものもあるので，それらについては，古いため池の場合補強も必要なものもあると考えられる。

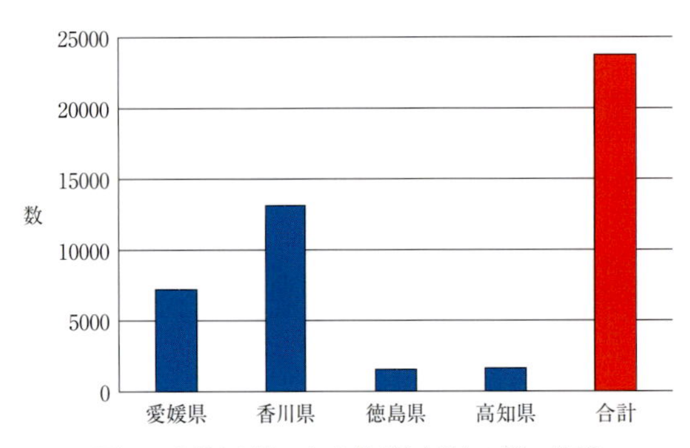

図 14　四国 4 県のため池(貯水池)の数の比較

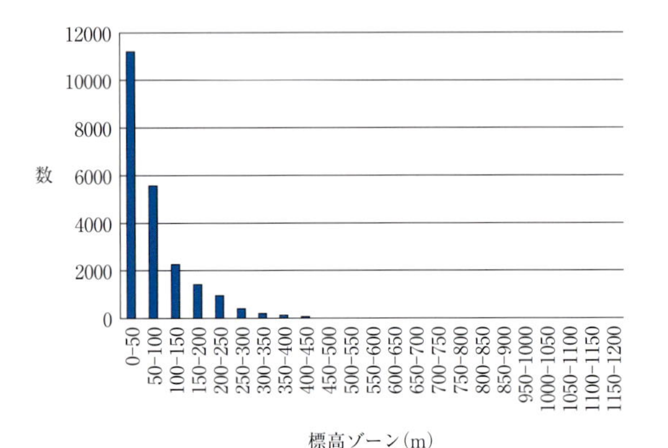

図 15　四国のため池(貯水池)の標高分布

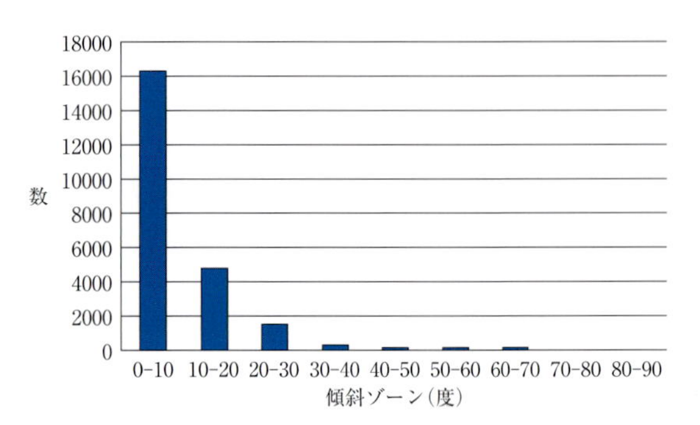

図 16　四国のため池(貯水池)の地形傾斜ゾーン

7　考察と結論

2011 年 3 月 11 日の東日本大震災の発生は，南海トラフ巨大地震の発生が現実味を帯びてきていることを自覚させた(愛媛大学防災情報研究センター，2012)。とくに四国の高知県沿岸では最大 34 m の津波が襲来するとの内閣府の発表もあった。東日本大震災の場合，その後背地である三陸の山地は古い硬岩が分布していて，地すべり地も極めて少ないため，大規模な土砂災害は発生しなかった。しかし，四国の山地は，わが国でも最も急峻な地形が多く，地質的にも多数の地すべり地形が，とくに愛媛県から徳島県にかけて密集している。したがって，太平洋に面する沿岸地域でも背後に急峻な山地が迫り，崩壊・崩落・地すべりが発生しやすいことなどから，地震ハザードマップでは津波のみならず，斜面災害のポテンシャルも同時に記入するなど同時多発的災害に対応したものが必要になる。また，四国には中

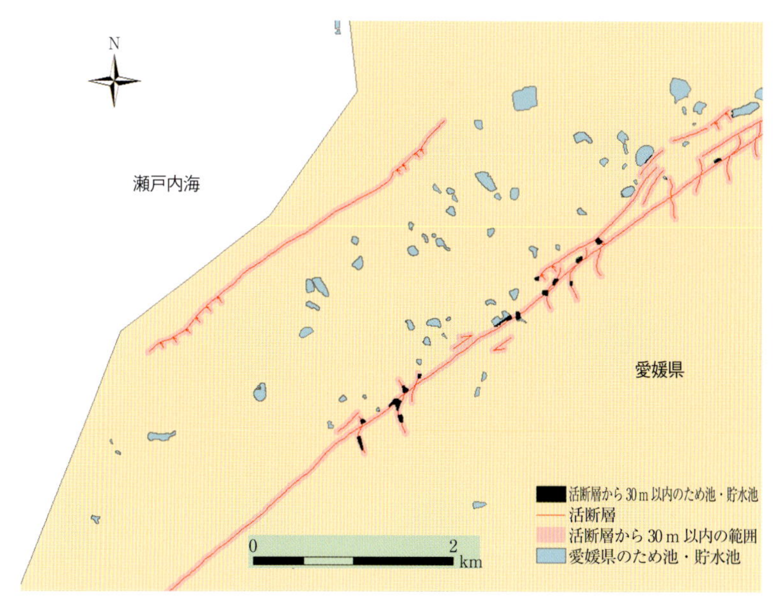

図17　愛媛県のため池と活断層(中田・今泉，2002)の30m範囲内にある箇所

央構造線という有数の活断層が走っており，さらにはため池という被害を受けると甚大な影響を周辺に与える対象も存在する。つまり，これらの事項も考慮して，図11のような総合的な防災マップを，すなわち広域的，地域的なさまざまなスケールの四国総合防災マップといったマルチ防災地図を市町村ごとに構築することが求められている。さらに，最近では大地震と豪雨が相前後して発生して，土砂災害(マスムーブメント災害)が連続して起こることが多くなっていることも，こうした総合防災マップが必要とされる所以である。しかし，紙ベースでは総合防災マップでの表現は難しいが，最近，四国ではweb版の防災マップが公開されつつある。その例が「かがわ防災GIS」である(http://www.bousai-kagawa.jp/public_map/bousai/index.html；2018年8月30日閲覧)。これには，津波，地震，高潮，洪水のみならずため池の越流浸水域まで掲載されている(図18)。また，静岡県の静岡県地理情報システム(https://www.gis.pref.shizuoka.jp/；2018年8月30日閲覧)には，土砂災害予測マップはもとよ

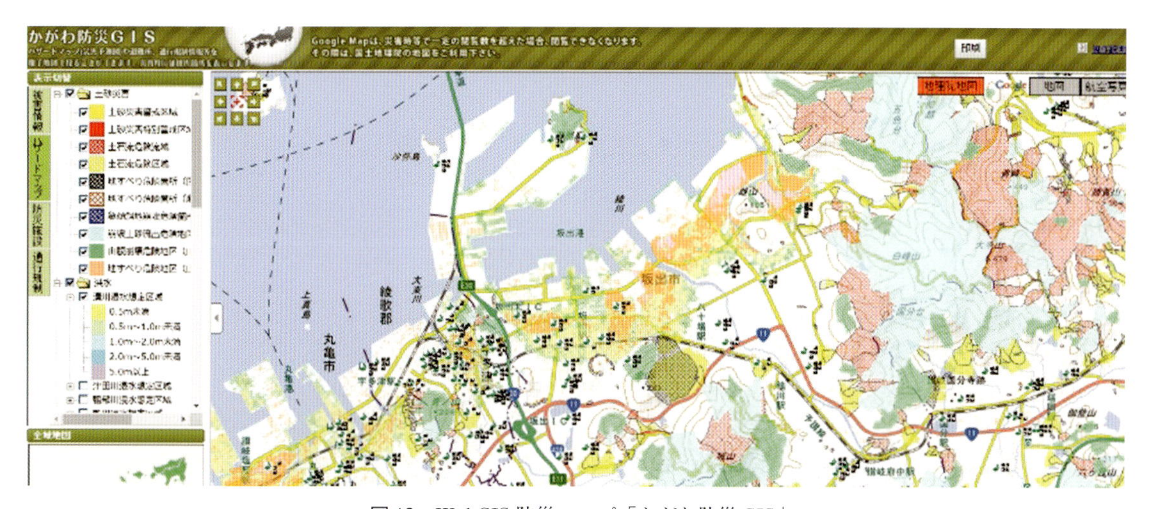

図18　WebGIS防災マップ「かがわ防災GIS」

り液状化，震度分布，安政地震時の津波浸水域に加えて，地形・地質も掲載されている。Web GISマップは，こうしたマルチ災害に対応し，レイヤーとしてお互いに重ねて表現できることに利点がある。

文　献

1)バンダリ ネトラ プラカシ・山岸宏光・矢田部龍一(2018)：四国の地すべりデータベースの構築とハザードマップの試み．山岸宏光編著，防災・環境のためのGIS，古今書院，pp. 6-23.

2) 愛媛大学防災情報研究センター(2012)：南海トラフ―巨大地震に備える．アトラス出版，195 p.

3) 中田高・今泉俊文編(2002)：活断層詳細デジタルマップ．東京大学出版会.

4) 野呂智之・松山清輝・ハスバートル・中村明(2011)：既存地すべり地形における地震時地すべり発生危険度評価手法に関する研究．土木研究所資料，4202，60 p.

5) 笹原克夫・加藤仁志・桜井亘・石塚忠範・梶昭仁(2011)：平成23年台風6号により高知県東部で発生した深層崩壊．砂防学会誌，64：39-45.

6) 笹原克夫・桜井亘・加藤仁志・島田徹・小野尚哉(2012)：LiDarによる深層崩壊発生斜面の地形学的検討―平成23年台風により高知県東部に群発した深層崩壊の事例解析．京都大学防災研究所特定研究集会，23C-03，深層崩壊の実態，予測，対応(研究代表者千木良雅弘)，pp. 1-10.

7) 四国地方整備局四国山地砂防事務所(2004)：四国山地の土砂災害．68 p.

8) Van Westen, C. J., Castellano, E.and Kuriakose, S.L. (2008): Spatial data for landslide susceptibility, hazard, and vulnerability assessment: An overview. *Engineering Geology*, 102: 112-131.

9) YAHOO 地図・南海トラフ巨大地震の津波被害想定 https://map.yahoo.co.jp/maps?&lat=33.4508527&lon=135. 771196&z=8&layer=tsunami&v=3 (2019年1月12日閲覧)

10) 山岸宏光(2012)：南海トラフ巨大地震のためのGISデータの可視化．南海トラフ―巨大地震に備える，愛媛大学防災情報研究センター，pp. 168-180.

11) 山岸宏光・土志田正二・畑本雅彦(2015)：最近の豪雨崩壊および既往の地すべりにおける地形・地質要因のGIS解析．日本地すべり学会誌，52：12-22.

あとがき
Postscript

志村　一夫
Kazuo Shimura

『空中写真によるマスムーブメント解析』が2000年に出版され，最終校正が有珠山噴火の最中であった。その後の19年間という月日にコンピューターの急激な進歩と，GIS環境が技術的にも法整備の面でも画期的に整備され，それを取り巻く複雑な処理ソフトが急速に進化し，当時無理と思われたことが可能となった。多くの環境がアナログからデジタルに変わり，写真の現像時間がなくなったことやデータの転送方法が飛躍的に変わったことも大きい。つまり，災害時にはデジタル空中写真で撮影されたデータが，次の日の朝にはオルソ画像として対策本部に届けられる。また状況写真も整理が迅速に実行され，写真とともにその日のうちに固定のサーバよりダウンロードできるという仕組みが確立されてきたのもアナログ時代との大きな変化である。

編著者の一人志村は，1971年(56洪水)の大洪水時に，初めて航空機に乗り込み2日間で18時間に及ぶ被災写真を撮り続け，自然災害の恐ろしさと脅威に驚かされたものである。以来，この間の4半世紀の間に，岩盤崩落，地震による斜面災害，火山活動，風水害などの自然災害を空の上から被災写真として記録し続け，200時間を超えるフライト経験を持っている。最近での2016年には，8月台風7・9・10・11号の4個の台風が北海道に大きな被害をもたらし，その対応に3機の航空機と多くの航測技術者の手を煩わせた。また，本書最終原稿取りまとめ時期の2018年9月6日午前3時8分頃に北海道胆振東部地震が発生し，北海道で初めてである震度7の地震と全道停電のブラックアウトを経験した。この日も停電の最中，早朝より被災状況撮影のフライトが始まり，午前11時には広範囲の斜面崩壊が確認された。このように，本書で扱ったデータ(とくに画像)の多くは，わが社㈱シン技術コンサル)の長きにわたる経験の蓄積によって取得されたものであり，これらのデータが，いずれ予知・予測に役立つ資料として活用されることを期待している。

さらに国土地理院などから，既存の過去の画像や標高データ(DEMなど)が手軽に入手可能となったことにより，データの比較・解析などが容易になったことも，本書の出版の大きな力となったことは否めない。

これらのデータは，本書第2部第2章にあるような地貌図と呼ばれる特殊な画像システムに生かされ，地すべりや火山などの地形分析に有効であることが実証された。また，本書第2部第3章，同第3部第1章，同第4部第1章で見られるように，発生前と発生後の標高データの差分により地すべりなどの土砂の体積などが迅速かつ容易に得られるようになったことも画期的なことである。さらに，本書第2部第4章，第3部第2章に示した標高の自動抽出技術を利用した地形の3次元点群解析も新しい技術であり，有用な解析手法であることが証明された。

このような新しい技術が，ますます防災・減災に寄与できると自負している。本書が測量や土木・地質コンサルに携わる方々，これから学ぼうとする若い技術者・研究者・学生の方々に広く読まれることを期待する。

事項索引

ア行

カ行

サ行

タ行

ナ行

ハ行

マ行

ヤ行

ラ行

数字・アルファベット順

地名索引

ア行

カ行

サ行

タ行

ナ行

ハ行

マ行

ヤ行

ラ行

アルファベット順

編著者一覧

編著者

山岸　宏光(やまぎし　ひろみつ)序文，第1部，同第1章，同第2章，第2部，同第1章，同第2章〈共〉，同第3章，同第4章(共)，第3部，同第1章(共)，同第2章，同第3章(共)，第4部，同第1章(共)，同第3章(共)，第5部，第6部，同第1章

主な経歴

1966-1999年北海道立地下資源調査所環境地質部(現：道総研地質研究所)。1999-2008年新潟大学理学部自然環境科学科教授，2004-2006年日本地すべり学会会長，2010-2013年愛媛大学防災情報研究センター教授。現在，(株)シン技術コンサル技術顧問，北海道総合地質学研究センター(HRCG)理事，CEMI北海道理事，日本地すべり学会名誉会員。専門は地質学で，斜面災害，火山災害，GIS(地理情報システム)などの研究に従事。理学博士，GIS上級技術者。

主な著書・論文

1. 山岸宏光(1993)：北海道の地すべり地形．北海道大学図書刊行会，392p.
2. 山岸宏光(1994)：水中火山岩　アトラスと用語解説．北海道大学図書刊行会，195p.
3. 山岸宏光・志村一夫・山崎文明(2000)：空中写真によるマスムーブメント解析(CD-ROM付)．北海道大学図書刊行会，221p.
4. 山岸宏光編著(2012)：北海道地すべり地形デジタルマップ(付DVD)．北海道大学出版会，100p.
5. Yamagishi, H. and Bahndary, N. P. eds. (2017): GIS Landslides. Springer Verlag Nature, 230p.
6. 山岸宏光編著(2018)：防災と環境のためのGIS．古今書院，150p.
7. 山岸宏光・土志田正二・畑本雅彦(2016)：最近の豪雨崩壊および既往の地すべりにおける地形・地質要因のGIS解析．地すべり学会誌，第52巻，pp. 12-22.
8. Yamagishi, H. and Moncada, R. (2018): TXT-tool 1.081-3.1 Landslide Recognition and Mapping Using Aerial Photographs and Google Earth, Landslide Dynamics: ISDR-ICL Landslide Interactive Teaching Tools, Volume 1: Fundamentals, Mapping and Monitoring, pp. 67-82.
9. Jie Dou, Yamagishi, H. Zhongfan Zhu, Ali P. Yunus, Chi Wen Chen (2018): TXT-tool 1.081-6.1 A Comparative Study of the Binary Logistic Regression (BLR) and Artificial Neural Network (ANN) Models for GIS-Based Spatial Predicting Landslides at a Regional Scale, pp. 139-151.
10. Yamagishi, H. and Yamazaki, F. (2018): Landslides by the 2018 Hokkaido Iburi-Tobu Earthquake on September 6, Landslide, 15: 2521-2524.

志村　一夫(しむら　かずお)第3部第4章(共)，第4部第2章(共)，あとがき，動画作成

主な経歴

1969年～シン航空写真株式会社(現：株式会社シン技術コンサル)入社。洪水・崩壊など自然災害の空中写真撮影・測量調査に従事。1988年～十勝岳噴火災害・北海道三大地震航空測量・道路管理システムGISの構築(航測部長)，1996年～駒ヶ岳噴火・有珠山噴火航測調査・デジタル航測に従事(常務取締役)，2013年～同社代表取締役。専門は写真測量学で，防災デジタル測量に従事。Digital北海道研究会理事，日本測量調査技術協会理事。

主な著書・論文

1. 菱沼勇之助・志村一夫(1990)：空中写真によるササ地の判読と解析．日本林学会第101回大会発表論文集，pp. 229-230.
2. 志村一夫・小林茂夫・細谷和夫(1991)：航空写真を利用した雪氷調査．日本雪氷学会北海道支部編『雪氷調査法』，北海道大学図書刊行会，pp. 187-196.
3. 木下良作・志村一夫・山崎文明(1991)：洪水時河床音響調査へのホバークラフトの利用．土木学会水工学論文集，35：691-694.
4. Yamagishi, H., Shimura, K. and Kurata, T. (1995): Landslides along the coast from Ainuma to Toyohama, southwestern Hokkaido, Japan. Jour. Japan Landslide Society, 31(4): 23-29.
5. 山岸宏光・志村一夫・山崎文明(2000)：空中写真によるマスムーブメント解析(CD-ROM付)．北海道大学図書刊行会，221p.
6. 志村一夫(2009)：自治体における防災GISの構築．橋本雄一編著『地理空間情報の基本と活用』，古今書院，pp. 88-95.
7. 加藤晃司・森明巨・志村一夫・近藤峰男・森谷友博(2010)：石狩川で観測された並列ラセン流の強度分析．日本土木学会平成22年度論文報告集，67：B-2.

執筆者(50音順)

伊藤　陽司(いとう　ようじ)第2部第5章(共)
北見工業大学工学部准教授，博士(工学)

上野　順也(うえの　じゅんや)第5部第1章(共)，第5部第2章(共)
株式会社シン技術コンサル課長代理，RCCM(河川，砂防及び海岸・海洋)

奥野　祐介(おくの　ゆうすけ)第1部第1章(共)，第2部第4章(共)，第3部第1章(共)，第4部第3章(共)
株式会社シン技術コンサル技師，北海道大学大学院文学院博士課程

鎌田　光也(かまだ　みつや)動画作成
株式会社シン技術コンサル技師，測量士補

川上　源太郎(かわかみ　げんたろう)第2部第5章(共)
北海道立総合研究機構地質研究所研究主査，博士(理学)

小石川　剛(こいしかわ　ごう)第4部第2章(共)
小石川設計代表

小林　伸二(こばやし　しんじ)第4部第2章(共)
株式会社シン技術コンサル参事，測量士

齋藤　健一(さいとう　けんいち)第3部第1章(共)
株式会社シン技術コンサル課長代理，RCCM(建設環境)

澤田　雅代(さわだ　まさよ)第3部第3章(共)，第5部第1章(共)
株式会社シン技術コンサル主任技師，RCCM(河川，砂防及び海岸・海洋)

田近　淳(たじか　じゅん)第2部第5章(共)，第3部第4章(共)
株式会社ドーコン環境事業本部技術顧問，博士(理学)

布田　哲朗(ふた　てつろう)第5部第2章(共)
株式会社シン技術コンサル常務取締役，RCCM(河川，砂防及び海岸・海洋)

古本　秀明(ふるもと　ひであき)第2部第4章(共)，第4部第3章(共)
株式会社シン技術コンサル副技師長，測量士

三上　ゆかり(みかみ　ゆかり)第3部第4章(共)
株式会社シン技術コンサルGISオペレータ

宮崎　知与(みやざき　ともよし)第5部第1章(共)，第5部第2章(共)
株式会社シン技術コンサル技師長，博士(農学)

森谷　友博(もりや　ともひろ)第4部第1章(共)，動画作成
株式会社ホクミコンサル課長代理，測量士補

山崎　新太郎(やまさき　しんたろう)第2部第5章(共)
京都大学防災研究所斜面災害研究センター准教授，博士(理学)

山崎　文明(やまざき　ふみあき)第3部第3章(共)，第4部第1章(共)，動画作成
可視化VISION代表，博士(学術)

渡邊　達也(わたなべ　たつや)第2部第5章(共)
北見工業大学工学部助教，博士(工学)

渡邊　司(わたなべ　つかさ)第2部第2章(共)，第4部第1章(共)
ホクボウコンサルタント代表，技術士(応用理学)

マスムーブメントのデジタル空間解析

2019年5月25日　第1刷発行

編著者　山岸宏光・志村一夫
発行者　櫻井義秀

発行所　北海道大学出版会
札幌市北区北9条西8丁目 北海道大学構内(〒060-0809)
Tel. 011(747)2308・Fax. 011(736)8605・http://www.hup.gr.jp

㈱アイワード
©2019　山岸宏光・志村一夫

ISBN978-4-8329-8232-1

書名	著者	体裁・定価
北海道の地すべり地形デジタルマップ（DVD付）	山岸宏光 編著	A5・112頁 定価6000円
空中写真によるマスムーブメント解析	山岸宏光 志村一夫 山崎文明 著	A4変・232頁 定価20000円
地震による斜面災害 —1993～94年北海道三大地震から—	地すべり学会北海道支部 編	A4・304頁 定価25000円
北海道の地すべり地形データベース（CD-ROM付）	地すべり学会北海道支部 監修	B4・350頁 定価26000円
北海道の地すべり地形 —分布図とその解説—	地すべり学会北海道支部 監修	B4・426頁 定価50000円
水中火山岩 —アトラスと用語解説—	山岸宏光 著	A4変・208頁 定価8500円

〈価格は消費税を含まず〉

北海道大学出版会